FOKUS BIOLOGIE

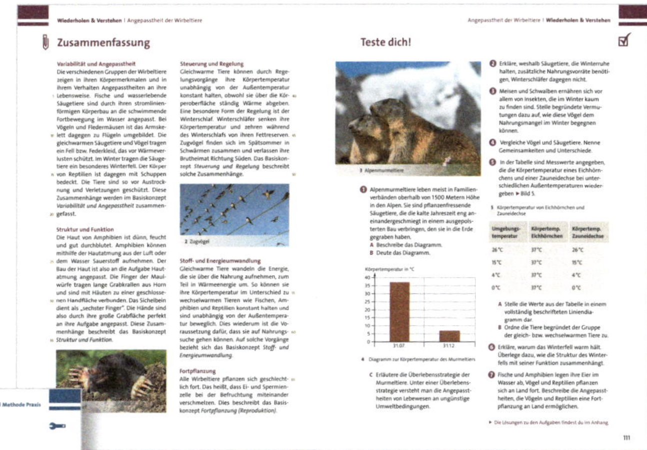

ZUSAMMENFASSUNG

Mithilfe der Basiskonzepte werden die Inhalte des Kapitels zusammengefasst. Sie helfen dir, die Informationen zu ordnen und Zusammenhänge herzustellen.

TESTE DICH!

Mit diesen Aufgaben kannst du testen, ob du alles verstanden hast und das erworbene Wissen anwenden kannst. Die Lösungen zu diesen Aufgaben stehen im Anhang des Buches.

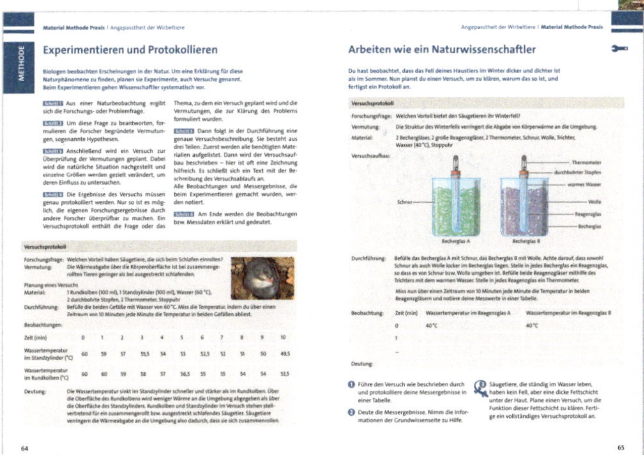

MATERIAL METHODE PRAXIS (MMP)

Die Methodenseiten führen dich Schritt für Schritt in wichtige Arbeitsweisen ein. Auf den anderen MMP-Seiten wendest du Arbeitsweisen an oder du bearbeitest Aufgaben mithilfe verschiedener Materialien.

W0409137

FOKUS
BIOLOGIE

Autorinnen und Autoren: Julia Budde, Meerbusch; Nermin Erdogan, Esslingen; Nicole Finger, Stuttgart; Hans-Jürgen Janßen, Oldenburg; Judith Jeuck, Rödermark, Dr. Walter Kleesattel, Schwäbisch Gmünd; Margret Kruso, Langen; Matthias Müller, Oldenburg; Heike Schaal, Oldenburg; Prof. Dr. Philipp Schmiemann, Essen; Jutta Schulz, Guderhandviertel; Yvonne Schwerdtfeger, Hannover; Astrid Wolf, Hanau

Redaktion: Andrea Weber

Beraterin: Elfriede Schöning, Stade

Bildrecherche: Kathrin Kretschmer

Designberatung: Ellen Meister

Illustration und Grafik: diGraph, Liselotte Lüddecke, Jörg Mair, Karin Mall, Heike Möller, www.biologiegrafik.de

Gesamtgestaltung und technische Umsetzung: EYES-OPEN, Berlin

www.cornelsen.de/fokus-biologie-neu

Unter dieser Adresse befinden sich multimediale Zusatzangebote.
Die Buchkennung ist: BFK013623

1. Auflage, 2. Druck 2015

Alle Drucke dieser Auflage sind inhaltlich unverändert und können im Unterricht nebeneinander verwendet werden.

Druck: PHOENIX PRINT GmbH

ISBN 978-3-06-013623-0

PEFC
PEFC/04-31-1404

PEFC zertifiziert
Dieses Produkt stammt aus nachhaltig bewirtschafteten Wäldern und kontrollierten Quellen.
www.pefc.de

FOKUS
BIOLOGIE 5/6

NIEDERSACHSEN G9

Cornelsen

Inhalt

▸▸ **So arbeitest du mit dem Biobuch** 10

▸▸ **Was ist Biologie?** 12

Biologie – eine Naturwissenschaft 14

Kennzeichen des Lebens 16
Pflanzen sind Lebewesen 18
MMP: Lebendig oder nicht? 19

Zusammenfassung 20
Teste dich! 21

HAUSTIERE 22

Hunde – Begleiter und Helfer des Menschen 24
Vom Wolf zum Hund 25
Wolf und Hund – nahe Verwandte 26
MMP: Verhalten des Hundes 27
Körperbau von Hunden 28
MMP: Das Fleischfressergebiss 29
Hunde sind Säugetiere 30
Die Sinne des Hundes 31

Katzen – Jäger auf Samtpfoten 32
Die Sinne der Katze 34
Methode: Vergleichen 35
Methode: Bewerten 36

Das Pferd – vom Beutetier zum Freizeitkameraden 38
Pferde – ein Leben in der Herde und auf der Flucht 39
Körperbau des Pferdes – ans Laufen angepasst 40
MMP: Vergleichen der Gliedmaßen 41
Pferde in der Herde 42
MMP: Das Gesichtsfeld von Pferd und Katze 43

MMP: Eine Mindmap erstellen zu den Nutzungen des Rindes 44
Das Rind – ein vielfältiges Nutztier 45
Das Gebiss des Rindes – angepasst an Pflanzennahrung 46
MMP: Gebisse zeigen die Nahrung an 47
Doppelt gekaut ist besser verdaut 48
Methode: Die 5-Schritt-Lesetechnik 50

Hausschweine und Wildschweine 51

Das Haushuhn – mehr als ein Eierlieferant 52
Das Hühnerei – Wunderwerk der Natur 54
MMP: Untersuchung eines Hühnereies 55
MMP: Hühnerhaltung 56

Zusammenfassung 58
Teste dich! 59

ANGEPASSTHEIT DER WIRBELTIERE 60

Säugetiere im Winter 62
Methode: Experimentieren und Protokollieren 64
MMP: Arbeiten wie ein Naturwissenschaftler 65
Methode: Diagramme erstellen, beschreiben und auswerten 66

Der Maulwurf – Leben unter Tage 68

Fledermäuse – fliegende Säugetiere 70
MMP: Experimente mit Fledermäusen 71

Biber – ein Leben am und im Wasser 72
MMP: Gebisse von Säugetieren 73

Säugetiere im Wasser – Wale 74

Gemeinsame Merkmale der Säugetiere 76
MMP: Säugetiere ordnen 77

Vielfalt der Vögel 78
Vögel – Wirbeltiere im Luftraum 79
MMP: Vergleich von Vogel und Säugetier 80
Methode: Untersuchungen mit der Lupe 81
Wie Vögel fliegen 82
Standvögel und Zugvögel 84
MMP: Storchenzug 86
MMP: Überlebensstrategien der Vögel im Winter 87

Reptilien mögen es warm 88
MMP: Gleichwarme und wechselwarme Tiere 89
Reptilien sind Kriechtiere 90
MMP: Angepasstheit der Schildkröten 92
Die Fortpflanzung der Reptilien 93

Zwischen Wasser und Land – Amphibien 94
Wie Amphibien atmen 96
MMP: Die Atmung der Amphibien 96
MMP: Die Haut der Amphibien 97
Die Entwicklung der Amphibien 98
MMP: Überlebensstrategien 99
Amphibien brauchen unseren Schutz 100
Reptilien sind gefährdet 101

Fische – Wirbeltiere im Wasser 102
MMP: Modellversuch zur Körperform 103
Atmen und Orientieren unter Wasser 104
Methode: Sezieren 106
Fortpflanzung der Bachforelle 107
MMP: Bis(s) zum letzten Fisch 107

Menschen schaffen und verändern Lebensräume 108
Tiere und Pflanzen brauchen Schutz 109

Zusammenfassung 110
Teste dich! 111

VERWANDTSCHAFT DER WIRBELTIERE 112

Wirbeltiergruppen im Vergleich 114
MMP: Die Blutkreisläufe der Wirbeltiere 116
Aus dem Geschichtsbuch der Wirbeltiere 117

Spuren in der Zeit – Fossilien 118
MMP: Modellversuch zur Fossilienbildung 119

Die Herrscher des Erdmittelalters – Saurier 120
MMP: Lebensweise der Dinosaurier 121

Zusammenfassung 122
Teste dich! 123

DER MENSCH IN BEWEGUNG 124

Der Mensch in Bewegung 126

Das Skelett des Menschen 128
MMP: Stabil, aber leicht 130
Aufbau von Knochen 130

Die Wirbelsäule des Menschen 131
Methode: Mit Modellen arbeiten 132
MMP: Modelle zur Wirbelsäule 133

Gelenke machen Bewegungen möglich 134
Muskeln führen Bewegungen aus 135
MMP: Bewegung und Gesundheit 136

Zusammenfassung 138
Teste dich! 139

BLÜTENPFLANZEN 140

Blütenpflanzen – Bau und Funktion der Organe 142
MMP: Funktionen der Pflanzenorgane untersuchen 144
Methode: Skizzieren und Zeichnen 145
Abwandlung von Pflanzenorganen 146

Krönung der Pflanze – die Blüte 148
Methode: Untersuchen 149

Pflanzen ordnen und bestimmen 150
Pflanzenfamilien – Eleganz und Vielfalt 151
Bäume – Riesen unter den Blütenpflanzen 154
Methode: Umgang mit einem Bestimmungsschlüssel 156
Methode: Anlegen eines Herbars 157
Bäume und Sträucher bilden Hecken 158
MMP: Heckenpflanzen und ihre Früchte 159

Blüten dienen der Fortpflanzung 160
Honigbienen – wichtige Bestäuber 162
Kommunikation – die Tanzsprache der Honigbiene 164
MMP: Bienentänze 165
Methode: Arbeit mit einem Kreisdiagramm 166
MMP: Eine Nisthilfe für Insekten 167
MMP: Bestäubungsspezialisten 168
Ausbreitung von Pflanzen durch Samen 169
MMP: Modelle zur Samenausbreitung 171
Ungeschlechtliche Fortpflanzung 172
MMP: Pflanzenzucht auf der Fensterbank 173

Keimung und Wachstum 174
MMP: Quellung und Keimung 175
Methode: Versuchsbedingungen kontrollieren und variieren 176
MMP: Versuche zu Keimung und Wachstum 177

Pflanzen wechseln ihre Kleider 178
MMP: Überwinterungsorgane untersuchen 179

Bionik – Ideengeber Natur 180

Zusammenfassung 182
Teste dich! 183

ENTWICKLUNG DES MENSCHEN 184

Die Pubertät – Zeit großer Veränderungen 186
Dein Körper verändert sich 188
MMP: Veränderungen beschreiben 189

Die Geschlechtsorgane von Mann und Frau 190
Der Menstruationszyklus 192
MMP: Menstruationskalender 193

Dein Körper gehört dir 194
MMP: Situationen beurteilen 195

Liebe und Sexualität 196
Die Schwangerschaft 198
MMP: Zwillinge 199

Die Geburt 200

Lebensabschnitte 201

Zusammenfassung 202
Teste dich! 203

Lösungen zu „Teste dich!“ 204
Glossar 209
Register 212
Bildnachweis 216

So arbeitest du mit dem Biobuch

Das Biobuch – ein Arbeitsbuch

Dein Biologiebuch ist mehr als ein Lesebuch, es ist auch ein Arbeitsbuch und Nachschlagewerk.
Du findest in den einzelnen Kapiteln Informationen zu unterschiedlichen Themen der Biologie wie Haustiere oder Blütenpflanzen. Besonders wichtige **Fachbegriffe**, die du kennen solltest, werden im Text *kursiv* geschrieben und erklärt.
Auf vielen Seiten findest du Aufgaben, mit denen du überprüfen kannst, ob du alles verstanden hast. Bei einigen Aufgaben steht der Gecko, der dich auf eine etwas kniffligere Aufgabe hinweist.

Operatoren

Am Anfang einer Aufgabe steht ein Wort, das erklärt, was du in der Aufgabe machen sollst. Diese Arbeitsanweisung nennt man **Operator**.
In der Tabelle findest du die Operatoren, die in diesem Buch häufig verwendet werden. In der rechten Spalte der Tabelle steht, was der jeweilige Operator verlangt. Überlege beim Lösen von Aufgaben zunächst, was du tun sollst.
In deinem Biologiebuch findest du auch **Methodenseiten**. Hier wird erklärt, wie du biologische Arbeitsweisen anwendest. Auch für diese Arbeitsweisen gibt es Operatoren.

Am Anfang einer Aufgabe steht ein Operator, zum Beispiel	Das musst du tun
Nenne / Gib an	Du zählst Begriffe, Daten oder Ähnliches auf, ohne diese weiter zu erklären.
Beschreibe	Du beschreibst ein Tier, eine Pflanze oder ein Bild mit eigenen Worten, sodass jemand, der es nicht sieht, es sich gut vorstellen kann. Achte dabei auf eine sinnvolle Gliederung.
Erkläre	Du machst einen Sachverhalt klar und formulierst ihn verständlich. Du beziehst dich dabei auf biologische Zusammenhänge.
Erläutere	Du erklärst einen Sachverhalt verständlich und veranschaulichst deine Erklärung durch zusätzliche Informationen.
Vergleiche	Du untersuchst zum Beispiel Lebewesen oder Abbildungen auf Gemeinsamkeiten und Unterschiede.
Begründe	Du erklärst, warum ein Sachverhalt besteht. Du gibst also Gründe an.
Überprüfe / Prüfe	Du überlegst und begründest, ob ein Sachverhalt richtig ist.

Welcher Operator ist der richtige?

1 Lies die Schülerantwort genau und ordne die passende Aufgabe der Lehrerin zu.

2 Rechts findest du zwei Einträge aus Schülerheften. Formuliere zu den Schülerantworten die jeweils passende Aufgabe (A und B) und verwende den richtigen Operator.

Aufgabe A: ?

Antwort: Auf dem Bild ist ein Reh mit seinen zwei Jungen zu sehen. Die Rehkitze versuchen, an die Zitzen der Mutter zu gelangen.

Aufgabe B: ?

Antwort: Die Flossen beim Fisch heißen Rückenflosse, Schwanzflosse, Brustflosse, Bauchflosse und Afterflosse.

Suchen und Finden

Wahrscheinlich wirst du dein Biologiebuch nicht von vorne bis hinten durchlesen. Vielleicht möchtest du jetzt schon wissen, wie du richtig experimentierst, oder du möchtest dich über die Verbreitung von Samen informieren. Im **Register** werden alle wichtigen Begriffe aus dem Buch alphabetisch aufgeführt. Hier kannst du die Seitenzahlen heraussuchen, auf denen der jeweilige Begriff im Text auftaucht.
Im **Glossar** sind schwierige Fachbegriffe erklärt.
Übe jetzt einmal den Umgang mit deinem Biologiebuch und bearbeite die folgenden Aufgaben:

3 Suche die Seiten im Buch heraus, auf denen die Begriffe Kobel, Nestflüchter und Wirbel auftauchen. Verwende dafür das Register.

4 Suche im Glossar die Erklärung für die Begriffe Balz und Laich.

Was ist Biologie?

Die Biologie ist eine Naturwissenschaft, die sich mit Lebewesen beschäftigt. Dazu gehören Pflanzen, Tiere und der Mensch.
Biologen versuchen, Antworten auf Fragen zu finden, die sich aus ihren Beobachtungen an Lebewesen in der Natur oder im Labor ergeben. Viele Fragen werden mithilfe von Experimenten beantwortet. Biologen erforschen, wie Lebewesen sich verständigen und fortbewegen, aber auch wie sie sich ernähren oder fortpflanzen.

Biologie – eine Naturwissenschaft

1 Baum des Lebens

Was ist eine Naturwissenschaft? Der Begriff Naturwissenschaft setzt sich aus den beiden Wörtern *Natur* und *Wissenschaft* zusammen. Nicht nur der Mensch und die anderen Lebewesen gehören zur Natur, sondern auch Unbelebtes wie die Berge oder das Wetter. Man unterscheidet deshalb belebte und unbelebte Natur.
Hinter dem Begriff „Wissenschaft" steckt die Suche nach neuem Wissen und dessen Verbreitung, also die Forschung und die Lehre. Beides spielt eine Rolle, sobald man sich mit der Biologie beschäftigt: Das Lehren ist die Aufgabe der Biologielehrerin oder des Biologielehrers. Die Schülerinnen und Schüler sind junge Forscher.
Biologie ist ein Teilbereich der Naturwissenschaften. Andere Naturwissenschaften sind die Chemie und die Physik.

Biologie als Naturwissenschaft Das Wort *Biologie* besteht aus zwei Teilen, die aus dem Griechischen kommen: „Bios" bedeutet Leben und „logos" ist die Lehre. Also heißt Biologie übersetzt „die Lehre vom Leben".
Damit ist klar, dass sich die Biologie mit der belebten Natur befasst. Die Natur ist vielfältig und verändert sich ständig ▶ Bild 1.

Wie arbeiten Biologen? Das Ziel von Wissenschaftlern ist es, neue Erkenntnisse zu gewinnen. Dazu ist die Forschung nötig. Naturwissenschaftler gehen nach bestimmten *Methoden* vor, das sind festgelegte Arbeitsweisen. Es gibt lang bewährte Methoden, wie zum Beispiel das *Sammeln* von Pflanzen und Tieren. Charles Darwin (1809–1889), ein berühmter Naturforscher, sammelte auf seinen Weltreisen mehr als 1530 Tiere. Sie sind bis heute erhalten. Er hat alle Beobachtungen aufgeschrieben, also *protokolliert*. Daher wissen wir auch noch heute, wo und wann er welche Tiere gefunden hat. Sammeln und Protokollieren sind noch immer wichtige biologische Methoden. So ist das Protokollieren bei allen anderen Methoden von Bedeutung. An das Sammeln schließen sich meist noch andere Methoden an, zum Beispiel das *Ordnen* der gesammelten Materialien nach bestimmten Merkmalen. Dazu ist häufig genaues *Beobachten* nötig. Biologen nutzen dafür meist entweder eine Lupe oder ein Mikroskop, um auch kleine Details genau zu sehen. Beobachten kann man auch Lebewesen in ihrer natürlichen Umgebung oder im Zoo. Dies ist die Aufgabe von Verhaltensbiologen, die das Verhalten von Lebewesen erforschen.

Beobachtungen werfen immer Fragen auf. Um diese Fragen zu beantworten, werden Versuche, die *Experimente*, geplant und durchgeführt. Experimente finden häufig im Labor statt, das ist ein speziell eingerichteter Arbeitsraum. Die dabei gewonnenen Erkenntnisse kann man zum Beispiel in Diagrammen darstellen. Mittlerweile ist es für Biologen wichtig, dass sie ihre Ergebnisse gut verständlich darstellen, also *präsentieren* können.

1. Ordne den Fotos die im Text genannten Methoden zu ▶ Bild 2.
2. Informiere dich über einen biologischen Beruf und stelle ihn deiner Klasse vor.
3. Erkläre, welche Methoden du gerne anwenden würdest.

2 Unterschiedliche Methoden in der Biologie

Kennzeichen des Lebens

Die Biologie ist die Lehre vom Leben. Tiere und Pflanzen, aber auch Pilze und Einzeller sind Lebewesen. Sie unterscheiden sich eindeutig von unbelebten Dingen durch bestimmte Merkmale. Erst die Summe aller Merkmale kennzeichnet ein Lebewesen als lebendig.

Bewegung Mäuse laufen auf Nahrungssuche umher, sie klettern und springen (▶ Bild 1), sie scharren im Boden, putzen sich oder bauen ein Nest.
Diese selbstständige Bewegung aus eigener Kraft ist ein Kennzeichen des Lebens.

1 Maus in Bewegung

2 Maus bei der Nahrungsaufnahme

Stoffwechsel Bewegung benötigt Energie. Mäuse nehmen mit der Nahrung Nährstoffe auf (▶ Bild 2), wandeln diese im Körper in andere Stoffe und Wärme um und scheiden Abfallstoffe wieder aus.
Sie atmen mit der Luft Sauerstoff ein und Kohlenstoffdioxid wieder aus.
Stoffwechsel bedeutet also die Aufnahme, Umwandlung und Abgabe von Stoffen. Stoffwechsel kennzeichnet alle Lebewesen.

Reizbarkeit Nimmt eine Maus den Geruch einer Katze wahr, so reagiert sie, indem sie flieht, sich tot stellt oder sich versteckt ▶ Bild 3. Hört sie ihre Jungen im Nest fiepen, begibt sie sich dorthin und kümmert sich um sie. Der Geruch und das Geräusch sind Reize, auf die die Maus reagiert.
Alle Lebewesen reagieren auf Reize.

3 Maus und jagende Katze

Fortpflanzung Mäuse pflanzen sich geschlechtlich fort. Dabei verschmelzen die Eizelle und eine Spermienzelle zu einer befruchteten Eizelle, die sich dann weiterentwickelt.
Alle Lebewesen pflanzen sich fort.

4 Neugeborene Mäuse

5 Junge Mäuse

Wachstum und Entwicklung Die nackten und blinden Mäusejungen (▶ Bild 4) wachsen heran und entwickeln sich zu geschlechtsreifen erwachsenen Mäusen ▶ Bild 5.
Wachstum und Entwicklung sind weitere Kennzeichen des Lebens.

Lebewesen Nur wenn alle Kennzeichen des Lebens auf einmal vorhanden sind, handelt es sich um ein Lebewesen.

1 **A** Zeichne eine Mindmap nach dem unten gezeigten Muster in dein Heft ▶ Bild 6.
B Nenne die Kennzeichen des Lebens.
C Ergänze die Mindmap mit Beispielen, die du jeweils an die kleineren Verzweigungen deiner Mindmap schreibst.

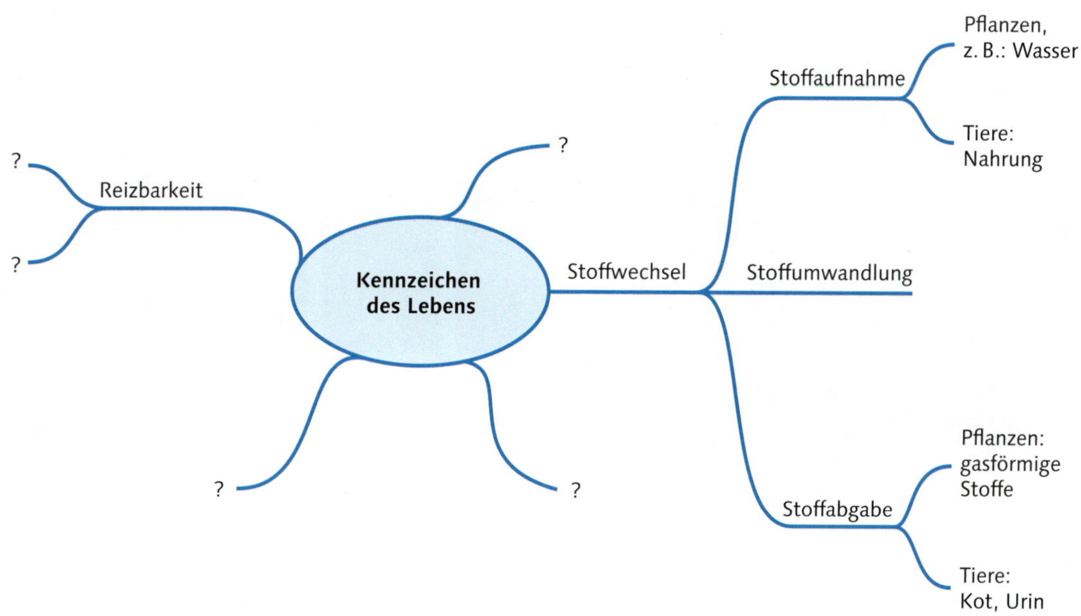

6 Mindmap zu den Kennzeichen des Lebens

Pflanzen sind Lebewesen

Zwar können Pflanzen nicht laufen, aber sie bewegen sich trotzdem aus eigener Kraft. Beobachtet man die Blattstellung von Zimmerpflanzen, so stellt man fest, dass die Blattoberflächen zum Licht gedreht sind. Auch die Blüten von Pflanzen, die draußen wachsen, bewegen sich zum Licht ▶ Bild 1.

1 Tulpe im Tagesverlauf

Pflanzen ernähren sich von Stoffen, die sie aus dem Boden und aus der Luft aufnehmen. Sie wandeln diese Stoffe im Stoffwechsel zum Beispiel in Zucker um und scheiden andere Stoffe wieder aus. Bei Wasserpflanzen wie der Wasserpest ist die Abgabe gasförmiger Stoffe besonders gut zu beobachten ▶ Bild 2.

2 Gasblasen an den Blättchen einer Wasserpest

Pflanzen reagieren auf Umwelteinflüsse wie Licht, Wassermangel, Kälte oder Hitze, aber auch auf Berührung. Setzt sich eine Fliege auf die Blätter einer Venusfliegenfalle, so reagiert die Pflanze auf diesen Berührungsreiz und klappt die Blätter zusammen. Die Fliege ist gefangen ▶ Bild 3.

3 Venusfliegenfalle mit Fliege

Pflanzen können sich geschlechtlich oder ungeschlechtlich (z. B. über Ableger) fortpflanzen. Bei der geschlechtlichen Fortpflanzung werden Pollenkörner auf die Narbe der Blüte übertragen. Aus der befruchteten Eizelle entwickelt sich ein Samen, der einen Pflanzenembryo enthält. Aus dem Samen entwickelt sich unter günstigen Bedingungen ein Keimling, der zu einer erwachsenen Pflanze heranwächst ▶ Bild 4.

4 Keimender Bohnensamen

1. Ordne den Textabschnitten als Überschriften die passenden Kennzeichen des Lebens zu.
2. Begründe, dass auch Pflanzen Lebewesen sind.
3. Erweitere deine Mindmap mit pflanzlichen Beispielen.

Lebendig oder nicht?

1a

d

b

e

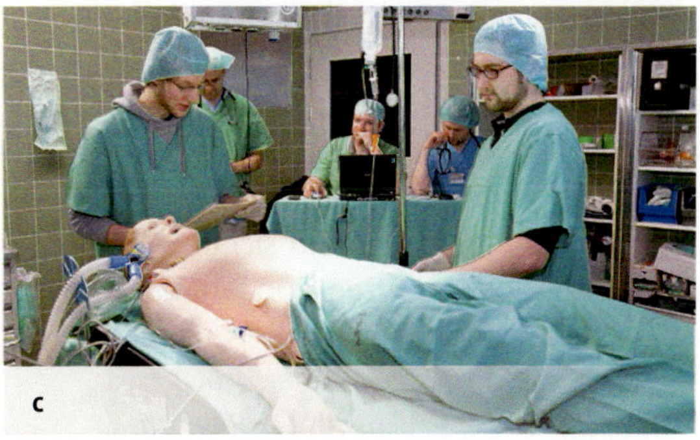
c

❶ Betrachte die ▶ Bilder 1a–e. Überprüfe anhand der Kennzeichen des Lebens, ob es sich jeweils um Lebewesen oder um Gegenstände handelt. Fertige dazu eine Tabelle nach dem unten stehenden Muster an und kreuze jeweils die Kennzeichen des Lebens an, die du auf den Fotos erkennst.

❷ In der Wüste Namib in Afrika gibt es „lebende Steine" ▶ Bild 2. Erkläre, wie man feststellen könnte, dass es sich bei diesen „lebenden Steinen" tatsächlich um Lebewesen und nicht um Steine handelt.

2 Lebende Steine

Beispiel	Bewegung	Stoffwechsel	Reizbarkeit	Fortpflanzung	Wachstum und Entwicklung
Vogelküken					
...					

Zusammenfassung

Biologie – eine Naturwissenschaft

Die Biologie ist eine Naturwissenschaft, die sich mit Lebewesen beschäftigt. Pflanzen, Tiere und Menschen erkennt man anhand der fünf Kennzeichen des Lebens als lebendig. Alle Lebewesen bewegen sich aus eigener Kraft, nehmen Stoffe aus der Umgebung auf, wandeln diese im Stoffwechsel um und geben andere Stoffe wieder ab. Sie reagieren auf Reize aus der Umwelt. Alle Lebewesen pflanzen sich fort. Ihre Nachkommen wachsen und entwickeln sich zu fortpflanzungsfähigen Lebewesen.

Basiskonzepte

Die Fülle an Informationen über Pflanzen, Tiere und Menschen kann dazu führen, dass man den Überblick verliert. Basiskonzepte sollen helfen, viele biologische Themen im Zusammenhang zu sehen und so besser zu verstehen. Im Kapitel Kennzeichen des Lebens hast du schon drei Beispiele für Basiskonzepte kennengelernt.

Stoff- und Energieumwandlung

Alle Lebewesen benötigen Energie für ihre Lebensvorgänge und haben einen Stoffwechsel. Mäuse nehmen Energie in Form von Nahrung auf. Sie wandeln die Nahrung in andere Stoffe um und nutzen die Energie zum Beispiel zur Fortbewegung oder um ihre Körpertemperatur aufrechtzuerhalten. Abfallstoffe scheiden sie wieder aus.
Auch Pflanzen haben einen Stoffwechsel. Sie nehmen Stoffe aus der Luft und dem Boden auf und wandeln sie mithilfe der Lichtenergie in andere Stoffe um, zum Beispiel in Zucker. Sie geben gasförmige Stoffe ab. Das Basiskonzept *Stoff- und Energieumwandlung* beschreibt solche Vorgänge.

1 Tiere nehmen Energie in Form von Nahrung auf.

Information und Kommunikation

Lebewesen reagieren auf Reize. Tiere nehmen mit ihren Sinnesorganen Reize aus ihrer Umwelt auf. Zum Beispiel hört eine Maus das Geräusch einer heranschleichenden Katze und reagiert auf diesen Reiz, indem sie flieht. Tiere verständigen sich mit anderen Tieren über Signale wie beispielsweise Duftstoffe und tauschen so Informationen aus. Auch Pflanzen reagieren auf Reize. Sie wachsen in Richtung des Lichts. Manche reagieren auf Berührungen. Diese Sachverhalte sind im Basiskonzept *Information und Kommunikation* beschrieben.

Fortpflanzung

Alle Lebewesen pflanzen sich fort und vermehren sich. Mäuse pflanzen sich geschlechtlich fort. Da sie viele Nachkommen haben, vermehren sie sich und sichern so ihren Fortbestand. Pflanzen können sich geschlechtlich über Samen oder ungeschlechtlich, zum Beispiel über Ableger, fortpflanzen. Das Basiskonzept *Fortpflanzung (Reproduktion)* bezieht sich auf diese Zusammenhänge.

Arbeitsweisen

Biologen nutzen unterschiedliche Arbeitsweisen, um die oben beschriebenen Lebensvorgänge von Pflanzen, Tieren und Menschen zu erforschen und zu verstehen. Sie beobachten Lebewesen in der Natur oder im Labor. Sie vergleichen Merkmale von Lebewesen untereinander und ordnen sie. Um Antworten auf Fragen zu erhalten, die sich aus Beobachtungen ergeben haben, führen sie Experimente durch.

Teste dich!

1 Nenne typische Arbeitsweisen eines Naturwissenschaftlers.

2 Die ▶ Bilder 1a und b zeigen eine Mimose. Ordne begründet das passende Kennzeichen des Lebens zu.

1 Mimose

3 Erkläre anhand von ▶ Bild 2 das Basiskonzept Stoff- und Energieumwandlung.

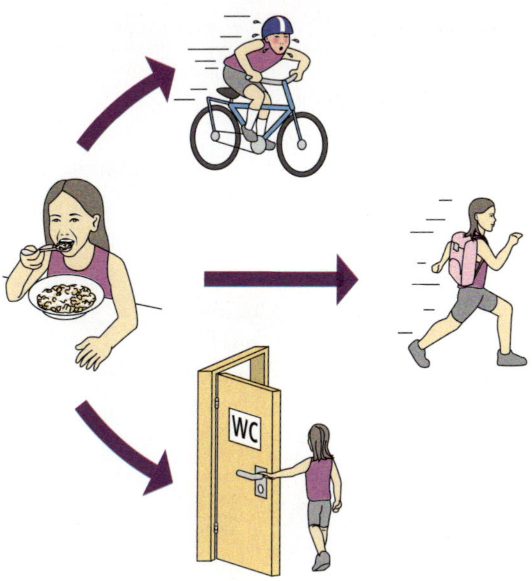

2 Stoffwechsel beim Menschen

4 Tiere nutzen unterschiedliche Zeichen, sogenannte Signale, um Geschlechtspartner anzulocken.

A Nenne drei Beispiele.

B Erläutere anhand der ▶ Bilder 3 und 4, wie die abgebildeten Lebewesen Informationen austauschen, also kommunizieren.

3 Hund markiert Revier.

4 Froschmännchen mit Schallblase

5 Biologen unterscheiden zwischen geschlechtlicher und ungeschlechtlicher Fortpflanzung. Begründe, welche Art der Fortpflanzung auf ▶ Bild 5 dargestellt ist.

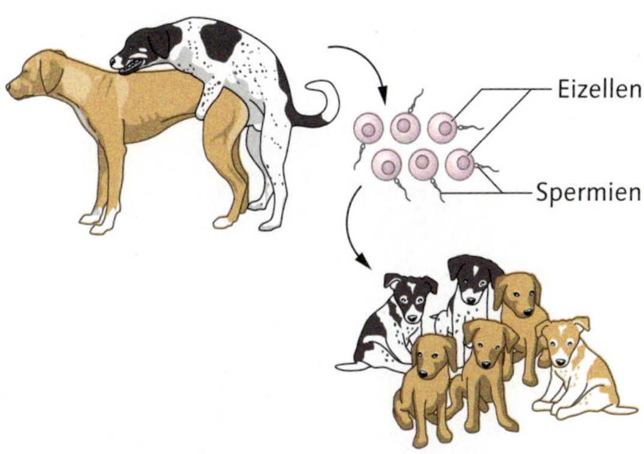

5 Fortpflanzung

▶ Die Lösungen zu den Aufgaben findest du im Anhang.

Haustiere

Tiere und Menschen leben schon seit langer Zeit miteinander. Die Vorfahren unserer Haustiere waren Wildtiere, die der Mensch zähmte und durch Züchtung seinen Ansprüchen anpasste. Viele Haustiere können als Heimtiere eng mit dem Menschen zusammenleben, wie zum Beispiel Hund und Katze. Rinder und Hühner sind Nutztiere. Sie liefern uns unter anderem Nahrung. Aber zu welchem Zweck wir Menschen Tiere auch halten, immer tragen wir die Verantwortung für sie.

Hunde – Begleiter und Helfer des Menschen

024-1

1 Freunde

Hunde als Haustiere Der Hund ist eines der beliebtesten Haustiere des Menschen, nicht umsonst wird er „der beste Freund des Menschen" genannt. Er ist ein *Heimtier*, das heißt, er wird hauptsächlich im eigenen Heim gehalten. Viele Hunde dienen dem Menschen, indem sie verschiedene Aufgaben für ihn erledigen. So werden sie wegen ihrer Fähigkeiten für bestimmte „Berufe" ausgesucht und sogar ausgebildet.

Aufgrund ihres guten Gehörs werden Hunde als Wachhunde eingesetzt. Sie bewachen das Gelände, auf dem sie leben, ihr *Revier*, indem sie es vor Fremden verteidigen. Mit Wachhunden muss man daher vorsichtig umgehen.

Rettungshunde helfen Menschen in Notsituationen. Aufgrund ihres sehr guten Geruchssinns können sie Personen finden, die nach einem Erdbeben unter ihren Häusern verschüttet sind. Es gibt auch Rettungshunde, die Menschen aus dem Wasser retten können. Der Rettungshund wird auch als Suchhund bezeichnet.

Blindenhunde müssen eine Ausbildung machen, die über ein Jahr dauert. Nur besonders aufmerksame und gehorsame Hunde sind dafür geeignet. Die äußerst lernfähigen Tiere helfen ihren Herrchen oder Frauchen im Alltag, beispielsweise beim Überqueren einer Straße oder beim Ausweichen vor Hindernissen.

In den meisten Fällen wird der Hund aber als Freund und Begleiter des Menschen gehalten. Man kann mit ihm spielen, ihn streicheln und auch mal kuscheln. Allerdings sollte man nicht vergessen, dass der Hund ein Lebewesen ist und kein Spielzeug. Deshalb hat er bestimmte Bedürfnisse: Er braucht seine Ruhezeiten, regelmäßigen Auslauf und will beim Fressen nicht gestört werden.

1 **A** Beschreibe die Aufgabe der Hunde in ▶ Bild 2.
B Nenne die entsprechenden Hundeberufe. Erkläre, welche Eigenschaften die Hunde jeweils haben müssen.

2 Hunde mit verschiedenen Aufgaben

Vom Wolf zum Hund

Vom Wildtier zum Haustier Heute gibt es mehr als 200 verschiedene Hunderassen. Der Wolf ist die *Stammform*, aus der alle Rassen entstanden sind ▶ Bild 3. Man nimmt an, dass diese Entwicklung in der Steinzeit vor etwa 135 000 Jahren bei den Neandertalern begann. Vermutlich ist damals Folgendes passiert: Die Steinzeitmenschen kamen oft an Wolfsbauen vorbei, wo sie hilflose Welpen als Nahrung mitnahmen. Allerdings tötete man nicht alle Wolfsjungen. Einige wurden zu Spielgefährten für die Menschenkinder. Irgendwann stellten die Menschen fest, dass die jungen Wölfe sich durch Laute bemerkbar machten, wenn Fremde in die Nähe kamen. Aufgrund ihres feinen Geruchssinns wurden die vom Menschen aufgezogenen Wölfe mit auf die Jagd genommen. Der Wolf, selbst ein Jäger, konnte auch beim Zusammentreiben möglicher Beutetiere helfen. Aus dem Wildtier Wolf wurde so im Verlauf von mehreren Generationen ein Haustier. Dies nennt man *Domestikation*.

Züchtung Die Tiere eines Wurfs unterscheiden sich zum Beispiel in Größe, Fellfarbe und Charakter. Aus dieser Vielfalt wurden bestimmte Hunde gezielt zur Fortpflanzung ausgesucht und verpaart, sodass gewünschte Eigenschaften verstärkt und unerwünschte unterdrückt wurden. Diesen Vorgang nennt man *Züchtung*. Zunächst standen die Aufgaben der Tiere im Mittelpunkt. Sie wurden zum Jagen, Wachen und Hüten gezüchtet. Im Lauf der Zeit änderten sich aber die Zuchtziele: Das Aussehen trat in den Vordergrund. Skelettfunde von vor etwa 10 000 Jahren zeigten nun deutliche Abweichungen zum Wolfsskelett. Es entstanden Hunderassen, die sich in ihrem Körperbau und Charakter deutlich von ihrem Vorfahren und untereinander unterschieden.

Die Hunde wurden an die Bedürfnisse des Menschen angepasst, sodass es nun eine Vielfalt von Rassen gibt, zum Beispiel Schoßhündchen wie den Chihuahua ▶ Bild 4, aber auch große Hunderassen wie den Bernhardiner (▶ Bild 5), der auch als Rettungshund eingesetzt wird.

1. Erkläre mit eigenen Worten, wie der Wolf zum Haustier wurde.

2. Beschreibe eine dir bekannte Hunderasse. Nenne die Eigenschaften, die der Züchter besonders berücksichtigt hat.

3. **A** Beschreibe, wie dein Wunschhund aussieht und welche Eigenschaften er haben müsste.
   B Stelle dar, wie ein Züchter vorgehen würde, um vom Wolf ausgehend deinen Wunschhund zu züchten.

3 Wolf

4 Chihuahua

5 Bernhardiner

Wolf und Hund – nahe Verwandte

026-1

Wölfe leben in Rudeln Ein *Rudel* ist eine Gruppe mit mehr als zwei Tieren. Es gibt eine festgelegte *Rangordnung*: Innerhalb eines Rudels haben alle Tiere eine bestimmte Stellung. Der Leitwolf ist das ranghöchste Tier, er wird Alpha-Tier genannt. Er führt das Rudel an. An seiner Seite hat er die Leitwölfin, die sich als einziges Weibchen im Rudel fortpflanzt. Für den Haushund ist die Familie das Rudel.

Verständigung im Rudel Beim Leben und Jagen in einem Rudel müssen sich die Tiere untereinander verständigen können. Bei der *Kommunikation* werden Informationen ausgetauscht, die vom jeweils anderen Tier verstanden werden. Dazu nutzen Wölfe verschiedene Signale. So wird die Rangordnung durch die Körperhaltung und den Gesichtsausdruck kommuniziert. Ranghöhere Wölfe zeigen gegenüber rangniederen oft eine Drohgebärde. Dabei fletschen sie die Zähne und machen sich größer, indem sie die Haare aufrichten. Der Rangniedere reagiert darauf mit einer Unterwerfungsgeste: Er legt sich auf den Rücken und zeigt seine ungeschützte Kehle.
Der Wolf signalisiert Aufmerksamkeit, indem er aufrecht steht und die Ohren spitzt. Man beobachtet dieses Verhalten auch beim Hund, etwa wenn er ein unbekanntes Geräusch hört. Wenn ein Wolf ängstlich ist, macht er sich ganz klein und zieht den Schwanz zwischen die Hinterbeine ein. Der Hund macht dies ebenso. Als Mensch sollte man dann vorsichtig sein, da Hunde, die sich bedroht fühlen, unberechenbar sind.
Eine besondere Art der Kommunikation bei Wölfen ist das Heulen. Mit dieser Lautäußerung geben sie sich als Angehörige des Rudels zu erkennen und können sich über große Entfernungen verständigen, zum Beispiel wenn ein Mitglied des Rudels verloren gegangen ist. Beim Hund ist dieses Verhalten nur noch selten zu beobachten.
Das Wolfsrudel bewohnt ein bestimmtes Gebiet, sein Revier. Die männlichen Wölfe markieren die Reviergrenzen mit ihrem Urin: Sie setzen Duftmarken. Auch diese Verhaltensweise zeigen Hunde.

1 **A** Ordne den ▶ Bildern 1A–E die richtigen Verhaltensweisen (1–5) zu.
B Beschreibe die Körperhaltung des Wolfs in ▶ Bild 1E.

2 Erläutere, welche Bedeutung dieses Verhalten für ein Rudeltier hat.

3 Erläutere, warum es sowohl für den Hundehalter als auch für den Hund wichtig ist, die Hundeschule zu besuchen. Bedenke, dass für Hunde die Familie das Rudel ist.

1 Körpersprache des Wolfs

Verhalten des Hundes

Die Verhaltensweisen von Hunden und Wölfen sind aufgrund ihrer Verwandtschaft ähnlich. Auf den folgenden Bildern sind Hunde abgebildet, die alle ein typisches Verhalten zeigen.

1

4

2

5

3

1. Beschreibe die abgebildeten Verhaltensweisen.
2. Überprüfe, ob diese Verhaltensweisen auch beim Wolf vorkommen.
3. Erläutere, welche Bedeutung die ursprünglichen Verhaltensweisen des Wolfs bei unseren Hunden haben.
4. Manchmal kommt es zu Missverständnissen zwischen Hund und Mensch. Zum Beispiel kann es passieren, dass der Postbote von einem Hund angegriffen wird. Erkläre dieses Verhalten.

Körperbau von Hunden

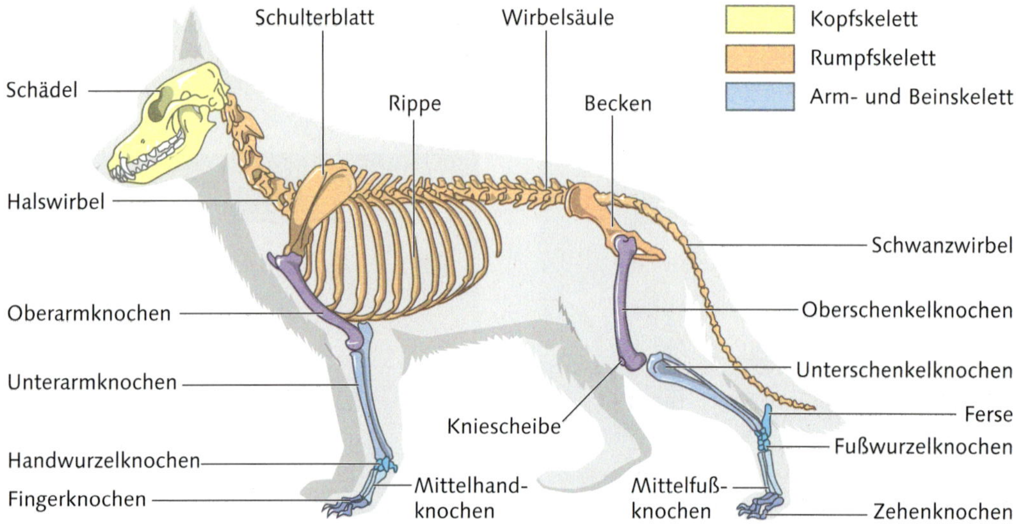

1 Skelett des Schäferhunds

Hetzjäger Hund Hunde sind wie auch ihre Wolfsvorfahren *Hetzjäger*. Sie verfolgen ihre Beute über längere Strecken und sind ausdauernde Läufer. Der Körperbau von Hunden zeigt in bestimmten Merkmalen Angepasstheiten an ihre Jagdweise. Bei einigen Rassen sind diese Merkmale verloren gegangen. Bei anderen wie bei Schäferhunden sind die Angepasstheiten gut zu erkennen ▶ Bild 1. Sie haben sehr kräftige und muskulöse Beine und auch das Skelett weist Besonderheiten auf. Das *Skelett* bezeichnet die Gesamtheit aller Knochen. Das Rumpfskelett, das Arm- und Beinskelett sowie der Schädel (das Kopfskelett) sind mit der *Wirbelsäule* verbunden. Die Wirbelsäule ist ein Kennzeichen aller *Wirbeltiere*, zu denen auch die Hunde gehören. Der Schultergürtel mit den Schulterblättern ist sehr ausgeprägt. Oberarm- und Oberschenkelknochen sind kräftig gebaut. Die Ferse, die Fußwurzelknochen und Mittelfußknochen sind bei Hunden im Vergleich zum Menschenbein senkrecht gestellt. Hunde laufen also nur auf den Zehen und nicht auf dem gesamten Fuß. Sie werden deshalb als *Zehengänger* bezeichnet.

2 Hundepfote von unten

Eine weitere Angepasstheit an die Lebensweise ist der Bau der Pfoten ▶ Bild 2. Auf der Unterseite der Pfoten befinden sich unbehaarte Bereiche, die eine ausgeprägte Hornhaut besitzen, die Ballen. Sie dienen dem Schutz beim Laufen auf hartem Untergrund. An den Zehen sitzen nicht einziehbare Krallen.

Bei großer Hitze oder körperlicher Anstrengung hecheln Hunde. Dies ist ein Schutz vor Überhitzung: Hunde können anders als der Mensch nicht schwitzen.

Hunde als Fleischfresser Der Hund ist ein *Fleischfresser*. Sein Gebiss ist an diese Form der Nahrung angepasst ▶ Bild 3. Ein aus-

gewachsener Hund besitzt 42 Zähne. Die auffälligsten Zähne sind die Fangzähne. Sie sind länger als die anderen Zähne und laufen spitz zu. Sie entsprechen unseren Eckzähnen. Mit ihnen fängt der Hund seine Beute und verbeißt sich in ihr. Vorn im Gebiss sitzen die Schneidezähne, in jeder Kieferhälfte drei. Sie sind relativ scharf. Das Fleisch wird mit ihnen eher vom Knochen abgeschabt als abgebissen. Der Hund hat pro Kieferhälfte 6 Backenzähne oben und 7 unten. Der drittletzte Zahn in jeder Kieferhälfte ist der Reißzahn. Er ist besonders groß und kräftig gebaut. Die Reißzähne dienen dem Zerschneiden von Fleisch und dem Zerbrechen von Knochen.
Welpen haben wie Kinder zunächst noch ein Milchgebiss mit nur 28 Zähnen. Es besteht aus den Schneidezähnen, den Fangzähnen und den ersten drei Backenzähnen.

3 Fleischfressergebiss

1 Begründe, dass der Hund zu den Wirbeltieren gehört.

2 Beschreibe die Besonderheiten im Skelett des Hundes.

3 Erkläre den Bau einer Hundepfote als Angepasstheit an die Jagdweise.

Material Methode Praxis

Das Fleischfressergebiss

Am Gebiss des Hundes erkennt man seine Ernährungsweise. Der Bau der Zähne weist ihn als Jäger und typischen Fleischfresser aus.

4 Übertrage die Tabelle unten zum Gebiss des Hundes in dein Heft und ergänze sie. Ordne den Zahntypen Werkzeuge mit gleicher Struktur oder Funktion zu ▶ Bild 4.

Zahntyp	Funktion	Werkzeug
Schneidezähne		

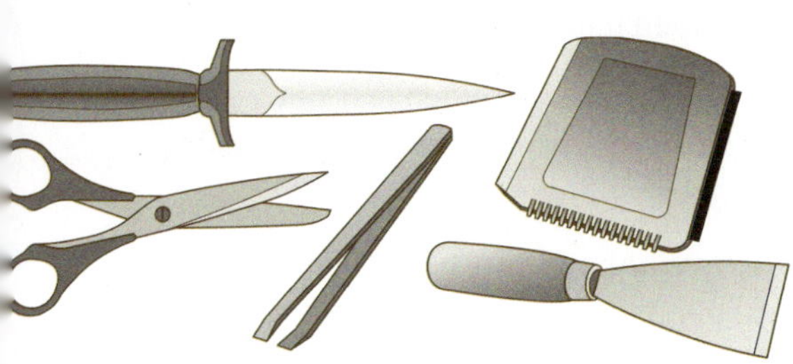

4 Werkzeuge

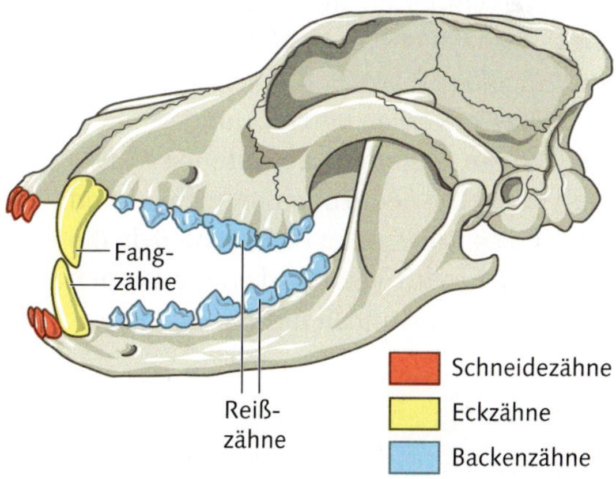

5 Schädel und Gebiss eines Hundes

5 **A** Vergleiche die Funktion der Schneidezähne beim Hund und beim Menschen.
B Begründe, warum die Bezeichnung Schneidezähne beim Hundegebiss irreführend ist.

Hunde sind Säugetiere

1 Labradorhündin beim Säugen ihrer Welpen

Fortpflanzung Hunde sind *Säugetiere*. Die Weibchen bringen ihre Jungen lebend zur Welt und säugen sie mit Milch. Zur Fortpflanzung paaren sich die Hündin und der Rüde, der männliche Hund. Es findet eine *innere Befruchtung* statt: Die *Eizelle*, das ist die weibliche Geschlechtszelle, und eine *Spermienzelle*, die männliche Geschlechtszelle, verschmelzen im Körper des Weibchens. Danach ist die Hündin etwa 63 Tage, also ungefähr 9 Wochen, trächtig. Je nach Hunderasse werden bis zu 12 junge Hunde, die *Welpen*, geboren, in seltenen Fällen auch mehr. Die neugeborenen Welpen sind sehr hilflos. Sie können nicht sehen, da die Augenlider noch verschlossen sind. Auch der Gehörsinn ist noch nicht fertig ausgebildet. In den ersten zwei Lebenswochen öffnen sich allmählich die Augen und das Gehör entwickelt sich.

Die Welpen sind typische *Nesthocker* und auf die Hilfe ihrer Mutter angewiesen. Die Mutter leckt, wärmt, beschützt und säugt sie. Dieses Verhalten eines Elterntiers nennt man *Brutpflege*.

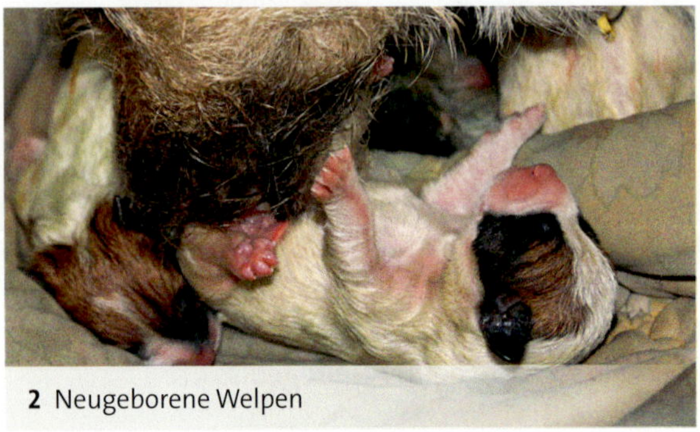

2 Neugeborene Welpen

Vielfalt Die Welpen eines Wurfs können sehr unterschiedlich aussehen ▶Bild 1. Man nennt diese Vielfalt in den Merkmalen *Variabilität*. Züchter wählen aus der Vielfalt der Nachkommen diejenigen Tiere mit den günstigsten Merkmalen zur weiteren Fortpflanzung aus.

1. Nenne die Eigenschaften eines Nesthockers und erläutere, warum sie keine Nachteile für die Welpen haben.
2. Begründe, warum Welpen erst nach 8 bis 12 Wochen an ihre zukünftigen Besitzer abgegeben werden.
3. Erläutere anhand von ▶Bild 1 den Begriff Variabilität.
4. Erkläre, warum es so viele Hunderassen gibt.

Die Sinne des Hundes

Die wichtigsten Sinne von Hunden sind der Gehörsinn und der Geruchssinn. Die verschiedenen Sinne zeigen Angepasstheiten an das Leben als Rudeltier.

Geruchssinn Der Geruchssinn ist bei Hunden besonders gut ausgebildet. Die Nase ist eines ihrer wichtigsten Sinnesorgane. Hunde können sogar noch geringste Spuren von Duftstoffen wahrnehmen, denn die Oberfläche ihrer Riechschleimhaut ist stark vergrößert ▶ Bild 3. In der Riechschleimhaut sitzen viele Riechsinneszellen. Der Geruchssinn dient der Orientierung im Revier, der Kommunikation innerhalb des Rudels und zum Aufspüren von Beute.

Gehör Hunde haben ein ausgezeichnetes Gehör. Es wird durch die beweglichen Ohrmuscheln unterstützt. Wenn Hunde ein Geräusch wahrnehmen, spitzen sie die Ohren und drehen sie so weit wie möglich in die Richtung, aus der das Geräusch kommt ▶ Bild 4. Die Vorfahren der Hunde konnten so ihre Artgenossen orten und sich bei der Jagd orientieren.

4 Bewegliche Ohren beim Hund

Sehsinn Der Sehsinn von Hunden ist an das Jagen und Leben im Rudel angepasst. Mit ihm erfassen sie Informationen, die von Rudelmitgliedern durch den Gesichtsausdruck und die Körperhaltung kommuniziert werden. Hunde können relativ gut in der Dämmerung sehen, da sie eine reflektierende Schicht im Auge besitzen, die einfallendes Licht verstärkt. Jedoch ist die Farbwahrnehmung bei Hunden nicht besonders gut ausgeprägt.

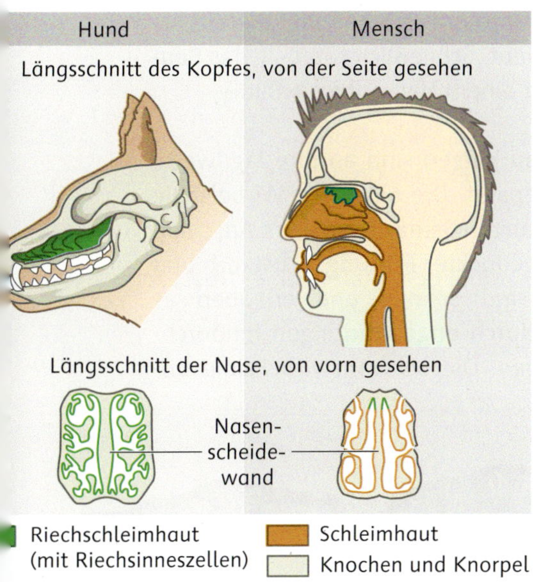

3 Bau der Nase von Hund und Mensch

1. Beschreibe anhand von ▶ Bild 3, warum Hunde besser riechen können als der Mensch.
2. Der Hund wird manchmal auch als Nasen- und Ohrentier bezeichnet. Erkläre.
3. Erläutere, welche Vorteile die beweglichen Ohrmuscheln für Hunde haben.
4. Erläutere, wieso laute Geräusche einen Hund nervös machen.
5. Erkläre, wie Hunde aufgrund ihrer besonderen Sinnesleistungen vom Menschen genutzt werden.
6. Diskutiere die Züchtung von Pekinesen in Bezug auf ihre Sinnesleistungen ▶ Bild 5.

5 Pekinese

Katzen – Jäger auf Samtpfoten

032-1

1 Falbkatze

Vom Wildtier zum Haustier Die Falbkatze ist die Stammform der Hauskatze ▶ Bild 1. Sie lebt in den warmen und regenarmen Buschlandschaften sowie Steppen Afrikas und Arabiens. Schon zu Zeiten der ägyptischen Pharaonen vor etwa 4000 Jahren näherten sich Falbkatzen den menschlichen Siedlungen. Sie hielten die Getreidespeicher von Mäusen und Ratten frei und waren daher gern gesehen. Später hielten die Ägypter Katzen auch in ihren Häusern und verehrten sie wegen ihrer Geschmeidigkeit und Eleganz sogar als Gottheiten. Durch Züchtung entstand aus der Falbkatze die Hauskatze. Vor etwa 2000 Jahren wurden Hauskatzen von den Römern in Mitteleuropa eingeführt. Katzen sind als Haustiere beliebt, weil sie anschmiegsam und verspielt sind. Im Gegensatz zu Hunden schließen sie sich den Menschen aber nicht so eng an. Katzen sind keine Rudeltiere, sondern *Einzelgänger*. Sie leben nicht in Gruppen, jagen alleine und kommen nur während der Paarungszeit zusammen.

Jagdverhalten Im Freien zeigen Katzen ein anderes Verhalten als im Haus. Dort zeigt sich ihr natürlicher Jagdtrieb. Zu ihrer Beute zählen zum Beispiel Schmetterlinge, Vögel und Mäuse.
Eine jagende Katze lauert oft zunächst tief geduckt und scheinbar regungslos. Mit weit geöffneten Augen beobachtet sie ihre Beute. Sie schleicht sich sehr langsam und lautlos an ihre Beute heran. Katzen sind *Schleichjäger*. Blitzschnell stößt sich die Katze mit den Hinterbeinen zum kraftvollen Sprung ab und packt das Beutetier bei

2 Hauskatze bei der Mäusejagd

der Landung mit den scharfen Krallen ihrer Vorderpfoten. Die Beute lässt sie scheinbar mehrfach entkommen und ergreift sie dann erneut. Schließlich tötet sie das Beutetier mit einem Nackenbiss ▶ Bild 3.

Körperbau Katzen sind an ihre Jagdweise gut angepasst. Die biegsame Wirbelsäule und die kurzen Beine dienen dem Anschleichen in geduckter Haltung. Brustkorb und Becken sind schmal und erlauben es Katzen, durch enge Öffnungen hindurchzugelangen. Die Schwanzwirbelsäule un-

3 Jagdverhalten der Katze

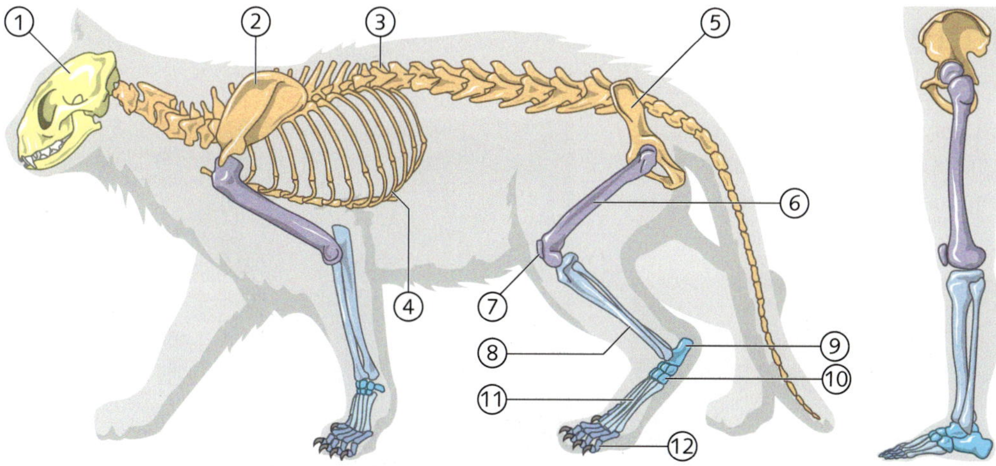

4 Skelett der Katze und Beinskelett des Menschen

terstützt das Halten des Gleichgewichts beim Balancieren. Die kräftige Muskulatur der Hinterbeine ermöglicht weite Sprünge. Katzen besitzen ein Fleischfressergebiss. Mit den spitzen Eckzähnen werden die Beutetiere getötet.

Katzen sind Zehengänger. Die Pfoten haben weiche Ballen. Sie ermöglichen der Katze ein Laufen wie auf Samtpfoten. So kann sie sich lautlos und unbemerkt an Beutetiere heranschleichen. Beim Beutefang werden die spitzen Krallen der Vorderpfoten als Werkzeug eingesetzt. Sie liegen geschützt in Hautfalten. Die Katze kann sie ausfahren und mit ihnen die Beute ergreifen. Sie erlauben ihr auch das Klettern auf Bäume.

Kommunikation Katzen teilen sich wie Hunde durch ihre Körpersprache und Lautäußerungen mit. Ist die Katze aufmerksamen und neugierig, sind die Ohren und Schnurrhaare nach vorne gerichtet. Fühlen sich Katzen bedroht, legen sie die Ohren an, sträuben das Fell und fauchen. Schnurren bedeutet, dass sich die Katze wohlfühlt und entspannt ist.

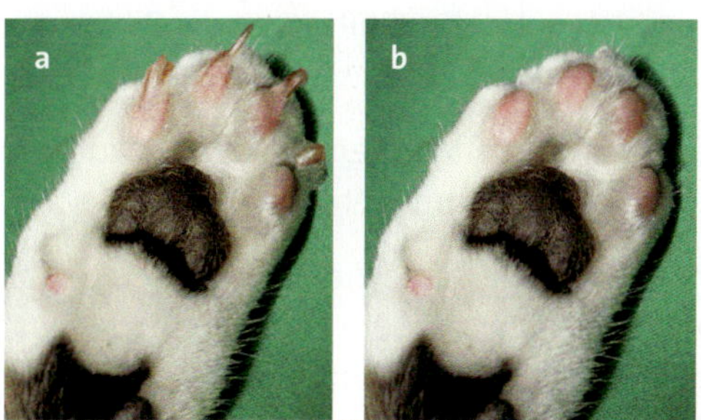

5 Katzenpfoten

6 Katzensprache

1 Benenne die Skelettteile in ▶ Bild 4. Vergleiche mit dem Hundeskelett.

2 **A** Begründe, warum die Katze ein Zehengänger ist.
B Vergleiche mit der Fortbewegung beim Menschen ▶ Bild 4.

3 Erkläre, inwiefern der Körperbau der Katze eine Angepasstheit an ihre Jagdweise darstellt.

4 In ▶ Bild 5 ist eine Katzenpfote in zwei Stellungen gezeigt. Erkläre, in welcher Situation die jeweilige Stellung eingenommen wird. Beginne mit: Bei Pfote a sind ... Benutze folgende Wörter: leise auftreten, ergreifen, ausgestreckt, Beute, heranschleichen, eingezogen.

5 Recherchiere, welche Verhaltensweisen Katzen zeigen, um in verschiedenen Situationen zu kommunizieren (z. B. Begrüßung, Angriff).

Die Sinne der Katze

Katzen sind vor allem in der Dämmerung und im Dunkeln aktiv. Ihre Sinne zeigen besondere Angepasstheiten an diese Lebensweise.

1 Katzenporträt

2 Augen der Katze

Sehsinn Katzen nutzen als wichtigstes Sinnesorgan ihre Augen. Sie können auch in der Dämmerung noch gut sehen. Dazu dient eine reflektierende Schicht im Auge. Damit können auch noch geringste Lichtmengen ausgenutzt werden. Bei starkem Licht werden die Pupillen zu schmalen Schlitzen verengt. Mit zunehmender Dunkelheit werden sie größer und runder. Katzen können nicht gut Farben erkennen. Wenn sie größere Bereiche ihrer Umgebung betrachten wollen, müssen sie ihren Kopf drehen, denn ihre Augen sind nur wenig beweglich.

Hörsinn Die Ohrmuscheln von Katzen sind im Verhältnis zum Kopf groß und trichterförmig. Damit können sie Geräusche besonders gut aufnehmen. Außerdem können Katzen ihre Ohren unabhängig voneinander in fast alle Richtungen bewegen. Sie sind in der Lage, auch weit entfernte und sehr leise Geräusche zu orten.

Tastsinn Die Schnurrhaare an der Oberlippe und weitere Tasthaare am Kopf dienen Katzen zur Orientierung. Mit ihrer Hilfe können sie ihre Umwelt erfühlen. So ertasten sie, ob beispielsweise eine Zaunlücke groß genug ist, um hindurchzuschlüpfen.

Gleichgewichtssinn Katzen verfügen über einen ausgeprägten Gleichgewichtssinn. Sie balancieren auf den schmalsten Mauern und Geländern. Wenn sie doch einmal das Gleichgewicht verlieren und abstürzen, landen sie fast immer auf den Pfoten. Sie verletzen sich bei diesen Stürzen nur selten. Beim Fallen benötigen sie nicht nur ihren Gleichgewichtssinn, sondern auch ihren Schwanz, der als Ruder zur Steuerung bei der Drehung eingesetzt wird.

1. Vergleiche die drei Fotos in ▶ Bild 2. Begründe, unter welchen Lichtverhältnissen die Bilder gemacht wurden.
2. Erkläre, warum Reflektoren am Fahrrad auch Katzenaugen genannt werden.
3. **A** Erkläre, welche Sinne die Katze einsetzt, um ihre Beute über größere Entfernung und bei völliger Dunkelheit zu finden.
   B Erläutere, wie die Sinne der Katze an ihre Jagdweise angepasst sind.

Vergleichen

Das Vergleichen kennst du vom Quartettspiel. Hier vergleichst du zum Beispiel die Höchstgeschwindigkeiten verschiedener Autos. Vergleichen ist auch eine wichtige Methode in der Biologie. Man benötigt sie, um Lebewesen in Gruppen einzuordnen.

Schritt 1 Frage

Beobachtungen werfen Fragen auf. Manche Fragen kann man mit einem Vergleich beantworten. Wenn man Hunde und Katzen betrachtet, fallen vor allem viele Gemeinsamkeiten auf.
Es stellt sich die Frage: Haben Katzen und Hunde auch ähnliche Bedürfnisse in Bezug auf die Haltung?

Schritt 2 Kriterien

Um Gegenstände oder Lebewesen vergleichen zu können, musst du bestimmte Merkmale, die Kriterien, festlegen, nach denen verglichen werden soll. Je nach Fragestellung musst du unterschiedliche Kriterien wählen.
Bei Lebewesen können zum Beispiel die Gestalt und Funktion von Körperteilen, aber auch Verhaltensweisen Vergleichskriterien sein. Es kann beim Vergleichen hilfreich sein, eine Tabelle anzulegen ▶ Bild 3.

3 Tabelle zum Vergleich von Hund und Katze

Kriterium	Hund	Katze
Jagdverhalten	Hetzjäger	Schleichjäger
Zusammenleben	Rudeltier, Rangordnung	Einzelgänger, keine Rangordnung
Gebiss	Fleischfressergebiss	Fleischfressergebiss
Fortbewegung	Laufen	Laufen und Klettern

Schritt 3 Gemeinsamkeiten und Unterschiede

Betrachte jedes Kriterium und beschreibe Gemeinsamkeiten und Unterschiede.
Jagdverhalten: Hunde sind wie Wölfe Hetzjäger. Sie brauchen viel Auslauf, auch wenn sie nicht mehr jagen. Katzen sind Schleichjäger, die nicht so große Strecken laufen. Katzen benötigen nicht so viel Auslauf.
Zusammenleben: Hunde sind Rudeltiere. Sie sehen die Familie, in der sie leben, als Rudel an. Im Rudel gibt es eine Rangordnung. Der Hund ordnet sich unter. Daher kann man ihn erziehen. Katzen sind Einzelgänger und schließen sich der Familie nicht so eng an. Sie ordnen sich nicht unter, da sie keine Rangordnung kennen. Deshalb kann man Katzen nur wenig erziehen.

Schritt 4 Schlussfolgerung

Ziehe am Ende eine Schlussfolgerung als Antwort auf die anfangs gestellte Frage.
Hier könnte sie lauten: Hunde haben zum Teil andere Bedürfnisse als Katzen. Sie brauchen engen Anschluss an die Familie. Als Hetzjäger und Lauftiere brauchen sie viel Auslauf.

1. Beschreibe weitere Unterschiede und Gemeinsamkeiten anhand der Tabelle ▶ Bild 3.
2. Ziehe Schlussfolgerungen aus dem Vergleich und führe die Antwort (Schritt 4) weiter aus.
3. Man beobachtet, dass Katze und Hund sich häufig nicht vertragen. Warum ist das so? Vergleiche ihre Körpersprache ▶ Bild 4.

4 Körpersprache von Hund und Katze

Bewerten

036-1

Entscheidungen zu treffen ist nicht einfach. Man muss dabei meist die Interessen und Bedürfnisse mehrerer Beteiligter berücksichtigen und gegeneinander abwägen. Die hier vorgestellte Methode kann dabei helfen, zum Beispiel, wenn es um die Entscheidung für ein Haustier geht.

Rasse: Rottweiler

Größe und Gewicht: wird bis zu 68 cm groß und etwa 40 kg schwer

Auslauf: benötigt viel Auslauf, zum Beispiel auf Wiesen

Charakter: friedlich, anhänglich und gehorsam, braucht aber konsequente Erziehung; nicht geeignet für unerfahrene Halter

Monatliche Kosten: ca. 80 €

Rasse: Westhighland-Terrier

Größe und Gewicht: wird ungefähr 28 cm groß und wiegt 5–10 kg

Auslauf: benötigt Auslauf, jedoch nicht so viel wie ein großer Hund

Charakter: aktiv, unerschrocken und robust, wachsam, fröhlich, mutig, selbstbewusst, aber freundlich

Monatliche Kosten: ca. 40 €

Rasse: Labrador

Größe und Gewicht: wird bis zu 60 cm groß und 30–35 kg schwer

Auslauf: benötigt viel Auslauf und geht gerne ins Wasser

Charakter: intelligent, aufmerksam, mit einem starken Bedürfnis, seinem Besitzer Freude zu machen, kinderfreundlich

Monatliche Kosten: ca. 70 €

1 Steckbriefe von Hunderassen

Familie Arslan möchte sich einen Hund anschaffen. Aber welche Rasse ist geeignet? Der Vater möchte einen großen Hund, einen Rottweiler. Die Mutter möchte lieber einen kleinen Hund, der nicht so viel Arbeit macht, einen Westhighland-Terrier. Die Kinder wollen einen großen Hund zum Spielen, am liebsten einen Labrador. Um eine Entscheidung herbeizuführen, mit der alle einverstanden sein können, wird eine Bewertungstabelle erstellt:

Schritt 1 Festlegen der Bedürfnisse

Die wichtigsten Bedürfnisse der Familienmitglieder und der infrage kommenden Hunde werden zusammengetragen und in die erste Spalte der Tabelle eingetragen:

1. geschätzte monatliche Kosten für Futter, Hundesteuer, Spielzeug; 2. Größe des Hundes, Platzbedarf; 3. Eignung als Spielgefährte; 4. Zeitaufwand (Gassigehen, Spielen ...); 5. geeignete Umgebung; 6. Betreuung während der Ferien.

Schritt 2 Verteilen der Punkte

In die Spalten 2 bis 4 werden für jeden Hund Punkte vergeben, pro Zeile jeweils 6 Punkte.

1. Die Kosten dürfen nicht so hoch sein. Die Eltern arbeiten nur Teilzeit. Am kostengünstigsten ist der kleine Hund: Er bekommt 3 Punkte, der Labrador 2 und der Rottweiler 1 Punkt.

2. Die Familie wohnt in einer Wohnung. Deshalb eignet sich der Rottweiler nicht so gut. Am besten ist der Westhighland-Terrier geeignet.

2 Bewertungstabelle

	Rottweiler	Westhighland-Terrier	Labrador	
1. Kosten nicht zu hoch	1	3	2	6
2. Wohnungsgröße ausreichend	1	3	2	6
3. Zum Spielen geeignet	1	2	3	6
4. Zeitbedarf groß	2	2	2	6
5. Umgebung tiergerecht	1	4	1	6
6. Ferienbetreuung möglich	0	5	1	6
Gesamtpunkte	**6**	**19**	**11**	**36**

3. Der Terrier ist fast zu klein zum Spielen. Der Rottweiler ist kein Spielhund. Der Labrador ist ein Familienhund.
4. Alle drei Hundrassen benötigen Zeit und Aufmerksamkeit.
5. Leider ist nur eine kleine Wiese, aber kein Gewässer in der Nähe. Also haben Rottweiler und Labrador weniger Spielmöglichkeiten.
6. Ein Rottweiler ist viel zu groß und zu stark für die Oma. Der Westhighland-Terrier lässt sich am besten in den Ferien bei der Oma unterbringen.

Schritt 3 Zusammenzählen der Punkte

Die Punkte werden zusammengezählt. Die letzte Spalte dient zur Kontrolle, ob tatsächlich immer 6 Punkte vergeben wurden.

Schritt 4 Auswertung der Tabelle

Der Westhighland-Terrier erfüllt die Wünsche der Familie am besten. Auch die Bedürfnisse des Tieres können weitgehend berücksichtigt werden.

1 Wende die Methode selbst an. Stell dir vor, deine Familie möchte ein Haustier. Zur Wahl stehen Katze, Kaninchen und Fische. Welches eignet sich am besten?

A Informiere dich über die Bedürfnisse der Tiere. Fertige Steckbriefe an ▶ Bild 3.

B Erstelle eine Bewertungstabelle, indem du wie oben beschrieben vorgehst.

Haustier: Katze

Benötigt: Garten, Katzenklo, Schlafplatz ...
Anschaffungskosten: je nach Art bis 700 €
Ausstattungskosten: ca. 200 €
Monatliche Kosten: ca. 40 €
Pflege: ...

Haustier: Kaninchen

Benötigt: Käfig (ca. 140 cm × 70 cm) und Auslauf draußen
Anschaffungskosten: ca. 45 €
Ausstattungskosten: ca. 120 €
Monatliche Kosten: ca. 25 €
Pflege: ...

Haustier: Fische

Benötigt: Aquarium (60 l, 57 × 35 cm)
Anschaffungskosten: ca. 70 €, je nach Aquariumsgröße
Ausstattungskosten: ca. 120 €
Monatliche Kosten: ca. 10 €
Pflege: ...

3 Steckbriefe verschiedener Haustiere

Das Pferd – vom Beutetier zum Freizeitkameraden

038-1

Es begann als Beutetier Pferde, wie wir sie heute kennen, gibt es seit 4 Millionen Jahren auf der Erde. Für unsere Vorfahren war das Wildpferd Jagdbeute. Später fanden die Menschen heraus, dass Pferde zähmbar sind. In der Folge machten sie deren große Körperkraft für sich nutzbar und setzten sie als Lastenträger und Zugtiere ein. So wurde aus dem Wildtier vor etwa 5000 Jahren ein Haustier. Dies bezeichnet man als *Domestikation*.

Rassenvielfalt Durch die *Züchtung* entstanden Pferderassen für ganz spezielle Aufgabenbereiche. Dabei wählte man Pferde mit besonders günstigen Eigenschaften aus und verpaarte sie miteinander. Aus den Nachkommen wählte man wieder diejenigen mit den gewünschten Eigenschaften zur Weiterzucht. Schließlich erhielt man geeignete Rassen, zum Beispiel kleine, aber kräftige Zugtiere, die in Bergwerken eingesetzt werden konnten, oder große, wendige Rassen, die als Reitpferde genutzt wurden. Mit der Erfindung der Dampfmaschine im Jahr 1769 wurde das Pferd mit der Zeit überflüssig: Das Auto verdrängte es ab 1886 von der Straße sowie aus dem Militär und der Traktor ersetzte es im Ackerbau. Nach dem Zweiten Weltkrieg 1945 waren schon viele Pferderassen ausgestorben. Aber auch heute gibt es wieder Arbeitspferde: Sie werden bei der Polizei und zum Holzrücken im Wald eingesetzt.

Freitzeitkamerad Viele Freizeitsportarten entstanden aus einstigen Arbeitseinsätzen der Pferde. Zum Beispiel wurde das Voltigieren beim Militär entwickelt, um Geschicklichkeit auf dem Pferderücken zu trainieren. Heute ist es für viele Kinder der Einstieg in die Reiterei und wird in Wettkämpfen ausgetragen ▶ Bild 1. Viele Pferdesportarten wie Dressur, Springreiten und Kutschefahren finden ebenfalls im weltweiten Vergleich statt.

1 Voltigieren

Pferdetypen Die derzeit über 300 Pferderassen kann man in vier Typen einteilen: Kaltblüter, Warmblüter, Vollblüter und Ponys. Schwere Kaltblüter sind wegen ihrer Stärke und ihres friedlichen Gemüts für die Arbeit auf dem Feld und vor schweren Wagen geeignet. Warmblüter eignen sich aufgrund ihres Körperbaus und ihrer Leistungsbereitschaft gut als Reit- und Kutschpferde. Die temperamentvollen und schnellen Vollblüter werden vor allem im Rennsport eingesetzt. Ponyrassen sind klein, oft auf Genügsamkeit gezüchtet und bringen auch bei geringem Nahrungsangebot volle Leistung.

1. Stelle in einem Zeitstrahl die gemeinsame Geschichte von Mensch und Pferd dar. Notiere die Veränderungen in dieser Beziehung.
2. Beschreibe die Eigenschaften von Voll-, Warm- und Kaltblut.
3. Erkläre in eigenen Worten, wie man ein besonders kleines Pony züchten könnte.

Pferde sind Lauftiere – ein Leben in der Herde und auf der Flucht

Natürliche Bedürfnisse des Pferdes Als ursprünglich umherziehende Herden- und Steppentiere haben Pferde einen großen Bewegungsdrang. In freier Wildbahn sind sie etwa 16 Stunden am Tag in langsamer Bewegung mit der Nahrungsaufnahme beschäftigt.
Die Jungtiere der Pferde, die Fohlen, sind *Nestflüchter*. Das bedeutet, dass sie schon wenige Minuten nach der Geburt aufstehen und laufen können ▶ Bild 2. Droht Gefahr, zum Beispiel durch Wölfe, können sie mit der Herde fliehen. Pferde sind *Fluchttiere*, die bei Gefahr weglaufen.
Die Bereitschaft, jederzeit aus dem Stand loszurennen, bringt auch mit sich, dass Pferde im Stehen schlafen können. Nur wenn sie sich vollkommen sicher fühlen, legen sie sich hin.

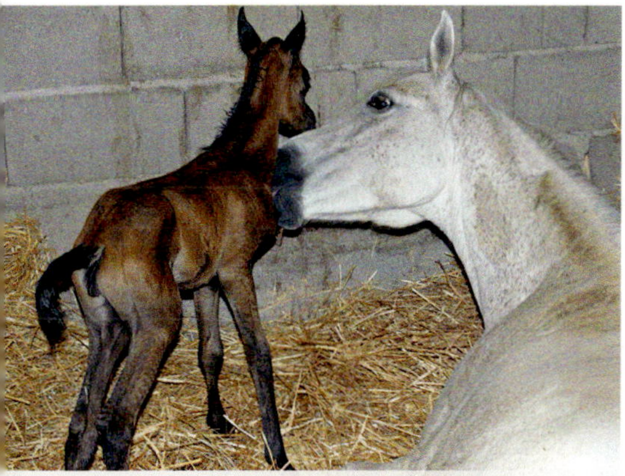

2 Fohlen direkt nach der Geburt

Gangarten des Pferdes Für die stetige Fortbewegung hat das Pferd verschiedene Gangarten. Die bekanntesten drei sind Schritt, Trab und Galopp. Der Schritt ist eine langsame, schreitende Bewegung, bei der sich immer abwechselnd zwei und drei Hufe am Boden befinden. Dadurch ist ein gutes Gleichgewicht auch auf unebenem Gelände gewährleistet. In dieser Gangart

3 Dülmener Wildpferde

bewegen sich Pferde in freier Wildbahn die meiste Zeit über. Für die Flucht ist der Galopp die ideale Gangart ▶ Bild 3. Bei einem Galoppsprung legt das Pferd 5 bis 8 Meter zurück und kann kurzzeitig Höchstgeschwindigkeiten von 70 Kilometern pro Stunde erreichen. Wildpferde galoppieren immer nur über kurze Strecken. Sobald genügend Abstand zur möglichen Gefahr erreicht ist, fallen Pferde in den Trab. Bei dieser Bewegung heben abwechselnd die diagonalen Beinpaare ab, unterbrochen von einer Schwebephase. Auf unebenem Gelände ist der Trab sicherer als der Galopp.

1. Erkläre, welchen Vorteil Pferde davon haben, dass ihre Fohlen Nestflüchter sind.
2. Erkläre die Bedeutung der verschiedenen Gangarten für das Pferd.
3. Pferde werden heute meist in Ställen gehalten. Fertige eine Liste all der Bedürfnisse an, der diese Haltung nicht gerecht wird.

Körperbau des Pferdes – ans Laufen angepasst

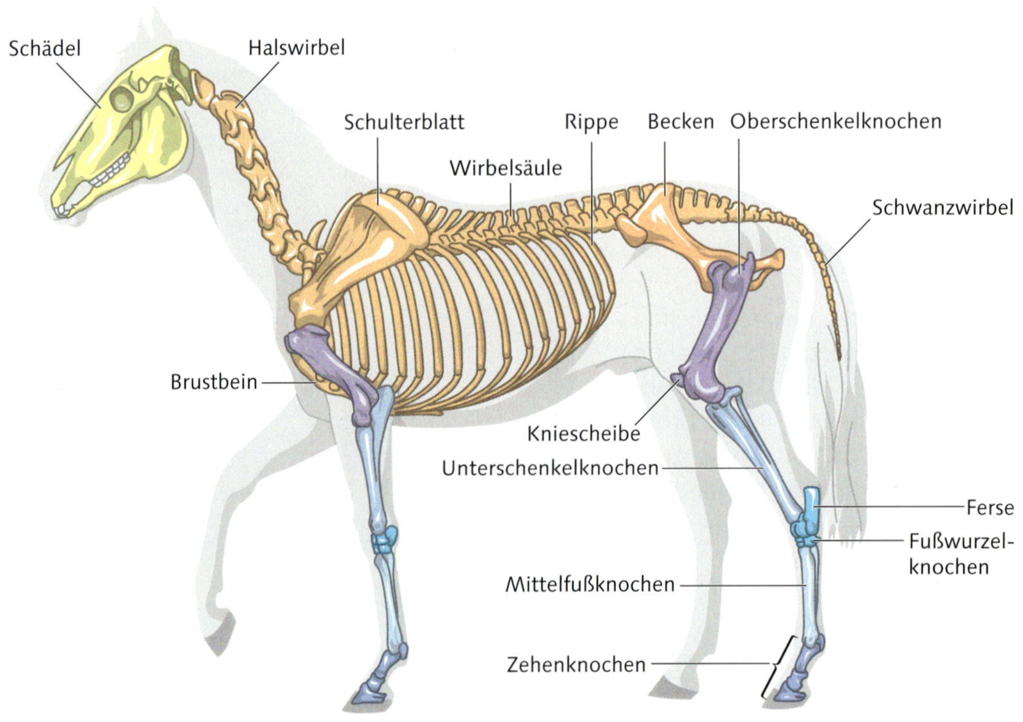

1 Skelett des Pferdes

Skelett des Pferdes Der Bauplan des Pferdeskeletts ähnelt dem vieler vierfüßiger Wirbeltiere. Ein massiver Schädel schützt Gehirn und Sinnesorgane und ist mit Zähnen ausgestattet. Die Wirbelsäule verbindet Schädel und Gliedmaßen. Rippen schützen die inneren Organe. Die vorderen Rippen sind über das Brustbein miteinander verbunden, die hinteren haben eine gewisse Beweglichkeit. Deshalb kann sich der Brustkorb bei der Atmung ausdehnen. Große Schulterblätter und stark gewinkelte Oberarmknochen ermöglichen eine gute Beweglichkeit der Vorderbeine. Die Muskeln der Hinterbeine sitzen an den kräftigen Oberschenkelknochen und erlauben den schnellen Lauf des Tieres.

Urpferdchen und heutige Pferde Die Vorfahren des Pferdes waren kleine, mehrzehige Waldbewohner, die kniehohen Urpferdchen. Ihre 5 Zehen waren spreizbar und verringerten die Gefahr, im weichen Waldboden einzusinken. Heutige Pferde sind ursprünglich Bewohner der baumlosen, kargen Steppe. In ihrer Entwicklung haben sich Veränderungen im Körperbau vollzogen. Die Zehen haben sich zurückgebildet und nur die Mittelzehe blieb bestehen, sie ist verstärkt und endet im Huf ▶ Bild 1.
Das Pferd gehört zu den *Huftieren*. Hinweise auf die einstige Mehrzehigkeit sind im Skelett des Pferdes noch vorhanden. Vergleicht man ein Menschenbein mit einem Pferdebein, wird deutlich, dass Pferde *Zehenspitzengänger* sind, die auf der Spitze ihrer einstigen Mittelzehe laufen.

2 Ein Hufeisen wird angepasst.

Hufe des Pferdes Das Endglied der Zehe des Pferdes ist von außen mit einer schützenden Hornschale umgeben, dem *Huf*. Er wächst je nach Witterung und Futterangebot etwa einen Zentimeter im Monat. Der raue, harte Boden der Steppe nutzt die Hufe der wild lebenden Pferde ab. Bei Reit- und Zugpferden würden sich die Hufe durch die starke Beanspruchung schneller abnutzen, als sie nachwachsen. Das wäre für die Tiere schmerzhaft. Daher wurde der Hufbeschlag entwickelt. Der Hufschmied schneidet die Hufe in die passende Form, es werden rot glühende Hufeisen aufgebrannt und mit Hufnägeln festgenagelt ▶ Bild 2. Horn ist totes Material und leitet Wärme nicht weiter. Deshalb ist das Beschlagen für Pferde nicht schmerzhaft.

1 **A** Beschreibe die Beschaffenheit von Wald- und Steppenboden.
B Erkläre, wie Urpferdchen und heutige Pferde an ihre Lebensräume angepasst sind. Berücksichtige auch die Körpergröße der Tiere.

2 Erkläre, warum Pferde keinen Schmerz empfinden, wenn der Hufschmied ihnen die Hufe beschlägt.

Vergleichen der Gliedmaßen

041-1

3 Reiterin in Begleitung eines Hundes

Der Hund als Gefährte des Menschen ist auch ein eifriger Begleiter des Reiters. Aneinander gewöhnt, sieht das Pferd den Hund nicht mehr als Raubtier an und der Hund das Pferd nicht als Beute, wie ihre Vorfahren es taten.
Pferd und Hund sind Lauftiere. Der Hund als Hetzjäger kann schnell und ausdauernd laufen. Das Pferd kann aus dem Stand mit Höchstgeschwindigkeit fliehen und große Strecken zurücklegen. Die Gliedmaßen der Tiere sind an das Laufen angepasst. Worin besteht diese Angepasstheit? Um diese Frage zu beantworten, hilft ein Vergleich der Beinskelette. Dazu sucht man zunächst nach Übereinstimmungen, wie zum Beispiel ähnlichen Strukturen. Anschließend betrachtet man die Unterschiede und versucht diese zu erklären.

3 **A** Zeichne jeweils das Hinterbein von Pferd (▶ Bild 1) und Hund (▶ Bild 4) in dein Heft ab. Male gleiche Strukturen mit gleicher Farbe aus und finde eine passende Beschriftung.
B Vergleiche das Beinskelett des Hundes mit dem des Pferdes. Fertige dazu eine Tabelle an.

4 Erläutere, wodurch die Gliedmaßen von Pferd und Hund an deren Lebensweise angepasst sind.

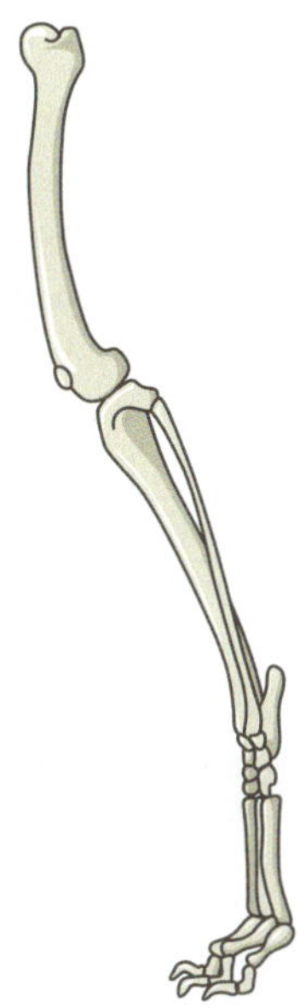

4 Skelett des Hundebeins

Pferde in der Herde

Struktur einer Pferdeherde Pferde sind Herdentiere. Eine *Herde* ist eine Gruppe von großen Säugetieren. Die große Anzahl der Tiere in einer Herde gewährleistet dem Einzelnen Schutz vor Raubtieren. Die Pferdeherde besteht vorwiegend aus weiblichen Tieren, den Stuten, mit ihrem Nachwuchs, den Fohlen.

Bei Pferden gibt es eine *Rangordnung*. Jedes Tier nimmt eine bestimmte Stellung innerhalb der Herde ein. Die Leitstute hat eine Führungsposition. Ihr ordnen sich die anderen Pferde unter und folgen ihr. Bis zum Eintritt der Geschlechtsreife leben auch die männlichen Jungtiere in der Herde. Dann werden sie vom Leithengst verjagt. Damit ist der Leithengst das einzige männliche Tier in einer Herde, das für die Fortpflanzung sorgt und die Herde bei Gefahr verteidigt. Junge Hengste ziehen in kleinen Gruppen durch die Steppe und versuchen, einem Leithengst seine Herde wegzunehmen. Dabei kann es zu Kämpfen kommen. Die Rangordnung der Stuten untereinander wird nur selten mit offener Aggressivität ausgetragen.

Kommunikation Das Wiehern stellt nur einen Bruchteil der Kommunikation zwischen Pferden dar. Die Pferdesprache ist vor allem eine Körpersprache, die für einen unerfahrenen Betrachter selten deutlich wahrzunehmen ist. Gegenseitiges Fellkraulen stärkt soziale Kontakte ▶ Bild 1. Durch Drohen oder Ausweichen festigt ein Pferd seinen Rang. Dabei zeigt die Körperhaltung genauso wie der Gesichtsausdruck die Stimmung an. Augen, Nüstern und Ohren können vielfältigen Ausdruck annehmen und unter anderem Aufmerksamkeit, Freude, Angst, Schmerz und Müdigkeit anzeigen ▶ Bilder 2 und 3. Schon geringste Bewegungen nehmen Pferde untereinander wahr und reagieren darauf.

1 Gegenseitiges Fellkraulen in der Herde

2 Aufmerksames Pferd

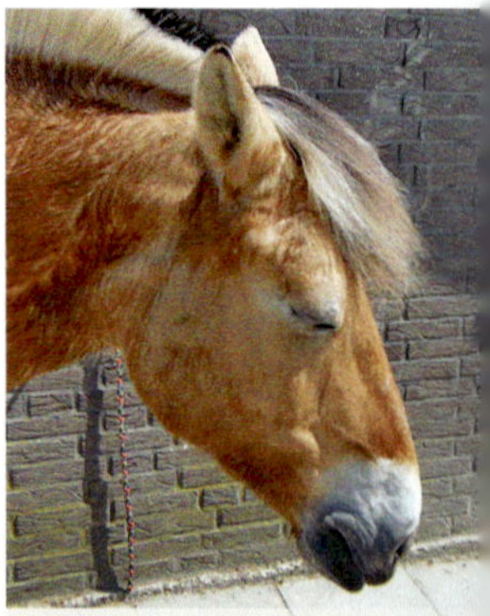

3 Dösendes Pferd

Sinne des Pferdes In freier Wildbahn müssen Pferde ein sich anschleichendes Raubtier wahrnehmen können. Ihr Gehör ist gut entwickelt, sie können besser hören als Menschen. Für ein Pferd bedeuten Lärm und lautes Reden Stress. Seine Ohrmuscheln sind unabhängig voneinander beweglich, sodass es Geräusche, auch ohne den Kopf zu wenden, genau orten kann.

Auch der Geruchssinn ist bei Pferden besser entwickelt als bei Menschen. Sie haben mit dem Jacobson-Organ ein zusätzliches Geruchsorgan, das in der Nasenhöhle liegt. Beim Flehmen nehmen Pferde damit besondere Duftstoffe wahr ▶ Bild 4.

Pferde haben einen ausgeprägten Tastsinn: Sogar eine einzelne Fliege auf ihrem Fell können sie spüren. Besondere Tasthaare im Bereich des Mauls dienen dazu, die Nahrungsbeschaffenheit zu prüfen ▶ Bild 4. Tasthaare neben den Augen schützen diese vor Verletzungen.

Pferde sehen anders als wir, sie nehmen manche Farben nicht wahr. Ihre Augen liegen seitlich am Kopf. Deshalb haben sie ein großes *Gesichtsfeld*. Dies ist der Raum, der ohne Drehung des Kopfes insgesamt wahrgenommen werden kann ▶ Bild 5. Das große Gesichtsfeld ermöglicht es ihnen, Gefahren frühzeitig zu erkennen. Das unmittelbar vor ihnen Liegende sehen sie mit beiden Augen und deshalb räumlich. Unebenheiten auf dem Weg und Entfernungen können sie daher gut einschätzen.

4 Flehmendes Pferd; die Tasthaare am Maul sind gut sichtbar.

1. Nenne die Vorteile der hohen Beweglichkeit der Pferdeohren.
2. Vergleiche die Gesichtsausdrücke des Pferdes in ▶ Bild 2 und 3.
3. Wenn sich in einer Gruppe von Reitern ein Pferd vor etwas erschrickt, galoppieren oft alle Pferde in Panik los. Erkläre dieses Verhalten.
4. Menschen, die mit Pferden zu tun haben, sollten die Körpersprache der Pferde kennen. Erkläre, warum dies wichtig ist.

Material Methode Praxis

Das Gesichtsfeld von Pferd und Katze

Die Augen von Pferden liegen seitlich am Kopf, die von Katzen vorne. In ▶ Bild 5 siehst du die Gesichtsfelder von Katze und Pferd. Dein eigenes Gesichtsfeld kannst du leicht selbst bestimmen.

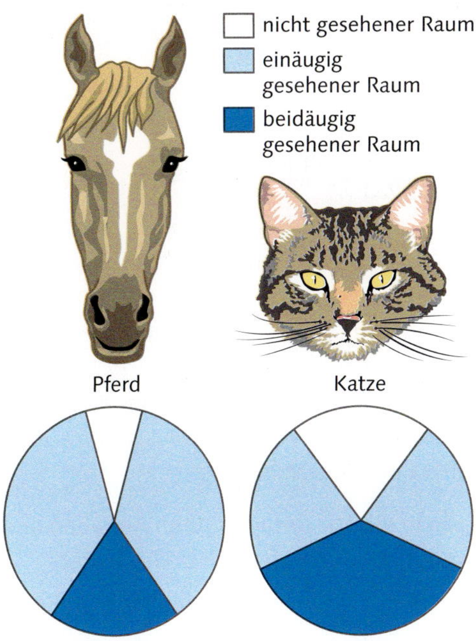

5 Von Pferd und Katze gesehener Raum

5. Blicke geradeaus und breite die Arme aus. Führe deine Hände so weit nach hinten, dass du sie gerade noch sehen kannst. Nun wiederhole das Ganze, indem du einmal das linke und dann das rechte Auge schließt.
   A Beschreibe deine Beobachtung. Orientiere dich dafür an ▶ Bild 5.
   B Fertige ein Gesichtsfelddiagramm für dich an.
   C Vergleiche dein Gesichtsfeld mit dem von Pferd und Katze.
6. Vergleiche die Gesichtsfelder von Katze und Pferd. Erkläre, inwiefern sie eine Angepasstheit darstellen.
7. Erläutere, ob du auch ohne den Versuch einen Rückschluss auf die Art deines Gesichtsfeldes hättest ziehen können.

Eine Mindmap erstellen zu den Nutzungen des Rindes

Der heute ausgestorbene Auerochse war ein Wildrind, das für den Menschen der Nacheiszeit schon vor etwa 14 000 Jahren eine wichtige Jagdbeute darstellte. Er gilt als die Stammform und damit als der Vorfahre des heutigen Hausrinds. Schon vom Auerochsen wurde nicht nur das Fleisch durch den Menschen genutzt. So konnten Häute für den Bau von Behausungen oder Sehnen als Schnüre verwendet werden. Auch heute nutzen wir viele verschiedene Rohstoffe des Rindes, um Produkte daraus herzustellen.

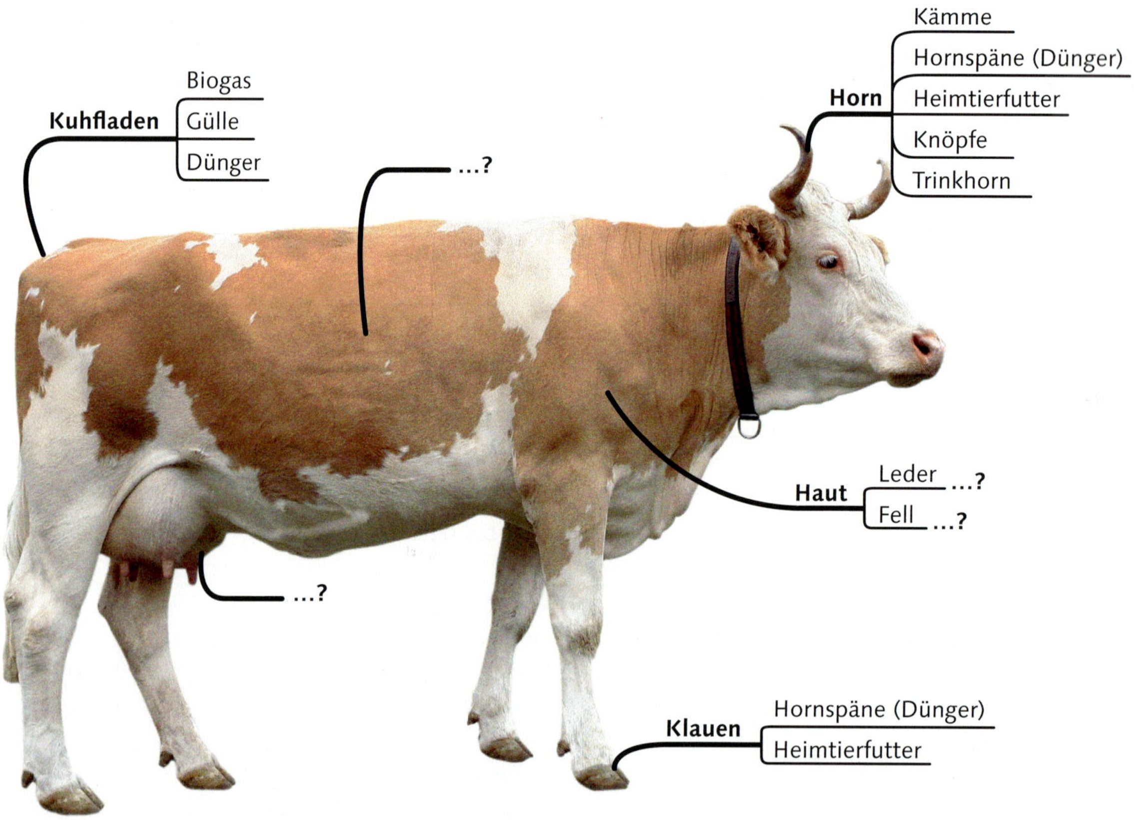

1 Mindmap zur Nutzung des Rindes. Das dargestellte Rind ist ein Fleckvieh.

1. Liste auf, was wir vom Rind nutzen.
2. Unterscheide, was auf deiner Liste ein Rohstoff ist, den das Rind liefert, und was ein aus dem Rohstoff hergestelltes Produkt ist. *Beispiel*: Ein Rohstoff kann Milch sein, ein Produkt daraus Joghurt.
3. Erstelle eine Mindmap. Schreibe dazu in die Mitte eines Blattes das Wort „Rind“. Du kannst auch das Bild eines Rindes in die Mitte kleben. Übertrage die Angaben aus ▶ Bild 1 in deine Mindmap.
4. Ergänze die Mindmap mit den Angaben aus deiner Liste aus Aufgabe 1 und 2. Unterscheide dabei die Ebenen „Rohstoff“ und „Produkt“.

Das Rind – ein vielfältiges Nutztier

Nutzung des Rindes Das Rind ist seit mehr als 11000 Jahren ein *Nutztier* des Menschen. Das bedeutet, dass der Mensch ein Tier für seine Zwecke züchtet und hält. Als der Mensch anfing, Rinder zu halten, nutzte er neben Fleisch, Haut und Sehnen auch dessen Arbeitskraft. Erst später verwendete er auch die Milch und stellte daraus Produkte her.
Ein weibliches Rind wird als Kuh bezeichnet, nur diese liefert Milch. Das männliche Tier nennt man Bulle oder Stier. Das Jungtier heißt Kalb. Ochse benennt das kastrierte männliche Tier. Ochsen haben mehr Kraft als Kühe und sind einfacher im Umgang als Bullen, die ein sehr dominantes Verhalten zeigen. Ochsen werden zwar nicht ganz so groß wie Bullen und wachsen langsamer, bilden aber mehr Fleisch in der Mast als Kühe. Bei der Mast erhalten die Tiere spezielles Futter, damit sie schnell wachsen und viel Fleisch ansetzen.

Rinderrassen Heute kennt man etwa 600 Rinderrassen, die durch Züchtung entstanden sind und unterschiedlich genutzt werden. Man unterscheidet Fleischrassen, Milchrassen und Zweinutzungsrinder. Diese Namen verweisen schon auf die Verwendung. Das aus Schottland stammende Galloway-Rind ist eine kleine Fleischrasse

2 Galloway-Rind

3 Holstein-Rind

▶ Bild 2. Die Tiere können robust gehalten werden, das bedeutet, dass sie ganzjährig auf der Weide stehen. Ihre Kälber werden nicht von den Kühen getrennt. Ein Galloway-Bulle wiegt etwa 800 Kilogramm, eine Kuh etwa 550 Kilogramm.
Das Holstein-Rind ist eine typische Milchrasse ▶ Bild 3. Damit eine Kuh Milch gibt, muss sie jedes Jahr ein Kalb bekommen. Es wird von der Mutter getrennt aufgezogen. Eine einzelne Kuh kann 8000 bis 13000 Liter Milch pro Jahr liefern.
Das Fleckvieh ist ein Zweinutzungsrind ▶ Bild 1. Bei diesem werden Milch und Fleisch gleichermaßen genutzt. Die Kühe liefern durchschnittlich 7000 Liter Milch im Jahr, die Bullen wiegen bei der Schlachtung etwa 1200 Kilogramm.

1. Vergleiche mithilfe von ▶ Bild 2 und 3 den Körperbau von Fleisch- und Milchrassen. Stelle einen Bezug zu ihrer Nutzung her.
2. Beschreibe die Aufzucht von Kälbern bei Fleisch- und Milchrassen.
3. Begründe, warum sehr viel mehr Ochsen als Bullen gehalten werden.

Das Gebiss des Rindes – angepasst an Pflanzennahrung

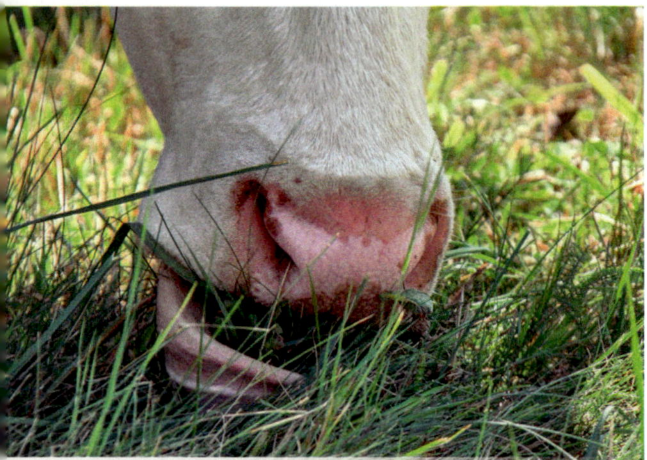

1 Grasendes Rind

Nahrung eines Pflanzenfressers Rinder sind *Pflanzenfresser*. Dies bedeutet, dass sie nur pflanzliche Nahrung zu sich nehmen und verdauen können. Werden Rinder im Freien gehalten, so gehören Gras und andere Kräuter zu ihrer hauptsächlichen Nahrung. Bei der Stallhaltung können Rinder aber kein frisches Gras zu sich nehmen. Sie werden mit Heu, also getrocknetem Gras, gefüttert. Zusätzlich bekommen sie Silage, das ist unter Luftabschluss, zum Beispiel unter Plastikfolie, vergorenes Gras. Silage kann auch aus Maispflanzen hergestellt werden. Rinder erhalten ergänzend oft auch industriell hergestellte Futtermittel, die Zusatzstoffe enthalten. Sie verbessern je nach Nutzung die Milchproduktion oder den Fleischansatz. Ein erwachsenes Rind nimmt etwa 60 Kilogramm Pflanzenmaterial pro Tag zu sich.

Nahrungsaufnahme des Rindes Beim Weiden wird Gras büschelweise mit der beweglichen Zunge umschlossen und ins Maul eingeführt ▶ Bild 1. Mit einer Drehbewegung wird das Grasbüschel abgerupft. Dies geschieht einige Male, bevor das Rind das Gras schluckt. Die Nahrungsaufnahme dauert mehrere Stunden. Dann legt sich das Rind hin, würgt kleine Futterportionen hoch und kaut sie dieses Mal sehr gründlich, bevor sie wieder geschluckt werden. Diesen Vorgang nennt man Wiederkäuen. Rinder gehören wie Ziegen und Schafe zu den *Wiederkäuern*.

Pflanzenfressergebiss Pflanzen haben viele Fasern und sind daher schwer zu zerkleinern. Sie müssen besonders gründlich gekaut werden. Rinder besitzen nicht nur eine enorme Kaumuskulatur und einen massiven Schädel, sondern auch ein an diese Aufgabe angepasstes Gebiss ▶ Bild 2. Schneidezähne gibt es nur im Unterkiefer. Die Eckzähne sind in Form und Funktion nicht von diesen zu unterscheiden. Im Oberkiefer befindet sich eine verhornte Kauplatte. Das Gras wird beim Abrupfen mit den Schneidezähnen gegen die Kauplatte gedrückt und durchtrennt. Beim Kauen wird die Nahrung dann zwischen den großen Backenzähnen zermahlen. Sie haben eine große Kaufläche, die sich im Laufe des Lebens eines Rindes verändert ▶ Bild 3. Die Backenzähne sind aus ver-

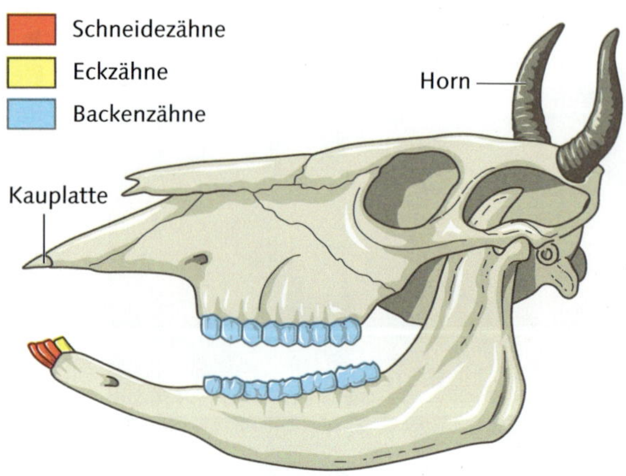

2 Schädel und Gebiss des Rindes

schiedenen Baustoffen zusammengesetzt, die sich unterschiedlich leicht abnutzen. Dadurch bleiben die Zähne zeitlebens rau.

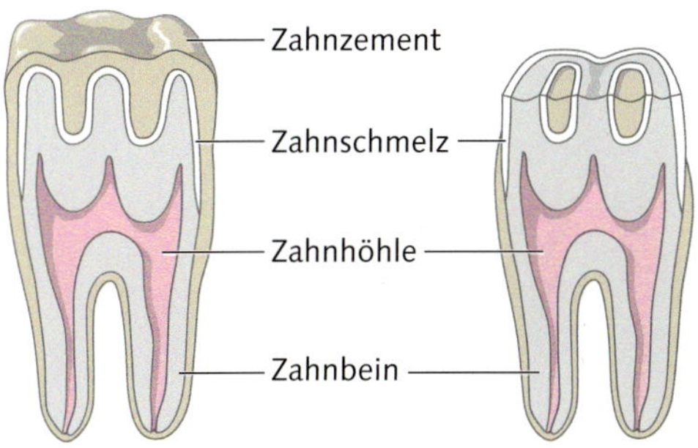

3 Backenzähne des Rindes im Längsschnitt; links: Jungtier, rechts: älteres Rind

Alle Zähne wachsen ein Leben lang von unten nach, mit zunehmendem Alter aber immer langsamer.

1 Beschreibe, wie die Form der verschiedenen Zahntypen an ihre Funktion angepasst ist.

2 **A** Vergleiche die Backenzähne eines jungen und eines alten Rindes ▶ Bild 3.
B Stelle Vermutungen über die Härte an.

3 Erkläre, warum man beim Rind das Alter anhand der Zähne bestimmen kann.

4 Erläutere, weshalb Rinder ohne obere Schneidezähne weiden können.

Gebisse zeigen die Nahrung an

047-1

Am Gebiss eines Säugetieres kann man oft erkennen, welche Nahrung es zu sich nimmt. Die Zähne von Pflanzenfressern sehen anders aus als die von Fleischfressern. Dennoch lassen sich die Zahntypen aufgrund ihrer Lage im Gebiss bestimmen. Die Gebisse von Säugetieren folgen immer dem gleichen Grundbauplan: Vorne sitzen die Schneidezähne, daneben in jeder Gebisshälfte oben und unten ein Eckzahn, dahinter folgen die Backenzähne.
Finde heraus, welche Nahrung verschiedene Tiere zu sich nehmen. Vergleiche dazu die Gebisse.

5 **A** Vergleiche die Anzahl an Zähnen der verschiedenen Zahntypen in den Gebissen von Rind und Katze ▶ Bilder 2 und 4.
B Beschreibe die Struktur und Funktion der verschiedenen Zahntypen.

6 In ▶ Bild 5 ist das Gebiss des Hausschweins dargestellt. Stelle begründete Vermutungen über die Nahrung des Schweins an.

7 Vergleiche dein eigenes Gebiss mit den drei abgebildeten Gebissen. Erläutere, welchem es am ehesten entspricht.

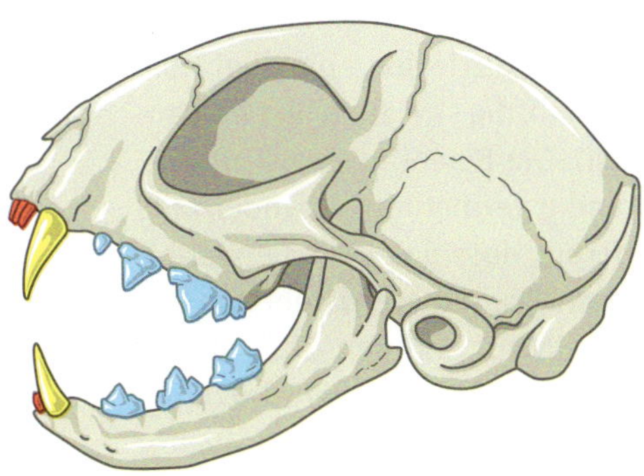

4 Schädel und Gebiss der Katze

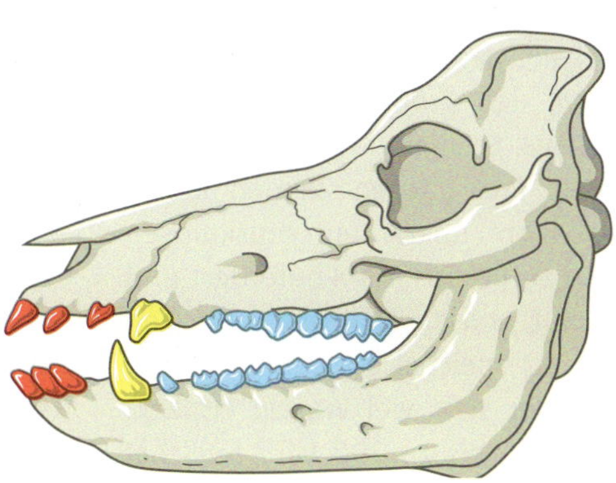

5 Schädel und Gebiss des Hausschweins

Doppelt gekaut ist besser verdaut

048-1

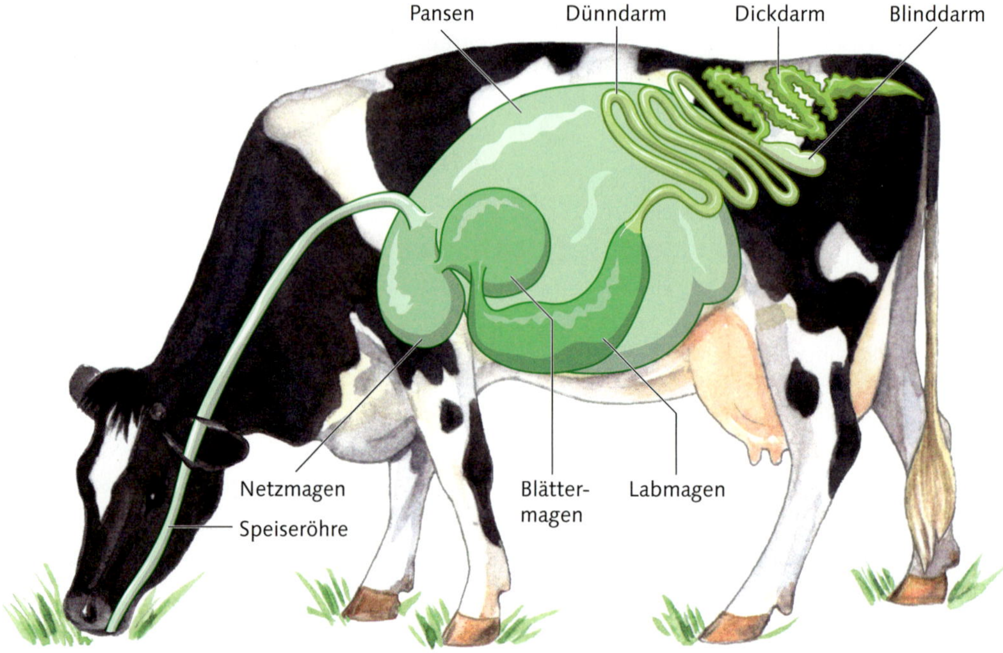

1 Verdauungssystem des Rindes

Rinder sind durch den Bau ihres Gebisses an pflanzliche Nahrung angepasst. Auch ihr Verdauungssystem zeigt besondere Angepasstheiten.

Vier Mägen des Rindes Der Magen des Rindes ist in vier Abschnitte gegliedert: Pansen, Netzmagen, Blättermagen und Labmagen ▶ Bild 2. Je nach Größe des Tieres fasst sein Magen 65 bis 120 Liter Nahrung. Die Pflanzennahrung wird zunächst fast ungekaut geschluckt. Sie gelangt in den *Pansen*, den größten Abschnitt des Rindermagens. Er allein fasst schon 55 bis 100 Liter. In Fresspausen werden kleine Nahrungsballen über den muskulösen *Netzmagen* zurück ins Maul befördert und wiedergekäut. Um die Nahrung schlucken zu können, ist Speichel notwendig. Daher müssen Rinder sehr viel Wasser trinken. Sie produzieren bis zu 200 Liter Speichel am Tag und die wiedergekäute Nahrung ist deshalb sehr dünnflüssig.

Beim Kauen wird das Pflanzenmaterial so gründlich zerrieben, dass die Nährstoffe aus den Fasern genutzt werden können. Die wiedergekäute Nahrung gelangt erneut in den Pansen. Dadurch liegt im Pansen Nahrung in verschiedenen Verdauungsstufen vor. Es entsteht eine Schichtung: Unten befindet sich der flüssige Futterbrei, darauf schwimmen die festeren Bestandteile und darüber ist eine Gasblase.
An der Verdauung der pflanzlichen Nahrung sind mikroskopisch kleine Lebewesen, unter anderem Bakterien, beteiligt. Sie sondern Gase ab, die sich zunächst im Pansen sammeln. Die Bewohner des Pansens, die sich ständig vermehren, verändern die Nahrung derart, dass das Rind sie weiterverdauen kann. Das dabei entstehende Gas wird über das Maul und den After ausgeschieden. Große Mengen der Bakterien wandern mit dem Nahrungsbrei weiter und werden verdaut. Sie sind nicht nur Helfer, sondern liefern auch Nahrung, durch

die das Rind Körpermasse aufbauen kann. Im weiteren Verlauf der Verdauung wandert die Nahrung erneut durch den Netzmagen. Dünnflüssige Nahrung kann diesen passieren, grobe Pflanzenteile werden an der netzartig verdickten Oberfläche abgefangen und gesammelt und als Nahrungsballen erneut wiedergekäut. Aus dem Netzmagen gelangt die Nahrung in den *Blättermagen*. Er verdankt seinen Namen den buchseitenartigen Schleimhautfalten in seinem Innern. Durch eine Eigenbewegung der Falten wird Wasser aus dem Speisebrei gedrückt und für den Körper zurückgewonnen. Auch erste Nährstoffe können hier in den Körper aufgenommen werden. Der so eingedickte Nahrungsbrei gelangt nun in den *Labmagen*. Dies ist der „eigentliche" Magen des Rindes. Über Drüsen in der Magenwand werden Verdauungssäfte zum Nahrungsbrei gegeben. Diese zersetzen die Nahrung in kleinere Bestandteile. Pansen, Netz- und Blättermagen haben keine Drüsen und werden auch als Vormagen zusammengefasst.

Verdauung im Darm An den Labmagen schließt sich der *Dünndarm* an ▶ Bild 1. Im Dünndarm werden die Bestandteile der Nahrung durch Verdauungssäfte weiterzerlegt. Die Nährstoffe werden über die Darmwand ins Blut aufgenommen. Die Innenwand des Darms ist stark durchblutet und besitzt eine große Zahl an Einstülpungen. Dadurch ist die Oberfläche der Darmwand stark vergrößert ▶ Bild 3.

An den Dünndarm schließt sich der Dickdarm an. Sein vorderer Abschnitt bildet den Blinddarm. Er spielt bei der Verdauung der Wiederkäuer keine so wesentliche Rolle wie bei Pflanzenfressern, die nicht wiederkäuen, zum Beispiel dem Pferd.

Auch im Blind- und Dickdarm leben Bakterien, die an der weiteren Verdauung beteiligt sind. Im Dickdarm wird vor allem Wasser für den Körper zurückgewonnen. Die unverdaulichen Reste bilden den Kot, der als Kuhfladen ausgeschieden wird.

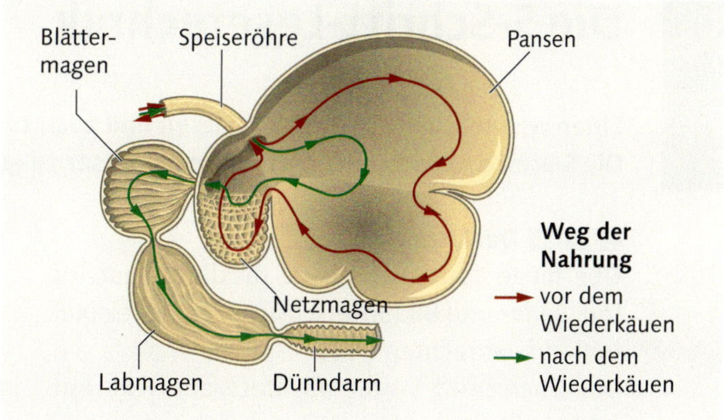

2 Mägen des Rindes im Längsschnitt

1. Beschreibe den Weg der Nahrung vom Grasbüschel bis zum Kuhfladen.
2. Erstelle eine Tabelle. Ordne darin die Struktur der vier Mägen des Rindes ihrer Funktion zu.
3. Erkläre, warum das Wiederkäuen für das Rind notwendig ist.
4. Erkläre die Bedeutung der mikroskopisch kleinen Lebewesen im Pansen.
5. Um Muskelmasse aufzubauen, benötigt ein Körper eiweißreiche Nahrung. Rinder ernähren sich aber von eiweißarmen Pflanzen. Dennoch sind sie Fleischlieferanten für den Menschen. Erkläre diesen scheinbaren Widerspruch.
6. Beschreibe das Modell zur Oberflächenvergrößerung ▶ Bild 3. Erläutere mithilfe des Modells Struktur und Funktion des Dünndarms.

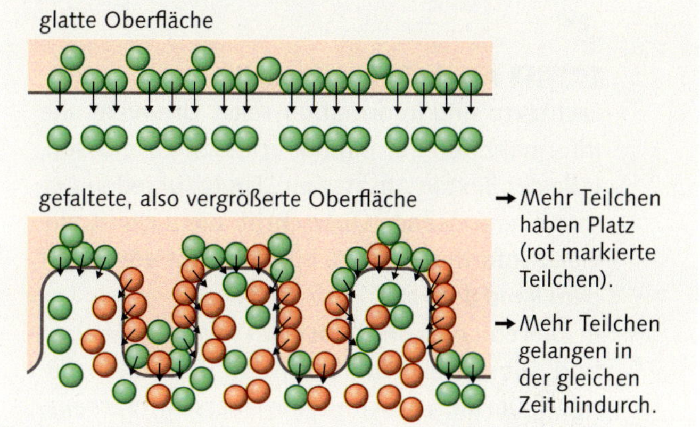

3 Modell der Oberflächenvergrößerung

METHODE

Die 5-Schritt-Lesetechnik

Einen wissenschaftlichen Text zu lesen und auch zu verstehen, ist oftmals nicht einfach. Die 5-Schritt-Lesetechnik hilft dir, Texte besser zu erfassen.

Schritt 1 Der Überblick

Überfliege den Text. Schaue dir die Überschriften, Bilder und Bildunterschriften an ▶ Beispieltext auf der rechten Seite:

Die Überschrift verrät dir, dass der Text Aufschluss über das Haustier Schwein und seine Wildform gibt. Aus der Bildunterschrift gehen drei neue Fachbegriffe hervor: Bache, Frischling, Suhle. Ihre Bedeutungen lassen sich anhand der Abbildung einfach ableiten. Aus den Wörtern *Allesfressergebiss*, *Partnerin* und *wälzen* kannst du folgern, dass der Text vermutlich Informationen zur Nahrung, Paarung und zum Verhalten der Tiere gibt.

Schritt 2 Die Fragen

In Fachtexten wimmelt es vor unbekannten Begriffen. Vielleicht bist du in diesem Text über den Begriff *Maiskulturen* gestolpert.

Decke den Text mit einer Folie ab. Markiere diesen und andere unbekannte Begriffe mit einem Fragezeichen auf dem Rand deiner Folie ▶ Bild 1. Frage im Unterricht nach der Bedeutung der unbekannten Begriffe oder nutze daheim ein Lexikon oder das Internet.

So erfährst du, dass mit dem Begriff Maiskulturen viele Maisfelder gemeint sind.

Übrigens: Für die *kursiv* gedruckten Wörter in diesem Buch findest du eine Erklärung direkt im Text.

Schritt 3 Abschnitt für Abschnitt

Fachtexte sind informationsreich. Um nicht alle Informationen auf einmal erfassen zu müssen, teile den Text in Absätze ein. Finde für jeden Absatz eine passende Überschrift, die dir hilft, die vielen Informationen zu bündeln. Notiere sie auf dem Rand der Folie.

In diesem Abschnitt (▶ Bild 1) werden Verben und Substantive rund um das Bewohnen genutzt. Gib dem Abschnitt die Überschrift *Lebensraum*.

Schritt 4 Die Zusammenfassung

Unterstreiche nun die wichtigsten Wörter des Abschnitts, die zu deiner Überschrift passen ▶ Bild 1.

Mithilfe der unterstrichenen Wörter lassen sich die Informationen zum Lebensraum des Wildschweins leicht zusammenfassen: *Wildschweine leben in Eichen-Buchen-Mischwäldern und Maiskulturen, wo sie Nahrung und Versteckmöglichkeiten finden.*

Fahre mit den weiteren Abschnitten fort und schreibe in dein Heft. So erhältst du eine Zusammenfassung des gesamten Fachtextes.

Schritt 5 Das Wiederholen

Stelle 5 W-Fragen zum Text und beantworte diese. Beispielsweise: *Welchen Lebensraum besiedeln Wildschweine?*

Gehe deine Zusammenfassung noch einmal durch. Du kannst deine Notizen auch als Vorbereitung für einen Test benutzen.

> Wildschweine bewohnen Eichen-Buchen-Mischwälder, in deren Unterholz sie sich tagsüber zurückziehen können. Sie kommen in unterschiedlichsten Lebensräumen vor. So bieten Maiskulturen den Wildschweinen aufgrund der reichlich vorzufindenden Nahrung und Deckung eine Behausung.
>
> *Lebensraum*
>
> ?

1 Textausschnitt

1 Wende die 5-Schritt-Lesetechnik auf den gesamten Text „Hausschweine und Wildschweine“ an. Decke den Text zum Bearbeiten mit einer Folie ab.

Hausschweine und Wildschweine

Hausschweine werden schon sehr lange als Nutztiere gehalten. Sie dienen als Fleischlieferanten in beinahe allen Teilen dieser Welt. Mit etwa 6 Monaten haben sie bereits ein Gewicht von 100 kg und sind schlachtreif. Als Stammform unseres Hausschweins gilt das Wildschwein.

Wildschweine bewohnen Eichen-Buchen-Mischwälder, in deren Unterholz sie sich tagsüber zurückziehen können. Sie kommen in den unterschiedlichsten Lebensräumen vor. So bieten Maiskulturen den Wildschweinen aufgrund der reichlich vorzufindenden Nahrung und Deckung eine Behausung.

Wildschweine sind anpassungsfähig. Das liegt unter anderem daran, dass sie Allesfresser sind: Sie ernähren sich von Bucheckern, Eicheln und Früchten sowie von allem anderen, was sie auf und im Boden finden können. So gehören Wurzeln und Knollen genauso zu ihrer Nahrung wie Insekten, kleine Säugetiere und sogar Aas. Ihre Schnauze ist verlängert und die Nase zu einem kräftigen *Rüssel* umgebildet. Dies sind hervorragende Wühlorgane, mit denen die Wildschweine Nahrung auch unterhalb der Erde aufspüren. Die scharfkantigen vorderen Backenzähne ihres *Allesfressergebisses* dienen der Zerkleinerung von Fleisch, während sie mit den stumpferen, hinteren Backenzähnen pflanzliche Nahrung zermalmen.

Die Eckzähne des Keilers, dem männlichen Wildschwein, sind stark verlängert und im Oberkiefer nach oben gerichtet. Sie haben keine Funktion zur Nahrungsaufnahme, sondern werden zum Aufbrechen des Bodens oder als Waffe genutzt. Der Keiler setzt sie insbesondere während des Kampfes um ein Weibchen ein. Dabei schlägt er die Eckzähne aufeinander. Wenn sich in der Rauschzeit, der Paarungszeit der Wildschweine, zwei Rivalen gegenüberstehen, ist das Wetzen dieser Waffen zu hören. Für die Suche nach der geeigneten Partnerin setzt der Keiler seinen gut ausgebildeten Geruchssinn ein. Keiler sind Einzelgänger und treffen nur in der Rauschzeit auf ihre Artgenossen. Nach der Paarung ist die *Bache*, das weibliche Wildschwein, etwa 5 Monate trächtig, bevor sie 4 bis 12 Frischlinge, die Wildschweinjungen, wirft. Die braunweiß gestreiften Jungtiere können bereits direkt nach der Geburt laufen. Sie verlassen ihre Mutter aber erst, wenn diese sich erneut paart. Wildschweine leben in Familienverbänden, den *Rotten*.

1 Bache mit Frischlingen an der Suhle

Vor mehr als 5000 Jahren haben die Menschen das Wildschwein zum Haustier gemacht. Durch die jahrhundertlange Züchtung wurden viele Körpermerkmale verändert und neue Rassen sind entstanden. Dennoch zeigen Wild- und Hausschwein weiterhin ähnliche Verhaltensweisen. So wälzen sich beide in Schlammlöchern, sie suhlen. Das Suhlen gehört zur Körperpflege der Tiere. Mit der Schlammschicht schützen sie sich beispielsweise gegen Stechmücken. Bei hohen Außentemperaturen hat diese Schicht zugleich eine kühlende Wirkung.

Das Haushuhn – mehr als ein Eierlieferant

1 Hühnerschar mit Hahn und Hennen

Das Haushuhn ist ein Vogel. Vögel gehören wie die Säugetiere zu den Wirbeltieren. Der Körperbau der Vögel unterscheidet sich von dem der Säugetiere dadurch, dass die Vordergliedmaßen zu Flügeln umgebildet sind. Haushühner haben relativ kurze Flügel und einen massigen Körper. Ausdauernd fliegen können sie daher nicht, sondern nur kurze Strecken im Flug zurücklegen. Der Vogelkörper ist mit Federn bedeckt, die je nach Lage am Körper unterschiedlich aussehen und auch unterschiedliche Funktionen haben. Der Nachwuchs von Vögeln schlüpft aus Eiern.
Die Stammform des Haushuhns ist das Bankivahuhn, das heute noch in den Wäldern und Buschlandschaften Südostasiens lebt. Als Nutztier liefert uns das Haushuhn Fleisch und Eier. Durch Züchtung entstanden viele Rassen. Man unterscheidet dabei zwischen Legerassen und Fleischrassen.

Körperbau In einer Hühnerschar gibt es ein männliches Tier, den Hahn. Er fällt auf, weil er größer ist und ein farbenprächtiges Gefieder hat, das besonders durch die langen und oft geschwungenen Schwanzfedern hervorsticht. Auf seinem Kopf trägt er den Hahnenkamm und unter dem Schnabel die Kehllappen. Wenn er sein Revier gegen einen Rivalen verteidigt, schwellen diese an und lassen den Hahn imposanter aussehen. Dagegen sind die Hennen, die weiblichen Tiere, weniger auffällig gefärbt. Ihre Schwanzfedern sind kurz, Kamm und Kehllappen sind kleiner. Beide dienen der Wärmeregulation. Hühner können, wie alle Vögel, nicht schwitzen. In Kamm und Kehllappen kann Blut durch die Umgebungsluft gekühlt werden.

Verhalten Hühner halten sich vorwiegend am Boden auf. Nur zum Schlafen suchen sie erhöhte Plätze auf, zum Beispiel auf einem Baum oder einer Stange. Am Boden finden sie ihre Nahrung, die aus Körnern, Würmern, Larven, Käfern und anderen Insekten besteht. Mit ihren Krallen scharren sie Nahrung unter der Laubstreu hervor, die sie aufpicken. Das Scharren und Picken sind angeborene Verhaltensweisen zur Nahrungssuche. Dem Bedürfnis zu scharren und zu picken müssen Hühner nachkommen können, um sich wohlzufühlen.
Hühner leben in einer Gruppe, der Hühnerschar. Die Hennen haben untereinan-

der eine Rangordnung (Hackordnung), die durch teils heftige Kämpfe festgelegt wird. Der Hahn bewacht seine Hennen, verteidigt sie gegen Rivalen und warnt sie vor Beutegreifern. Durch Krähen kennzeichnet der Hahn sein Revier. Aber auch andere Lautäußerungen, darunter das Gackern, gehören zur Kommunikation der Hühner. Einen Rivalen versucht der Hahn zunächst durch Drohen und Imponieren in die Flucht zu schlagen. Kommt es doch zu einem Kampf, so werden Schnabel, Krallen und Flügel oder die langen, spitzen Sporne an den Füßen als Waffen eingesetzt. Sie können den Gegner ernsthaft verletzen.

Fortpflanzung Bei der Balz wirbt der Hahn um die Henne, indem er mit abgespreizten Flügeln um sie herum stolziert und sein prächtiges Gefieder vorführt. Die *Balz* ist eine Verhaltensweise, mit der der Hahn seine Paarungsbereitschaft ausdrückt. Ist die Henne auch paarungsbereit, so duckt sie sich. Der Hahn steigt auf den Rücken der Henne und beide pressen ihre Kloaken aufeinander ▶ Bild 2. Die *Kloake* ist eine Körperöffnung unterhalb der Schwanzfedern, in die gemeinsam Darm, Harnleiter und Geschlechtsorgane münden. Bei der Paarung gelangen die Spermien des Hahns in den Eileiter der Henne. Die Eizelle kann nun befruchtet werden. Hühner haben eine *innere Befruchtung*. Die Henne legt an aufeinanderfolgenden Tagen jeweils ein Ei, bis das Gelege eine bestimmte Größe hat. Es umfasst in der Regel 5 bis 15 Eier. Hühner sind Nachleger: Wenn das Gelege zerstört wird, zum Beispiel durch ein Raubtier, legt die Henne immer wieder Eier nach. Nach einer Brutzeit von 21 Tagen schlüpfen die Küken. So heißen bei Hühnern die Jungtiere. Schon vor dem Schlüpfen kommunizieren sie untereinander durch Piepsen. Die Henne hilft nicht beim Schlüpfen. Sie wärmt jedoch die Küken, bis deren Federflaum trocknet.

Hühnerküken sind *Nestflüchter*, das heißt, sie verlassen bereits kurz nach dem Schlüpfen das Nest. Gleich nach dem Schlüpfen prägen sie sich Körperform und Stimme der Mutter ein. So wird die Bindung an die Mutter gefestigt. Diesen Vorgang nennt man *Prägung*. Die Mutter beschützt die Küken und zeigt ihnen Nahrung, die sie schon selbstständig fressen.

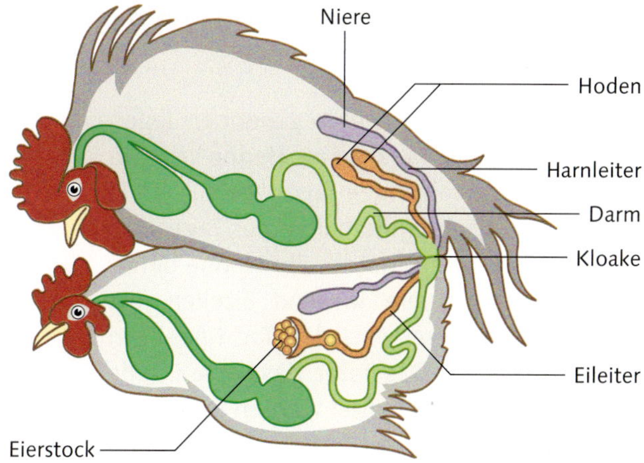

2 Paarung beim Haushuhn

1 **A** Vergleiche den Körperbau von Hahn und Henne.
B Erkläre, welche Funktion das auffällige Gefieder des Hahns erfüllt.

2 Begründe, warum Hennen so gute „Eiproduzenten" sind.

3 Erkläre, warum man frisch geschlüpfte Küken nicht von der Mutter trennen sollte, obwohl sie Nestflüchter sind.

4 Erläutere, worin die Schwierigkeiten bei der Paarung der Hühner liegen ▶ Bild 2.

5 Vergleiche in einer Tabelle Vögel und Säugetiere hinsichtlich der Kriterien Gliedmaßen, Körperbedeckung und Fortpflanzung.

3 Henne mit Küken

Das Hühnerei – Wunderwerk der Natur

054-1

Ein Hühnerei entsteht Legehennen legen bis zu 250 Eier im Jahr. Eine Henne kann an aufeinanderfolgenden Tagen jeweils ein Ei legen. Wie wird innerhalb eines Tages das Ei gebildet? Im Eierstock der Henne befinden sich mehrere Tausend Eizellen, die nacheinander reifen. Jeden Tag findet ein *Eisprung* statt. Das heißt, dass eine Eizelle reif wird und befruchtet werden kann. Dies geschieht jedoch nicht immer und deshalb ist nicht jedes gelegte Ei befruchtet.

Schon im Eierstock lagert sich *Dotter* an die Eizelle. Dieser dient als Nährstoffspeicher für das heranwachsende Küken. Beim Eisprung verlässt eine Dotterkugel mit der Eizelle als rötlichem Keimfleck den Eierstock und gelangt in den Eileiter. Nur in diesem Zustand kann die Eizelle durch ein Spermium des Hahns befruchtet werden. Danach wird dem Dotter das nährstoffreiche und wasserhaltige *Eiklar* aufgelagert. Gleichzeitig bilden sich die *Hagelschnüre*. Das sind Eiweißfäden, die an zwei Seiten am Dotter anhaften. Sie halten den Dotter in Position und verhindern später sein Anstoßen an die Schale. Anschließend bilden sich die innere und die äußere *Schalenhaut*, die das Ei vor Austrocknung bewahren.

Im letzten Abschnitt des Eileiters wird die *Kalkschale* erzeugt, die gegen Stöße schützt, aber aufgrund winziger Poren luftdurchlässig ist. Schließlich werden noch Farbstoffe aufgelagert. Dann legt die Henne das Ei, wobei ein Schutzfilm gegen Keime auf die Eischale aufgetragen wird. Vom Eisprung bis zum Legen des Eies vergehen 24 Stunden.

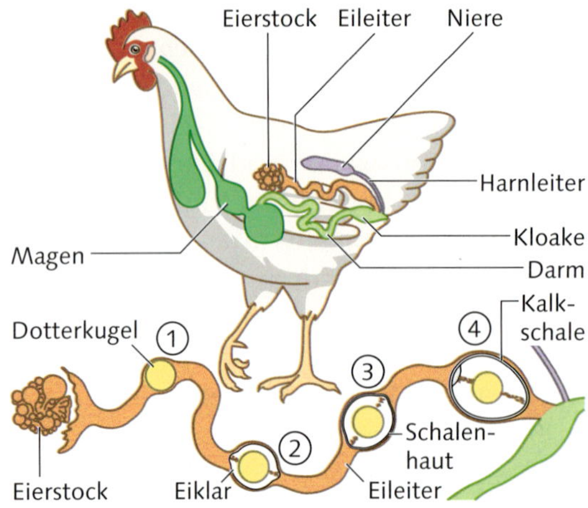

1 Entwicklung eines Eies im Eileiter

Entwicklung im Ei Wird die Eizelle befruchtet, kann sich ein Küken im Ei entwickeln. Es bildet sich die Keimscheibe, aus der der Embryo hervorgeht. Als *Embryo* bezeichnet man ein Lebewesen in einem frühen Entwicklungszustand. Die Entwicklung beginnt erst, wenn die Henne ihr Gelege beendet hat und mit dem Brüten anfängt. Dadurch sind die Eier im Nest zwar unterschiedlich alt, die Küken schlüpfen aber alle etwa zur gleichen Zeit nach 21 Tagen. Beim Brüten wendet die Henne ihre Eier regelmäßig. Bereits am 2. Tag schlägt das Herz des Embryos. Am 6. Tag durchziehen Blutgefäße den Dotter und versorgen den Embryo mit Nährstoffen. Schon am 10. Tag ist der Kopf mit seinen großen Augen ausgebildet. Ab dem 14. Tag besitzt der Embryo Schnabel, Flügel und Beine. Bis zum 20. Tag hat das Küken Federn und füllt den Innenraum des Eies vollständig aus. Auf

2 Stadien der Kükenentwicklung

3 Frisch geschlüpftes Küken

dem Schnabel des Kükens befindet sich eine verhornte Erhebung, der *Eizahn*. Damit drückt das Küken von innen kleine Löcher in die Schale, bis es sie ganz aufdrücken kann. Später fällt der Eizahn ab.

1 Beschreibe die Entwicklung des Eies im Huhn. Orientiere dich an den Ziffern 1–4 in ▶ Bild 1.

2 Fertige eine Tabelle an, in der du die einzelnen Strukturen des Eies ihrer Funktion gegenüberstellst. Achte dabei auf die Reihenfolge ihrer Entstehung im Huhn.

3 Ordne die einzelnen Fotos in ▶ Bild 2 begründet den im Text genannten Bruttagen zu.

4 **A** Begründe, warum die Eizelle nur zu einem ganz bestimmten Zeitpunkt befruchtet werden kann.
B Ist ein Frühstücksei befruchtet? Erkläre.

5 Erläutere die Bedeutung der Hagelschnüre für den Embryo.

Material Methode Praxis

Untersuchung eines Hühnereies

Man kann ein Hühnerei untersuchen, ohne die Schale zu zerbrechen. Dies kannst du in diesem Versuch nachvollziehen. Protokolliere deine Beobachtungen für jeden einzelnen Schritt.

Material: frisches, rohes Hühnerei, Gefäß, Löffel, Haushaltsessig (5%)

Durchführung: Lege das rohe Hühnerei in das Gefäß und fülle dieses mit so viel Essig, dass das Ei bedeckt ist. Nach einiger Zeit beginnt das Ei aufzusteigen. Beschwere es nun mit dem Löffel, damit es immer vollständig von Flüssigkeit bedeckt ist.
Nimm das Ei nach 24 Stunden heraus und spüle es mit klarem Wasser ab.

Untersuchungsschritte:
1. Beobachte die Veränderung am Ei, während es in der Flüssigkeit liegt.
2. Halte das Ei vorsichtig in der Hand und beschreibe, wie es sich anfühlt.
3. Drücke das Ei vorsichtig zwischen 2 Fingern zusammen und beschreibe, was du siehst. Mache dies am besten über einer Spüle, falls das Ei kaputtgeht.
4. Halte das Ei vor eine starke Lampe und blicke hindurch. Nenne die Strukturen aus ▶ Bild 4, die du erkennen kannst.
5. Halte das Ei zwischen Daumen und Zeigefinger und drehe deine Hand einmal ganz schnell. Beobachte den Dotter.

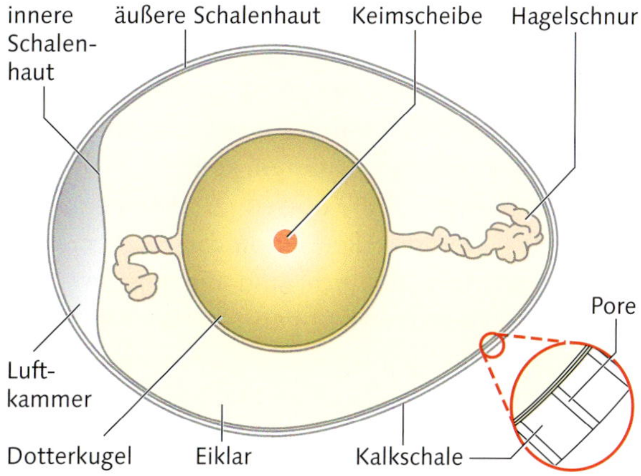

4 Innerer Aufbau eines befruchteten Hühnereies

Hühnerhaltung

Hühner werden gehalten, um dem Menschen Eier und Fleisch zu liefern. Dabei stoßen die Interessen verschiedener Beteiligter aufeinander: Interessen des Hühnerhalters, des Käufers und des Huhns. Über einen Stempel auf dem Ei kann sich der Verbraucher über die Herkunft des Hühnereies informieren. Im Folgenden werden die drei üblichen Haltungsformen für Legehennen vorgestellt. Lies die Texte aufmerksam, damit du die Haltungsformen anschließend bewerten kannst.

Freilandhaltung Bei der Freilandhaltung sind die Tiere tagsüber meist draußen. Die Türen der Ställe mit Streu sind Tag und Nacht geöffnet. Es sind ausreichend Nester, Trinkstellen und Sitzstangen sowie Tageslicht vorhanden. Außerdem gibt es Sandbadeplätze zur Gefiederpflege. Die zur Verfügung stehende Fläche ist so groß, dass auf einem Quadratmeter nicht mehr als 7 Hühner gehalten werden. Das Aufsammeln der gelegten Eier kostet Zeit und die Eier sind verschmutzt. Die Kosten der Freilandhaltung sind hoch. Deshalb sind Eier aus Freilandhaltung im Laden teurer als die der anderen Haltungsformen. Der Stempelaufdruck auf einem Freilandei beginnt mit der Ziffer 1.

1 Freilandhaltung

Bodenhaltung Bei der Bodenhaltung haben die Tiere keinen Auslauf im Freien, sondern werden in Ställen gehalten. Die Hennen haben oft nur künstliches Licht. Sie können sich innerhalb des Stalls frei bewegen. Es gibt Sitzstangen, Nester und Trinkstellen. Der Boden muss zu mindestens einem Drittel mit Streu bedeckt sein, damit die Hühner scharren können. Pro Quadratmeter Stall dürfen 9 Hühner gehalten werden. Die Eier sind schneller einzusammeln, dadurch sind die Kosten für den Landwirt etwas geringer. Die Eier aus Bodenhaltung kosten im Laden weniger als Eier aus Freilandhaltung. Der Stempelaufdruck auf einem Bodenhaltungsei beginnt mit der Ziffer 2.

2 Bodenhaltung

Kleingruppenhaltung Bei der Kleingruppenhaltung werden die Hennen in Käfigen gehalten. Für je 10 Legehennen muss ein Gruppennest von 900 cm² vorhanden sein und ein ebenso großer Einstreubereich zum Scharren. Außerdem müssen zwei Sitzstangen in unterschiedlicher Höhe angebracht sein sowie Futter und Wasser zur Verfügung stehen. Die Käfiggrundfläche muss mindestens 2,5 Quadratmeter betragen, die Höhe 50 bis 60 cm. In einem solchen Käfig dürfen 30 Hennen gehalten werden. Solche Käfige werden auch aufeinandergestellt. Krankheiten können sich schnell ausbreiten, weil viele Hennen auf engem Raum leben. Außerdem besteht die Gefahr, dass die Tiere sich gegenseitig verletzen. Die Eier aus der Kleingruppenhaltung sind im Laden am billigsten, weil viele Eier auf engem Raum in kurzer Zeit produziert werden. Die Stempelnummer beginnt mit der Ziffer 3.

3 Kleingruppenhaltung

1 **A** Die Methode des Bewertens hast du kennengelernt. Übertrage die Bewertungstabelle in dein Heft ▶ Bild 4. Fülle sie aus. Verteile für jedes Kriterium 6 Punkte auf die 3 Haltungsformen. Je besser ein Kriterium zutrifft, desto mehr Punkte von den 6 vergibst du.
B Kennzeichne die Kriterien, die dir besonders wichtig sind. Multipliziere die Punkte in der entsprechenden Zeile jeweils mit 2.
C Werte deine Ergebnisse aus.

2 **A** Vergleiche dein Ergebnis mit denen deiner Mitschüler. Diskutiert eure Entscheidungen in der Klasse.
B Vergleiche dein Ergebnis mit dem Kaufverhalten in deiner Familie.

3 **A** Stelle eine Vermutung auf, ob die in ▶ Bild 5 aufgeführten Produkte Ei enthalten.
B Überprüfe die Produkte auf ihren Eigehalt (siehe Inhaltsliste auf der Verpackung).

4 **A** Im Jahr 2006 aß in Deutschland jeder Einwohner 206 Eier. Finde heraus, wie viele Einwohner in deinem Heimatort leben, und errechne, wie viele Eier diese insgesamt pro Jahr verzehren.
B Berechne, wie viele Legehennen dafür täglich jeweils 1 Ei legen müssten.

5 Einkaufsliste

4 Bewertungstabelle mit möglichen Kriterien

Kriterien	Freilandhaltung	Bodenhaltung	Kleingruppenhaltung	Summe
Geringe Kosten von Eiern und Fleisch				
Artgerechte Haltung der Tiere				
Geringes Infektionsrisiko über Eier/Fleisch				
Saubere Eier				
Geringe Kosten weiterer eihaltiger Produkte				
Summe				

Zusammenfassung

Geschichte und Verwandtschaft

Unsere Haustiere stammen von wild lebenden Vorfahren ab. Zahlreiche übereinstimmende Merkmale in Körperbau und Verhalten zeigen die stammesgeschichtliche Verwandtschaft von Wolf und Hund. Die Vorfahren unserer Pferde waren kleine, fünfzehige Waldbewohner. Diese Zusammenhänge beschreibt das Basiskonzept *Geschichte und Verwandtschaft*.

1 Wolf – Stammform des Hundes

Information und Kommunikation

Lebewesen verständigen sich untereinander und tauschen Informationen aus. Dies kann durch Laute oder Duftsignale, optische Signale, durch Körpersprache oder Berührungen erfolgen. Das Basiskonzept *Information und Kommunikation* fasst diese vielfältigen Möglichkeiten der Verständigung zusammen.

2 Körpersprache beim Pferd

Fortpflanzung

Unsere Haustiere pflanzen sich geschlechtlich fort. Das heißt, dass Ei- und Spermienzelle bei der Befruchtung miteinander verschmelzen. Dies beschreibt das Basiskonzept *Fortpflanzung (Reproduktion)*.

Variabilität und Angepasstheit

Die Nachkommen bei der geschlechtlichen Fortpflanzung sehen ihren Eltern zwar ähnlich, unterscheiden sich aber untereinander, zum Beispiel in der Größe, der Fellfarbe oder der Form der Ohren. Dies nennt man *Variabilität*.

3 Variabilität bei Hundewelpen

Die Lebewesen zeigen *Angepasstheiten* an ihre Lebensweise, zum Beispiel in ihrem Körperbau. So zeigt das Beinskelett des Pferdes eine Angepasstheit an das schnelle Laufen. Das Basiskonzept *Variabilität und Angepasstheit* bezieht sich auf diese Zusammenhänge.

Struktur und Funktion

Der Bau (die Struktur) der Zähne im Gebiss gibt einen Hinweis auf ihre Aufgabe (die Funktion), nämlich das Zerkleinern von Fleisch- oder Pflanzennahrung. Diesen Zusammenhang beschreibt das Basiskonzept *Struktur und Funktion*.

Teste dich!

1 Beschreibe den Bau der verschiedenen Zahntypen in ▶ Bild 4. Stelle begründete Vermutungen zur Art der Nahrung der abgebildeten Tiere an.

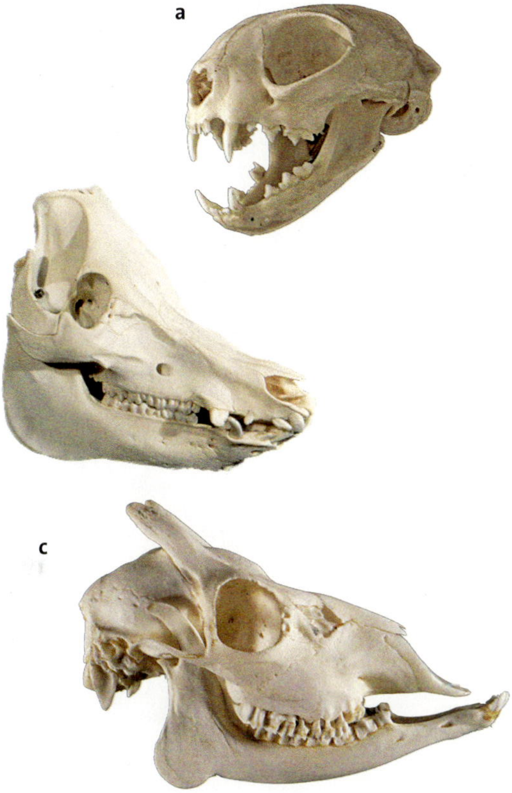

4 Schädel verschiedener Tiere

2 Bei Rindern ist der Darm 20-mal so lang wie der Körper, bei der Katze ist der Darm jedoch nur 3-mal so lang wie der Körper.

A Berechne die Darmlänge eines Rindes mit einer Körperlänge von 2,5 Metern und die Darmlänge einer Katze, die eine Körperlänge von 0,5 Metern aufweist.

B Erläutere den Zusammenhang zwischen Darmlänge (Struktur) und Ernährungsweise (Funktion) von Rind und Katze.

C Beim Menschen ist der Darm 6-mal so lang wie der Körper. Stelle begründete Vermutungen auf, zu welchem Ernährungstyp der Mensch gehört.

3 Die Ähnlichkeiten, die viele unserer Haustiere zeigen, deuten darauf hin, dass sie zu einer Verwandtschaftsgruppe gehören.

A Hunde, Katzen, Schweine, Rinder und Pferde sind Säugetiere. Nenne Merkmale, die alle Säugetiere gemeinsam haben.

B Hausschweine und Wildschweine zeigen nicht nur Ähnlichkeiten im Körperbau, sondern auch im Verhalten. Sie suhlen sich häufig im Schlamm. Bei der Nahrungssuche durchwühlen sie den Boden. Ordne diesen Gemeinsamkeiten ein passendes Basiskonzept zu.

4 Sicher hast du schon einmal jemanden sagen hören „Die zwei verhalten sich wie Hund und Katze“. Erkläre diese Aussage mithilfe von ▶ Bild 5 und dem Basiskonzept Information und Kommunikation.

5 Katze und Hund

5 Ein Katzenzüchter möchte sich in Zukunft auf die Zucht von Katzen mit rotem Fell spezialisieren. Erläutere seine Vorgehensweise ausgehend von dem Wurf auf ▶ Bild 6.

6 Katze mit Jungen

▶ Die Lösungen zu den Aufgaben findest du im Anhang.

Angepasstheit der Wirbeltiere

Wirbeltiere besiedeln alle Lebensräume dieser Erde. Sie leben im Boden, in der Luft, an Land und im Wasser. Man findet sie auf allen Kontinenten und in allen Klimazonen der Erde.
Säugetiere, Vögel, Reptilien, Amphibien und Fische sind an die Besonderheiten ihres jeweiligen Lebensraums perfekt angepasst. Dies zeigt sich im Bau ihres Körpers, in ihrem Verhalten und auch in der Art und Weise, wie sie sich fortpflanzen.

Säugetiere im Winter

062-1

1 Reh im Winter

Angepasstheiten von Säugetieren Der Winter mit seinen kurzen Tagen und niedrigen Temperaturen ist für Säugetiere, die zu den gleichwarmen Tieren gehören, problematisch. *Gleichwarme* Tiere können ihre Körpertemperatur innerhalb enger Grenzen ganzjährig konstant halten. Sie sind so in ihrer Aktivität unabhängig von den Außentemperaturen. Allerdings benötigen sie zur Aufrechterhaltung der Körpertemperatur ständig *Energie* in Form von Nahrung. Die Nahrung ist im Winter jedoch energiearm, schlecht zugänglich oder gar nicht vorhanden. Außerdem kostet die Fortbewegung im tiefen Schnee zusätzlich Energie.

Winteraktive Tiere *Winteraktive* Tiere fressen sich vor dem Winter eine isolierende Fettschicht an. Auch die Struktur des Fells ändert sich. Das Winterfell ist dicker und dichter, weil zwischen den langen Grannenhaaren des Sommerfells kürzere, gekräuselte Wollhaare wachsen ▶ Bild 2. Die Tiere verlieren über die Haut ständig Körperwärme an die Umgebung. Da sich aber die Luft zwischen den Wollhaaren durch die Körperwärme erwärmt und Luft Wärme schlecht leitet, wirkt die Luftschicht zwischen den Wollhaaren des Winterfells als isolierender Kälteschutz. Manche Säugetiere wie das Hermelin machen zusätzlich einen Farbwechsel durch. Im Winter färbt sich ihr sonst braunes Fell weiß, wodurch sie in schneereicher Umgebung gut getarnt sind.

3 Fellwechsel beim Reh

Auch im Verhalten zeigen winteraktive Tiere Angepasstheiten an die kalte Jahreszeit. So ziehen manche, wie das Rotwild, in wärmere Gebiete, in denen sie Nahrung finden. Andere, wie der Fuchs, vollziehen einen Nahrungswechsel. Das heißt, sie fressen im Winter andere Nahrung als im Sommer.

2 Farbwechsel beim Hermelin und Zeichnung von Sommer- und Winterfell (Schema)

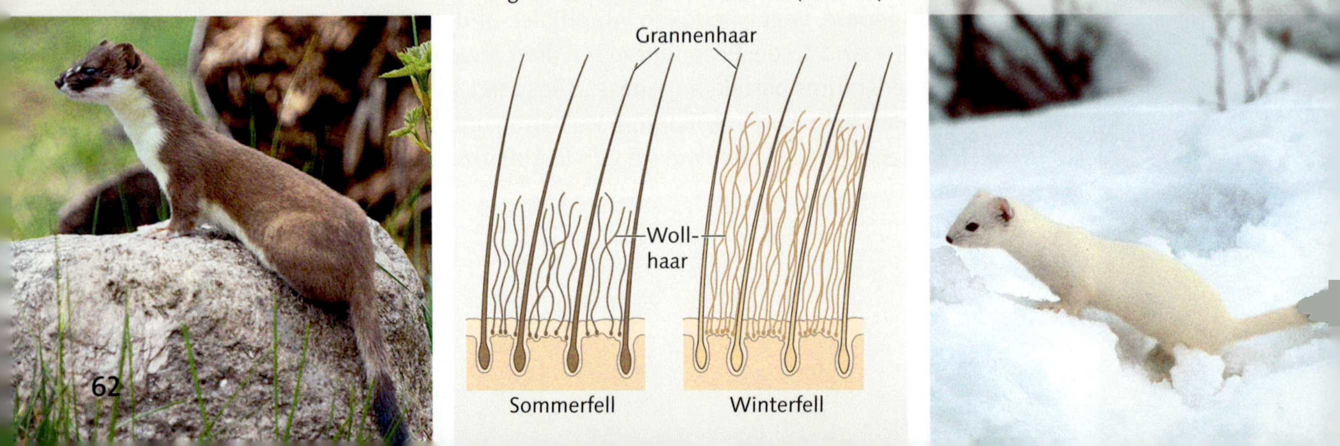

Winterruhe Einige Säugetierarten verbringen den Winter mit ausgedehnten Ruhe- und Schlafphasen und sparen so Energie. Auch diese *Winterruher* haben sich im Herbst eine Fettschicht angefressen und tragen ein isolierendes Winterfell. Die Körpertemperatur bleibt während des Ruheschlafs weitgehend konstant. Winterruher wie das Eichhörnchen unterbrechen ihre Winterruhe und verlassen ihr frostsicheres Nest, den *Kobel*, um im Herbst angelegte Vorratsverstecke aufzusuchen und Nahrung aufzunehmen ▶ Bild 4.

4 Eichhörnchen mit Wintervorrat

Winterschlaf *Winterschläfer* sind Säugetiere, deren Nahrung im Winter nicht verfügbar ist. Sie verbringen die kalte Jahreszeit überwiegend schlafend. Sie fressen sich wie der Igel im Herbst eine Fettschicht an. Außerdem wächst ihnen ein Winterfell. Wenn die Tage kürzer werden, ist dies ein Signal für die Winterschläfer, ein frostsicheres Versteck aufzusuchen ▶ Bild 5. Hier rollen sie sich zusammen und senken ihre Körpertemperatur stark ab, bis diese nahe an der Umgebungstemperatur liegt. Während des Winterschlafs zählt man nur noch wenige Atemzüge und Herzschläge pro Minute. Diese sehr geringe *Atem-* und *Herzfrequenz* und die niedrige Körpertemperatur sind Zeichen dafür, dass die Winterschläfer ihren Stoffwechsel verringert haben. Sie zehren in dieser Zeit von im Körper gespeicherten Fetten. Der Winterschlaf ist also eine Angepasstheit an die nahrungsfreie Zeit.

5 Igel im frostsicheren Versteck

Winterschläfer erwachen aus dem Winterschlaf, wenn eine bestimmte Körpertemperatur unterschritten wird und der Kältetod droht. Beim Aufwachen steigen Atem- und Herzfrequenz stark an und innerhalb kürzester Zeit erreicht die Körpertemperatur den normalen Wert. Die Energie, die für das Aufheizen benötigt wird, stammt aus den Fettreserven. Werden Winterschläfer zu häufig gestört, kann dies lebensbedrohlich für sie sein, weil dann ihre Fettdepots nicht ausreichen, um den Winter zu überstehen.

1 Vergleiche die Angepasstheiten von winteraktiven Tieren, Winterruhern und Winterschläfern.
   A Nenne dazu zunächst geeignete Kriterien, indem du die im Grundwissentext genannten wichtigen Merkmale auflistest.
   B Fertige eine Tabelle an.

2 Beschreibe die Struktur von Sommer- und Winterfell anhand von ▶ Bild 2. Erläutere die Funktion des Winterfells.

3 Erkläre, wie Winterschläfer Energie sparen.

4 Begründe, warum Winterschläfer nicht in ihrem Schlaf gestört werden sollten.

Experimentieren und Protokollieren

Biologen beobachten Erscheinungen in der Natur. Um eine Erklärung für diese Naturphänomene zu finden, planen sie Experimente, auch Versuche genannt. Beim Experimentieren gehen Wissenschaftler systematisch vor.

Schritt 1 Aus einer Naturbeobachtung ergibt sich die Forschungs- oder Problemfrage.

Schritt 2 Um diese Frage zu beantworten, formulieren die Forscher begründete Vermutungen, sogenannte Hypothesen.

Schritt 3 Anschließend wird ein Versuch zur Überprüfung der Vermutungen geplant. Dabei wird die natürliche Situation nachgestellt und einzelne Größen werden gezielt verändert, um deren Einfluss zu untersuchen.

Schritt 4 Die Ergebnisse des Versuchs müssen genau protokolliert werden. Nur so ist es möglich, die eigenen Forschungsergebnisse durch andere Forscher überprüfbar zu machen. Ein Versuchsprotokoll enthält die Frage oder das Thema, zu dem ein Versuch geplant wird und die Vermutungen, die zur Klärung des Problems formuliert wurden.

Schritt 5 Dann folgt in der Durchführung eine genaue Versuchsbeschreibung. Sie besteht aus drei Teilen: Zuerst werden alle benötigten Materialien aufgelistet. Dann wird der Versuchsaufbau beschrieben – hier ist oft eine Zeichnung hilfreich. Es schließt sich ein Text mit der Beschreibung des Versuchsablaufs an.
Alle Beobachtungen und Messergebnisse, die beim Experimentieren gemacht wurden, werden notiert.

Schritt 6 Am Ende werden die Beobachtungen bzw. Messdaten erklärt und gedeutet.

Versuchsprotokoll

Forschungsfrage: Welchen Vorteil haben Säugetiere, die sich beim Schlafen einrollen?
Vermutung: Die Wärmeabgabe über die Körperoberfläche ist bei zusammengerollten Tieren geringer als bei ausgestreckt schlafenden.

Planung eines Versuchs
Material: 1 Rundkolben (100 ml), 1 Standzylinder (100 ml), Wasser (60 °C), 2 durchbohrte Stopfen, 2 Thermometer, Stoppuhr
Durchführung: Fülle in beide Gefäße gleich viel Wasser von 60 °C. Miss die Temperatur, indem du über einen Zeitraum von 10 Minuten jede Minute die Temperatur in beiden Gefäßen abliest.

Beobachtungen:

Zeit (min)	0	1	2	3	4	5	6	7	8	9	10
Wassertemperatur im Standzylinder (°C)	60	59	57	55,5	54	53	52,5	52	51	50	49,5
Wassertemperatur im Rundkolben (°C)	60	60	59	58	57	56,5	55	55	54	54	53,5

Deutung: Die Wassertemperatur sinkt im Standzylinder schneller und stärker als im Rundkolben. Über die Oberfläche des Rundkolbens wird weniger Wärme an die Umgebung abgegeben als über die Oberfläche des Standzylinders. Rundkolben und Standzylinder im Versuch stehen stellvertretend für ein zusammengerollt bzw. ausgestreckt schlafendes Säugetier. Säugetiere verringern die Wärmeabgabe an die Umgebung also dadurch, dass sie sich zusammenrollen.

Arbeiten wie ein Naturwissenschaftler

Du hast beobachtet, dass das Fell deines Haustiers im Winter dicker und dichter ist als im Sommer. Nun planst du einen Versuch, um zu klären, warum das so ist, und fertigst ein Protokoll an.

Versuchsprotokoll

Forschungsfrage: Welchen Vorteil bietet den Säugetieren ihr Winterfell?

Vermutung: Die Struktur des Winterfells verringert die Abgabe von Körperwärme an die Umgebung.

Material: 2 Bechergläser, 2 große Reagenzgläser, 2 Thermometer, Schnur, Wolle, Trichter, Wasser (40 °C), Stoppuhr

Versuchsaufbau:

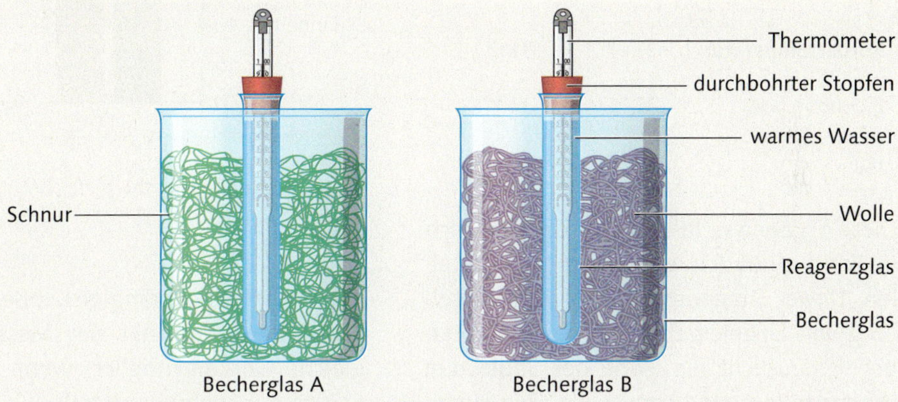

Durchführung: Befülle das Becherglas A mit Schnur, das Becherglas B mit Wolle. Achte darauf, dass sowohl Schnur als auch Wolle locker im Becherglas liegen. Stelle in jedes Becherglas ein Reagenzglas, so dass es von Schnur bzw. Wolle umgeben ist. Befülle beide Reagenzgläser mithilfe des Trichters mit dem warmen Wasser. Stelle in jedes Reagenzglas ein Thermometer.

Miss nun über einen Zeitraum von 10 Minuten jede Minute die Temperatur in beiden Reagenzgläsern und notiere deine Messwerte in einer Tabelle.

Beobachtung:

Zeit (min)	Wassertemperatur im Reagenzglas A	Wassertemperatur im Reagenzglas B
0	40 °C	40 °C
1		
...		

Deutung:

1 Führe den Versuch wie beschrieben durch und protokolliere deine Messergebnisse in einer Tabelle.

2 Deute die Messergebnisse. Nimm die Informationen der Grundwissenseite zu Hilfe.

3 Säugetiere, die ständig im Wasser leben, haben kein Fell, aber eine dicke Fettschicht unter der Haut. Plane einen Versuch, um die Funktion dieser Fettschicht zu klären. Fertige ein vollständiges Versuchsprotokoll an.

METHODE

Diagramme erstellen, beschreiben und auswerten

Mit Diagrammen kann man Messdaten besonders übersichtlich darstellen. Säulendiagramme und Liniendiagramme sind die häufigsten Diagrammtypen.

Ein Säulendiagramm erstellen

In einem Experiment wurde die Körpertemperatur eines Igels und eines Eichhörnchens im Sommer und im Winter gemessen. Die dabei gewonnenen Messwerte wurden in einer Tabelle notiert:

Körpertemperatur	31.07.	31.12.
Eichhörnchen	37 °C	37 °C
Igel	35 °C	5 °C

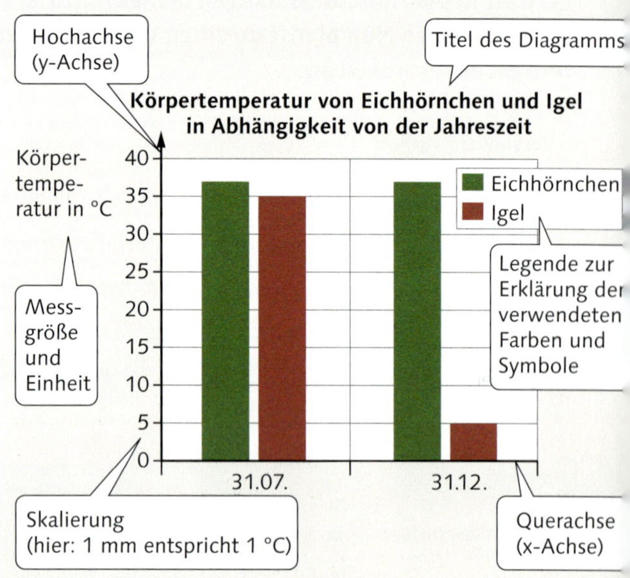

Diese Ergebnisse lassen sich übersichtlich in Form eines Säulendiagramms darstellen. Dieser Diagrammtyp ist zur Darstellung von Einzelergebnissen geeignet. Dabei verdeutlicht die Höhe der Säule den Wert der Temperaturmessung. Die Hochachse zeigt die abhängige Größe, die Querachse den Zeitpunkt der Messung. Vergleiche werden möglich, wenn man zwei Säulen nebeneinanderstellt.

Ein Diagramm beschreiben

Bei der Beschreibung von Diagrammen geht man systematisch vor.

Schritt 1 Was stellt das Diagramm dar? Beachte die Messgrößen und Einheiten, mit denen die Hoch- und Querachse beschriftet sind.
Es gilt: Die Messgröße auf der Hochachse ist abhängig von der Messgröße auf der Querachse.

▶ *Das Diagramm zeigt die Körpertemperatur von Eichhörnchen und Igel am 31.07. und am 31.12. eines Jahres. Die Körpertemperatur ist in Grad Celsius (°C) angegeben.*

Schritt 2 Beschreibe das Diagramm unter Verwendung biologischer Begriffe und Messgrößen, die hier eine Rolle spielen. Lies das Diagramm von links nach rechts. *Beachte*: Nicht jedes Detail muss beschrieben werden. Suche dir maximal drei Auffälligkeiten und beschränke deine Beschreibung auf diese.

▶ *Am 31.07. beträgt die Körpertemperatur des Eichhörnchens 37 °C, die des Igels 35 °C. Am 31.12. liegt die Körpertemperatur des Eichhörnchens bei 37 °C, die des Igels bei 5 °C.*

Schritt 3 Deute das Diagramm. Welche Schlussfolgerungen kannst du aus den im Diagramm dargestellten Daten ziehen?

▶ *Das Eichhörnchen ist ein Winterruher. Seine Körpertemperatur bleibt auch im Winter während der Ruhephasen konstant. Igel sind Winterschläfer. Sie senken ihre Körpertemperatur im Winter ab.*

Ein Liniendiagramm erstellen

In einem Experiment hat ein Forscher fortlaufend über ein Jahr die Körpertemperatur eines Igels gemessen und die Messwerte in einer Tabelle erfasst.
Diese Messwerte lassen sich übersichtlich in einem Liniendiagramm darstellen.

Schritt 1 Vor der Erstellung des Koordinatensystems muss man entscheiden, welche Messgröße auf der Hochachse abgetragen wird (die abhängige Größe) und welche auf der Querachse (die Bezugsgröße).

Schritt 2 Wichtig ist auch eine sinnvolle Einteilung der Achsen (Skalierung). Sie richtet sich nach dem höchsten Einzelwert.

Schritt 3 Die Messpunkte werden in ein Koordinatensystem eingetragen und dann zu einer Linie verbunden. Dies ist erlaubt, weil viele Messergebnisse fortlaufend erhoben wurden.

Monat	Körpertemperatur Igel in °C
Januar	6
Februar	6
März	10
April	35
Mai	35
Juni	35
Juli	35
August	35
September	35
Oktober	35
November	8
Dezember	7

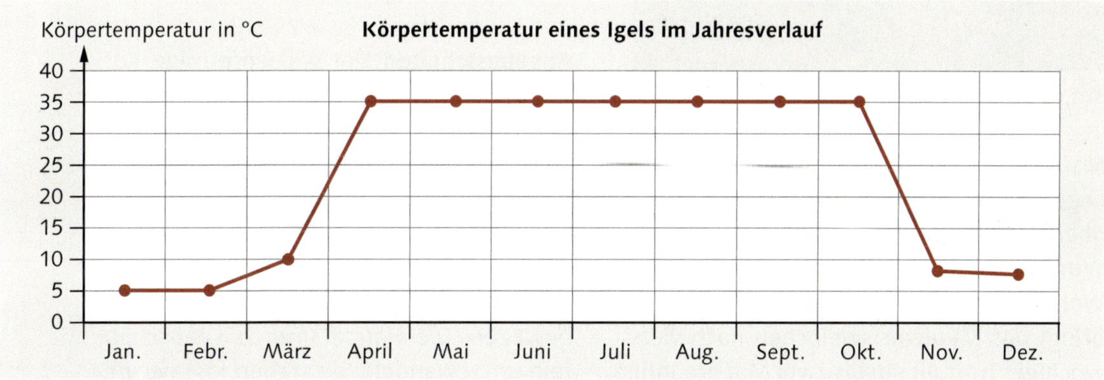

Atemfrequenz (Atemzüge/min)	Sommer	Winter
Igel	45	8
Eichhörnchen	45–50	45–50

1 Beschreibe das Liniendiagramm gemäß der Beschreibung auf der linken Seite.

2 Deute das Liniendiagramm.

3 Stelle die Messdaten aus den nebenstehenden Tabellen in je einem geeigneten Diagrammtyp dar. Achte auf eine sinnvolle Skalierung.

Umgebungstemperatur (in °C)	20	15	10	5	0	–1
Körpertemperatur Igel (in °C)	37	37	10	5	0	37
Körpertemperatur Eichhörnchen (in °C)	38	38	38	38	38	38

Der Maulwurf – Leben unter Tage

Leben unter der Erde Maulwürfe bekommt man selten zu sehen. Oft sind die einzigen sichtbaren Zeichen ihrer Anwesenheit die Maulwurfshügel. Sie entstehen, wenn die Maulwürfe beim Graben ihres unterirdischen Gangsystems die lockere Erde aus den Gängen schieben. Aus dieser Verhaltensweise leitet sich der Name der Maulwürfe ab – er bedeutet „Erdwerfer".

1 Maulwurf

Maulwürfe sind Einzelgänger. Ihre Nester liegen etwa 40 cm bis 1 m unter der Erdoberfläche ▶ Bild 2. Die mit Gras, weichen Wurzeln und Blättern ausgepolsterte Wohnkammer dient als Ruheplatz. Hier bringt das Maulwurfsweibchen nach vierwöchiger Tragzeit ein bis zwei Mal pro Jahr 4 bis 5 nackte und blinde Junge zur Welt. Diese Nesthocker werden etwa 2 Monate gesäugt. Die Wohnkammer ist von einem ringförmigen Belüftungssystem umgeben. Lauf- und Jagdgänge stellen Verbindungen zwischen der Wohnkammer und den Vorratskammern dar.

Maulwürfe haben einen sehr hohen Energiebedarf. Sie fressen täglich eine Nahrungsmenge, die ihrer eigenen Körpermasse von 50 bis 140 g entspricht. Ihre ausschließlich tierische Nahrung besteht aus Regenwürmern, Insekten, Larven, Lurchen, Mäusen und Spinnen. Maulwürfe sind tag- und nachtaktiv und machen keinen Winterschlaf. Sie legen sich für den Winter Nahrungsvorräte in Form von Regenwürmern an. Diesen beißen sie die vorderen Körperglieder ab, sodass diese unfähig zur Flucht, aber noch lebendig sind.

Angepasstheiten Der walzenförmige Körper der Maulwürfe mit dem spitz zulaufenden Kopf ist mit einem dichten Fell bedeckt. Das Fell bietet keinen Widerstand, weil es nicht in eine bestimmte Richtung wächst: Es hat keinen Strich. Deshalb kann sich der Maulwurf problemlos sowohl vorwärts als auch rückwärts in seinen Gängen bewegen. Die Hände sind zu Grabschaufeln umgewandelt. Sie stehen fast waage-

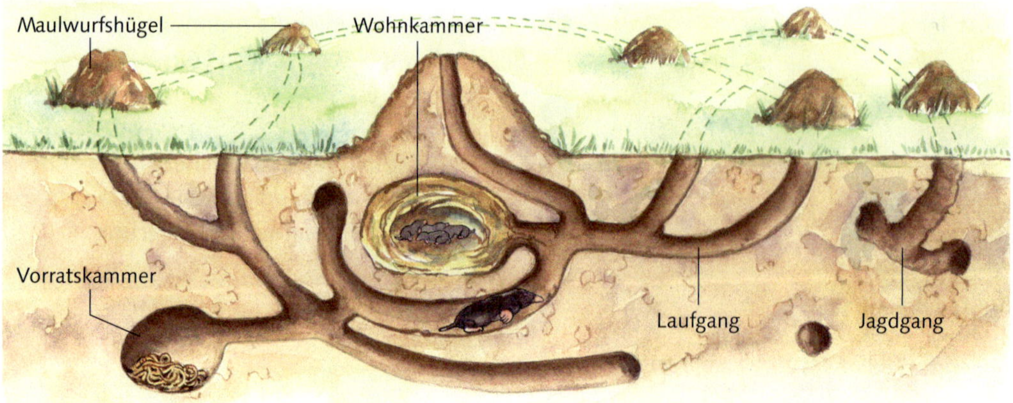

2 Gangsystem des Maulwurfs

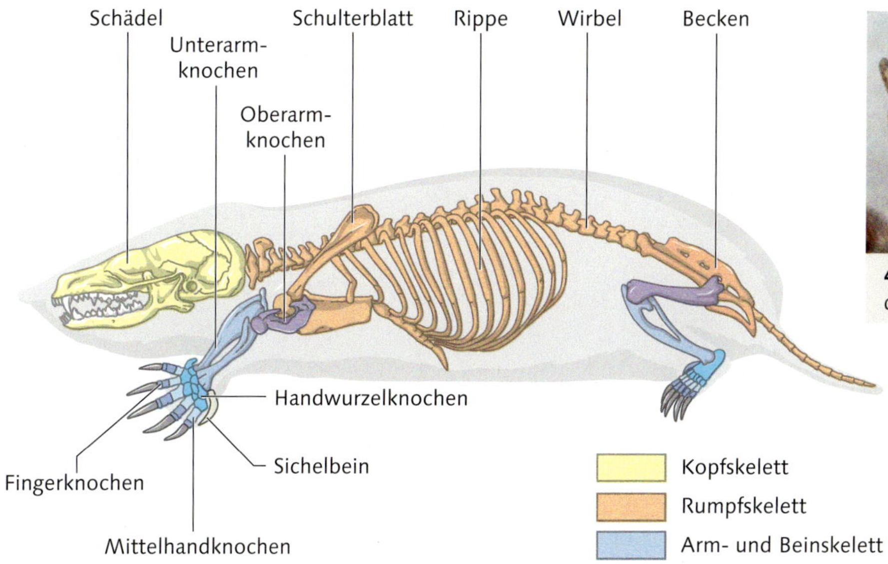

3 Skelett des Maulwurfs

4 Rechte Grabhand des Maulwurfs

recht vom Körper ab. Die Handflächen sind nach außen gedreht. Dadurch kann der Maulwurf die Erde seitlich nach hinten schaufeln. Ober- und Unterarmknochen sind verkürzt und verdickt, sodass nur die Hand aus dem Fell herausragt. Die Finger tragen lange Grabkrallen aus Horn und sind mit Häuten zu einer geschlossenen Handfläche verbunden. Ein verlängerter Mittelhandknochen, das Sichelbein, dient als „6. Finger" und vergrößert die Grabhand ▶Bild 4.

Augen und Ohren sind fast ganz im Fell verborgen. Maulwürfe können mit ihren nur stecknadelkopfgroßen Augen lediglich Helligkeitsunterschiede wahrnehmen. Der Gehörsinn ist jedoch gut ausgeprägt. Die Ohren haben keine Ohrmuscheln, können aber mit einer Haut verschlossen werden, sodass keine Erde eindringt. Mit ihrem sehr gut ausgeprägten Geruchs-, Tast- und Erschütterungssinn finden Maulwürfe auch in der Dunkelheit ihre Beutetiere. Sie nutzen dafür Tasthaare an der Rüsselspitze sowie im Mund- und Handwurzelbereich ▶Bild 1. Die Tasthaare auf dem kurzen Schwanz dienen der Orientierung.

Das *Insektenfressergebiss* der Maulwürfe besteht aus 44 spitzen, scharfen Zähnen. Mit ihnen kann der Maulwurf Beutetiere ergreifen und festhalten. Außerdem eignen sie sich zum Aufbrechen von Insektenpanzern und zum Zerschneiden von Larven und Regenwürmern.

Schutz Maulwürfe werden von Menschen mitunter als Schädlinge bekämpft, weil Maulwurfshügel auf dem Rasen unschön aussehen. Gemüsebauern hingegen schätzen den Maulwurf als Nützling. Durch seine grabende Tätigkeit lockert er den Boden, der so besser durchlüftet und mit Wasser versorgt wird. Dies kommt dem Wurzelwachstum zugute. Außerdem jagen Maulwürfe Käferlarven und Fadenwürmer, die sich von Pflanzenwurzeln ernähren und so Nutzpflanzen schädigen. Maulwürfe gehören zu den gesetzlich geschützten Arten und dürfen nicht getötet werden.

1 Erläutere die Angepasstheiten der Maulwürfe an ihren Lebensraum und ihre Lebensweise.

2 **A** Ermittle die Nahrungsmenge, die ein Maulwurf mit einer Körpermasse von 80 g pro Jahr zu sich nimmt.

B Nimm Stellung zu der Aussage, dass Maulwürfe Schädlinge sind.

Fledermäuse – fliegende Säugetiere

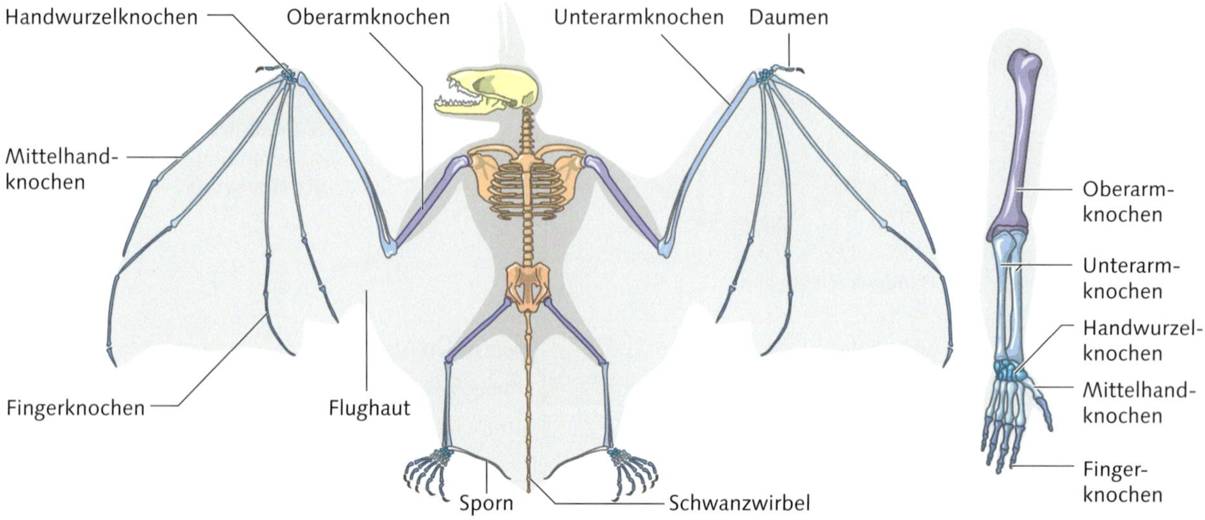

1 Skelett der Fledermaus und Armskelett des Menschen

Angepasstheiten Während der warmen Jahreszeit kann man mit Einbruch der Dämmerung an Gewässern, an Waldrändern, in Parks oder auch in der Nähe von Straßenlaternen Fledermäuse beobachten. Fledermäuse sind fliegende Säugetiere, die einen charakteristischen Flatterflug zeigen. Sie machen Jagd auf nachtaktive Mücken, Käfer und Schmetterlinge, die sie im Flug mit den spitzen Zähnen ihres Insektenfressergebisses erbeuten. Die Vordergliedmaßen sind zu Flügeln umgebildet. Die Flügelflächen bestehen aus dünnen Flughäuten, die sich zwischen Armen, Beinen, Rumpf und Schwanz erstrecken und die stark verlängerten Mittelhand- und Fingerknochen überspannen. Die Daumen, die je eine spitze Kralle tragen, und die bekrallten Füße sind frei ▶ Bild 1.

Sehen mit den Ohren Lange Zeit war es Forschern rätselhaft, wie Fledermäuse mit ihren kleinen Augen bei völliger Dunkelheit erfolgreich fliegende Insekten erbeuten und Hindernissen ausweichen können. Heute weiß man, dass Fledermäuse über ein Ultraschall-Orientierungssystem verfügen. Im Flug stoßen sie Ultraschalllaute aus, die für Menschen nicht hörbar sind. Trifft der Schall auf ein Beutetier oder ein Hindernis, so kehrt er als Echo zurück, das die Fledermaus über das Gehör wahrnimmt ▶ Bild 2. Sie erhält so Informationen über die Entfernung und Größe des angepeilten Objekts: Fledermäuse nehmen also ein Hörbild ihrer Umgebung wahr.

Fortpflanzung und Gefährdung Als Sommerquartiere dienen den Fledermäusen Baumhöhlen in alten Obstbäumen, verlassene Spechthöhlen, spaltartige Hohlräume an Dachvorsprüngen von Häusern oder

2 Beuteortung mit Ultraschall

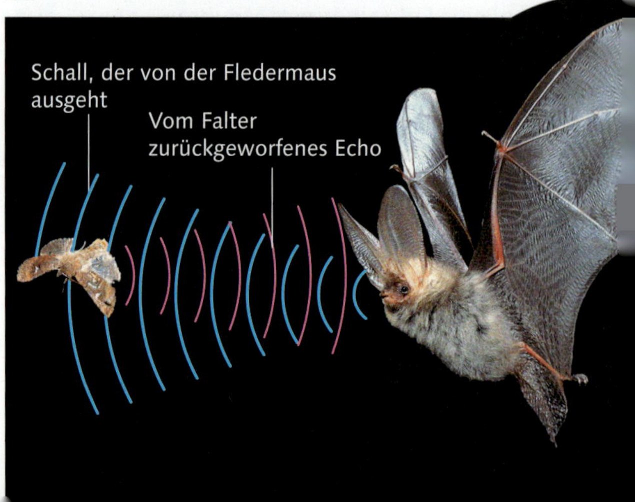

Dachböden alter Schlösser und Kirchen. Hier finden sich die Fledermausweibchen in größeren Gesellschaften, den Wochenstuben, zusammen. Sie bringen pro Jahr meist nur ein nacktes und flugunfähiges Junges zur Welt. Es wird gesäugt, bis es selbstständig fliegen kann.

Fledermäuse sind Winterschläfer und benötigen frost- und zugluftfreie Winterquartiere in Dachstühlen alter Häuser, Bergwerken oder Felshöhlen. Hier finden sich ab Ende August viele Tiere zu Winterschlafkolonien zusammen. Sie krallen sich mit den Zehen an kleinen Vorsprüngen fest und schlafen kopfüber hängend dicht aneinandergedrängt. Während des Winterschlafs zehren sie von der Fettschicht, die sie sich im Sommer angefressen haben.

Unsere heimischen Fledermäuse gehören zu den gefährdeten Arten, weil durch Umbaumaßnahmen an Gebäuden oder Rodung alter Baumbestände ihre Lebensräume immer seltener werden. Auch ihre Nahrung wird durch den Einsatz von Insektenvernichtungsmitteln knapp. Alle 23 in Deutschland lebenden Fledermausarten sind unter Schutz gestellt.

1 **A** Vergleiche die Armskelette von Fledermaus und Mensch ▶ Bild 1.
B Erkläre, wie Fledermäuse an das Fliegen angepasst sind.

2 Beschreibe die Beutejagd der Fledermäuse.

3 **A** Informiere dich über Fledermausvorkommen an deinem Wohnort.
B Nenne Möglichkeiten, Fledermäuse zu schützen. Gib an, was du selbst tun kannst.

Experimente mit Fledermäusen

Naturwissenschaftler beobachten Erscheinungen (Phänomene) in der Natur. Sie formulieren Forschungsfragen und stellen dann begründete Vermutungen (Hypothesen) auf, die in sorgfältig geplanten Experimenten überprüft werden.

1793 führte der italienische Naturforscher Lazzaro Spallanzani Experimente mit Fledermäusen durch. In seinem Arbeitszimmer spannte er von der Decke zum Boden Drähte, an die er kleine Glöckchen hängte. Er ließ gefangene Fledermäuse dann in dem abgedunkelten Raum fliegen. Die Tiere berührten die Drähte nie.

In getrennten Versuchsansätzen ging er wie folgt vor: Im ersten Versuch stülpte er den Versuchtieren Kappen über die Köpfe und verschloss so ihre Augen. Im zweiten Versuch verschloss er ihren Mund. Im dritten Versuch verstopfte er die Ohren der Versuchstiere mit Wachs. Er ließ die Fledermäuse in jedem der drei Versuchsansätze im abgedunkelten Raum fliegen.

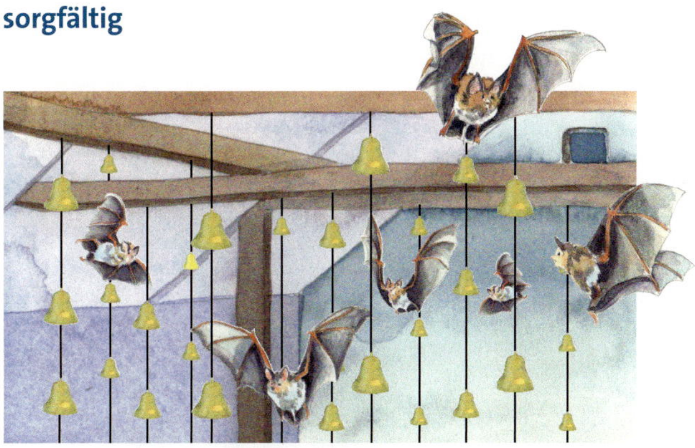

3 Spallanzanis Versuchsanordnung

4 **A** Nenne die Forschungsfrage, die sich Spallanzani stellte.
B Stelle begründete Vermutungen darüber auf, was Spallanzani beobachtete.

Biber – ein Leben am und im Wasser

1 Biber

Körpermerkmale des Bibers Biber sind die zweitgrößten Nagetiere der Welt. Sie können bei einer Körperlänge von 1,30 m bis zu 30 kg schwer werden. Das auffälligste Merkmal ihres *Nagetiergebisses* sind die großen Schneidezähne, die ständig nachwachsen. Der Biber benutzt diese *Nagezähne* zum Abschälen von Baumrinde und zum Fällen von Bäumen. Die Vorderseite der Zähne besteht aus einer harten orangefarbenen Schmelzschicht, während der hintere Teil aus weichem Zahnzement gebildet wird. Wegen der unterschiedlichen Härte nutzen sich die Zähne beim Nagen unterschiedlich stark ab und bleiben so immer scharf.

Während Biber sich an Land nur schwerfällig fortbewegen, sind sie mit ihrem spindelförmigen Körper hervorragend an das Leben im Wasser angepasst. Das sehr dichte Fell aus dicken Grannen- und weichen, gekräuselten Wollhaaren wird mit einer öligen Flüssigkeit, dem Bibergeil, eingefettet. Dadurch ist der Biber vor Nässe und Kälte geschützt. Schwimmhäute zwischen den 5 Zehen der Füße dienen dem Antrieb im Wasser. Die kleineren Hände sind dagegen als Greifwerkzeuge ausgebildet. Sie werden beim Schwimmen an den Körper angelegt. Der breite, mit Hornschuppen bedeckte Schwanz, die Biberkelle, ist ein vielseitiges Organ. Es dient der Steuerung beim Schwimmen und Tauchen, als Fettspeicher im Winter, zur Regulation der Körpertemperatur und als Stütze beim Sitzen. Bei Gefahr klatscht der Biber mit dem Schwanz auf die Wasseroberfläche und warnt so seine Artgenossen.

Lebensweise Biber sind dämmerungs- und nachtaktive Pflanzenfresser. Im Sommer ernähren sie sich von Wasserpflanzen, Kräutern, Baumrinde und weichem Holz. Grenzen Äcker direkt an ihr Gewässer, fressen Biber auch Mais und Zuckerrüben. Biber sind Winterruher. Sie legen sich unter

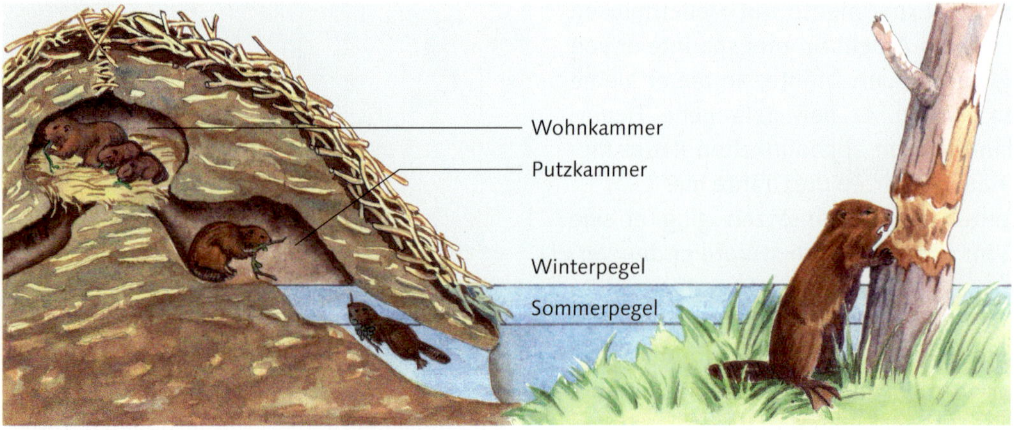

2 Längsschnitt durch eine Biberburg

Wasser Vorräte aus Zweigen und Ästen an. So ist auch bei gefrorener Wasseroberfläche die Ernährung gesichert.

Biber sind hervorragende Baumeister. Sie graben ihren Wohnbau in die Uferböschung ▶ Bild 2. Der Eingang liegt unterhalb des Wasserspiegels. Wenn die Decke der Wohnhöhle zu dünn wird oder die Uferböschung nicht steil genug ist, häufen Biber über dem Dach des Wohnkessels Äste und dünne Zweige an, die sie mit Schlamm verfestigen: Eine Biberburg entsteht. Diese wird von einem *Familienverband* bewohnt. Das sind die Eltern mit den Jungtieren dieses und des vorigen Jahres. Ein Biberweibchen bekommt jährlich 3 bis 6 Junge, die bei der Geburt behaart sind, sehen können und nur 2 Monate lang gesäugt werden.

Der Eingang der Biberburg muss immer unter Wasser liegen. Droht der Wasserstand zu weit abzusinken, legen Biber Dämme an. Auf diese Weise entstehen künstliche Teiche. Die Flusslandschaft wird verändert und Wiesen und Felder können überflutet werden. Andererseits bieten die veränderten Flusslandschaften vielen verschiedenen Lebewesen einen Lebensraum.

1 Stelle in einer Tabelle Bau und Funktion folgender Körpermerkmale des Bibers einander gegenüber: Körperform, Körperbedeckung, Schwanz, Füße, Hände, Schneidezähne.

2 Biber gehören in Deutschland zu den geschützten Arten. Nenne mögliche Gründe, warum es zu Konflikten zwischen Biber und Mensch kommt.

Material Methode Praxis

Gebisse von Säugetieren

073-1

Säugetiere können anhand der besonderen Merkmale ihrer Gebisse in Gruppen geordnet werden.

3 **A** Vergleiche die abgebildeten Tiere aufgrund eindeutiger Merkmale.
B Ordne die Tiere begründet verschiedenen Gruppen zu. Finde eine Bezeichnung für jede Gruppe.

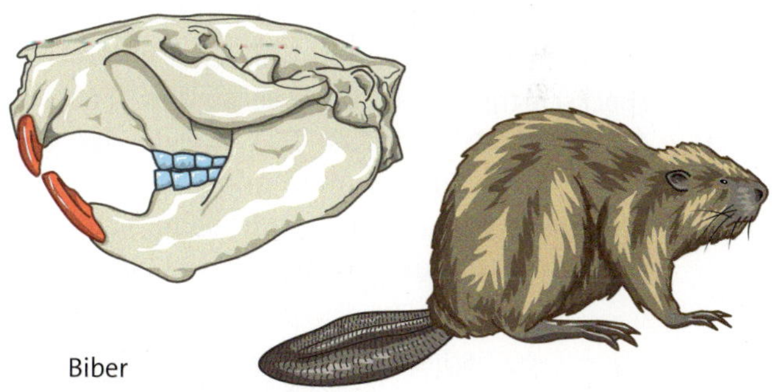

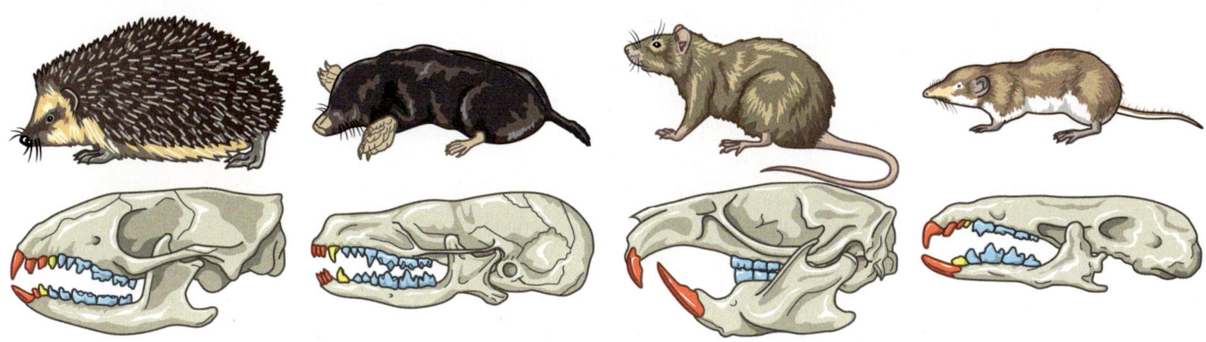

3 Schädel und Gebisse verschiedener Säugetiere

Säugetiere im Wasser – Wale

074-1

1 Buckelwal mit Kalb

Angepasstheit im Körperbau Wale sind Säugetiere, die ausschließlich im Wasser leben. Der Körper der Wale ist an diesen Lebensraum angepasst. Sie besitzen einen stromlinienförmigen Körper, der ihnen zusammen mit der glatten Haut die Fortbewegung im Wasser ermöglicht. Wale besitzen kein isolierendes Fell. Eine dicke Speckschicht, der Blubber, verhindert das Auskühlen des Körpers. Das Skelett der Wale ist in Kopf, Rumpf und Schwanz gegliedert ▶ Bild 2. Ihre Vorderbeine sind zu Brustflossen umgebildet. Diese heißen bei Walen Flipper. Sie dienen der Steuerung. Mit der Rückenflosse, der Finne, kann der Körper im Wasser in Position gehalten werden. Die Schwanzflosse, die Fluke, dient dem Antrieb. Sie steht waagerecht zum Körper und wird auf- und abbewegt.
Für lange Tauchgänge können Wale sehr große Mengen an Sauerstoff im Körper speichern. Sie sind die einzigen Säugetiere, die unter Wasser gebären und säugen. Die Walkuh hilft dem Kalb an die Wasseroberfläche, wo es den ersten Atemzug tätigt. Alle Wale atmen mit Lungen. Daher tauchen sie auf, um zu atmen.

Verständigung In großen Wassertiefen ist es dunkel. Wale nutzen zur Verständigung untereinander Laute, die sie mit ihrem gut ausgebildeten Gehör wahrnehmen. Sie verständigen sich über große Entfernungen von bis zu mehreren Tausend Kilometern. Anhand der Laute können sich die einzelnen Tiere untereinander erkennen.

Echoortung Zur Orientierung und bei der Jagd senden manche Wale Laute aus, die für Menschen nicht hörbar sind. Trifft der Schall auf ein Hindernis oder ein Beutetier, wird er als Echo zurückgeworfen. So erhält der Wal ein Abbild von seiner Umgebung.

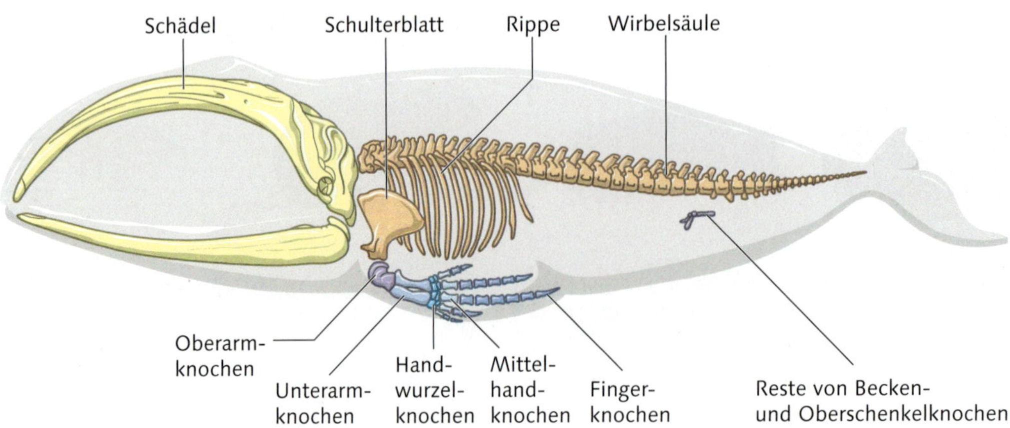

2 Skelett eines Bartenwals

Zahnwale und Bartenwale Die Waltiere werden in zwei Gruppen eingeteilt: Zahnwale und Bartenwale ▶ Bild 4. Zu den Zahnwalen gehören Pottwale, Schweinswale und Delfine. Sie alle besitzen gleich gestaltete Zähne, mit denen sie ihre Beutetiere – zumeist Fische und Tintenfische – festhalten können. Zahnwale besitzen ein Blasloch, mit dem sie ein- und ausatmen. Unter Wasser ist das Blasloch immer geschlossen.

Bartenwale können in ihrer Größe sehr unterschiedlich sein. Der Zwergglattwal ist mit etwa 5 m Länge und einem Gewicht von 3 t der kleinste Bartenwal. Der Blauwal ist der größte Bartenwal und kann über 30 m lang und über 150 t schwer werden. Er ist das größte Säugetier.

Bartenwale ernähren sich von kleinen Krebsen, dem Krill, die sie mit einem Filtersystem aus dem Meer fischen. Mit weit aufgerissenem Maul nehmen sie den Krill mit dem Wasser auf. Beim Schließen des Mauls drückt die Zunge gegen die herabhängenden Hornplatten im Oberkiefer ▶ Bild 3. Diese *Barten* funktionieren wie ein Sieb. Die Nahrung bleibt an der Innenseite der bis zu 1 m langen, ausgefransten Barten hängen und wird geschluckt. Das Wasser wird nach außen gepresst.

Bartenwale unterscheiden sich durch den Besitz von zwei Blaslöchern von den Zahnwalen.

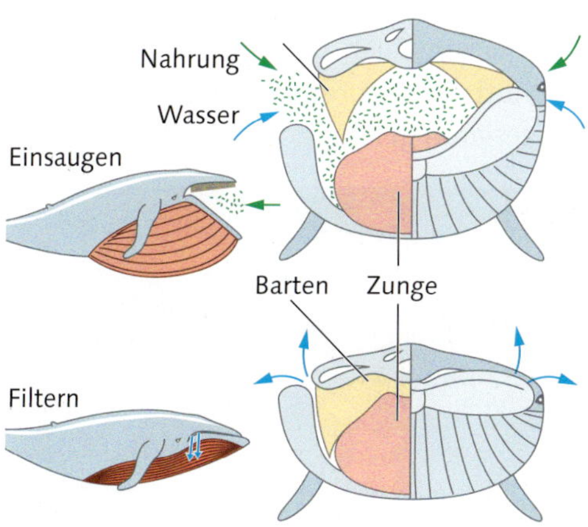

3 Nahrungsaufnahme bei Bartenwalen

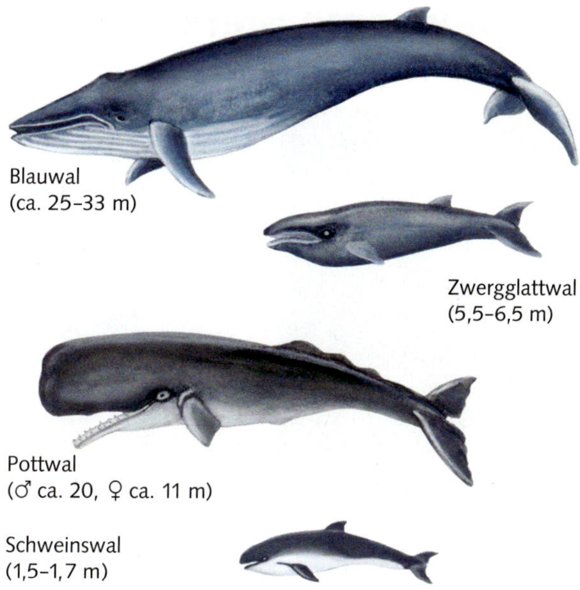

4 Zahnwale und Bartenwale

Gefährdung Wale sind allein durch den Menschen gefährdet. Viele große Walarten werden gezielt gejagt. Kleinere Wale verenden häufig als Beifang in Fischereinetzen. Durch Fischfang verringert sich auch die Zahl ihrer Beutetiere. Zudem zerstört die zunehmende Meeresverschmutzung den Lebensraum der Wale.

1. Ordne folgenden Merkmalen der Wale die genannten Funktionen zu: Barten, Fluke, Finne, Blubber, Lautäußerungen – Antreiben, Isolieren, Trennen, Steuern, Kommunizieren.

2. **A** Nenne Merkmale, die Wale mit landlebenden Säugetieren gemeinsam haben.
   B Beschreibe die Abwandlungen des Skeletts ▶ Bild 2.

3. Erläutere Angepasstheiten der Wale an das Leben im Wasser.

4. Begründe, warum Wale in den Fischereinetzen sterben.

5. Auf einigen Fischverpackungen findest du folgendes Symbol ▶ Bild 5. Informiere dich über die Bedeutung des Symbols und stelle einen Bezug zur Gefährdung der Wale her.

5 MSC-Siegel

Gemeinsame Merkmale der Säugetiere

1 Säugetiere in verschiedenen Lebensräumen

Grundbauplan Säugetiere sind eine Gruppe der Wirbeltiere, die trotz einer großen Vielfalt in Körperbau und Lebensweise durch gemeinsame Merkmale gekennzeichnet ist. Das Skelett zeigt bei allen Säugetieren den gleichen *Grundbauplan*, das heißt, es ist grundsätzlich gleich aufgebaut. Der Körper der Säugetiere gliedert sich in Kopf, Rumpf und vier Gliedmaßen. In Angepasstheit an die Lebensweise kann dieser Grundbauplan abgewandelt sein. So sind die Vordergliedmaßen bei wasserlebenden Arten, wie den Seekühen, zu Flossen umgebildet, während die Hintergliedmaßen zurückgebildet sind. Fliegende Säugetiere, wie die Fledermäuse, besitzen eine Flughaut, die zwischen den verlängerten Fingerknochen gespannt wird. Bei Bewohnern offener Steppen, wie den Pferden, ist häufig die Zahl der Zehen reduziert.

Gemeinsame Merkmale Das charakteristische Merkmal, das alle Säugetiere gemeinsam auszeichnet, ist die Ernährung der Nachkommen mit Muttermilch, die in Milchdrüsen gebildet wird. Die Jungtiere werden gesäugt. Ein weiteres gemeinsames Säugermerkmal ist das Fell. Dieses Haarkleid und eine Fettschicht unter der Haut verringern die Wärmeabgabe der gleichwarmen Säugetiere. Die isolierende Wirkung des Haarkleides ist die Voraussetzung dafür, dass die Säugetiere in allen Regionen der Erde vorkommen ▶ Bild 1. Säugetiere atmen mit Lungen und haben einen doppelten Blutkreislauf. Außerdem besitzen sie ein Gebiss mit verschiedenen Zähnen: Schneidezähne, Eckzähne sowie vordere und hintere Backenzähne. Der Bau des Gebisses ist jeweils an eine bestimmte Ernährungsweise angepasst.

1. Nenne Merkmale der Säugetiere, die du auf ▶ Bild 1 erkennst.

2. Schnabeltiere leben in australischen Süßgewässern. Auf Nahrungssuche durchwühlen sie den Gewässerboden mit ihrem Schnabel, um Krabben, Würmer und Muscheln aufzuspüren. Die Weibchen legen 2 bis 3 Eier mit einer pergamentartigen Schale, die sie ausbrüten. Die Jungtiere lecken Milch aus einem Milchfeld im Fell der Mutter. Überprüfe, ob Schnabeltiere zu den Säugetieren gehören.

2 Schnabeltier

Säugetiere ordnen

Das Ordnen ist eine wichtige naturwissenschaftliche Methode. Anhand von eindeutigen Kriterien werden die Lebewesen verglichen und zu Gruppen zusammengefasst. Je nach Wahl des Ordnungskriteriums ergibt sich eine andere Gruppenzuordnung. Die Kinder einer Klasse lassen sich zum Beispiel nach den übergeordneten Kriterien Geschlecht, Größe, Geburtsdatum, Alphabet, Wohnort, Hobbys oder Augenfarbe ordnen. In der Biologie müssen die gewählten Kriterien eindeutig sein, sodass Doppelzuordnungen von Lebewesen in verschiedene Gruppen nicht möglich sind. Mithilfe von eindeutigen Kriterien lassen sich auch unbekannte Tiere und Pflanzen in dieses System einordnen.

Ein Zoo für Säugetiere

In einem neu geplanten Zoo sollen den Besuchern Säugetiere vorgestellt werden. So soll die Zooanlage aussehen:

3 Zooanlage

1 **A** Nenne die Ordnungskriterien, nach denen die Mitarbeiter der Planungsgruppe die Tiere auf die Gehege 1–3 der neuen Zooanlage verteilt haben.

B Fledermaus, Igel und Spitzmaus sollen in einem gemeinsamen Gehege untergebracht werden. Nenne das Ordnungskriterium, nach dem die Planungsgruppe hier vorgeht.

C Begründe, warum diese Zuordnung problematisch ist.

D Erweitere den Zoo, indem du den Gehegen 1–3 weitere dir bekannte Tiere zuordnest.

Vielfalt der Vögel

078-1

1 Vogelarten in ihrem Lebensraum

Vogelarten In unserer Umgebung gibt es eine Vielzahl an verschiedenen Vögeln. Manche fallen uns durch ihren Gesang auf, andere beeindrucken durch farbenprächtiges Gefieder oder imposante Flugmanöver. Obwohl Vögel anhand auffälliger Merkmale immer als Vögel zu erkennen sind, unterscheiden sich die einzelnen Arten in Aussehen und Größe deutlich.
Zu einer *Art* gehören alle Lebewesen, die unter natürlichen Bedingungen gemeinsam fruchtbare Nachkommen hervorbringen können. Man erkennt sie daran, dass sie meist in allen wesentlichen Merkmalen übereinstimmen. Weibchen und Männchen einer Vogelart können sich in ihrem Erscheinungsbild jedoch voneinander unterscheiden ▶ Bild 1.

Ordnung in der Vielfalt Aussehen und Gesang sind wichtige Bestimmungsmerkmale der weltweit etwa 9 000 Vogelarten. Auch der Umriss eines fliegenden Vogels bietet wichtige Anhaltspunkte für dessen Bestimmung.
Die Vögel werden in verschiedene Gruppen eingeteilt. Durch ihren Gesang sticht eine Vielzahl an Singvögeln hervor. Zu den Singvögeln gehören aber nicht nur Sänger wie die Amsel oder der Buchfink, sondern auch die Elster und der Eichelhäher ▶ Bild 1.
Zu den Greifvögeln zählen Vogelarten wie der Habicht und der Turmfalke. Beide haben einen gebogenen Schnabel und scharfe Klauen, mit denen sie Beute greifen können.
Entenvögel wie der Höckerschwan oder die Stockente zeigen Angepasstheiten an den Lebensraum Wasser. Sie sind gute Schwimmer und nehmen ihre Nahrung häufig aus dem Wasser auf.

1. Ordne die in ▶ Bild 1 dargestellten Vögel den im Text genannten Gruppen zu.
2. Beschreibe die beiden Buchfinken. Begründe, welches das Weibchen und welches das Männchen ist.
3. Stelle eine Vermutung darüber auf, welche auffälligen Merkmale alle Vögel kennzeichnen.
4. Beschreibe, wie Entenvögel aufgrund ihres Körperbaus an den Lebensraum Wasser angepasst sind ▶ Bild 1.

Vögel – Wirbeltiere im Luftraum

Zu den besonderen Merkmalen der Vögel gehören der Schnabel, das Federkleid und das Eierlegen. Ein herausragendes Kennzeichen ist das Fliegen. Die Fähigkeit zu fliegen erfordert bestimmte Angepasstheiten im Körperbau und im Stoffwechsel.

Angepasstheit im Körperbau Der stromlinienförmige Körper der Vögel setzt der Luft beim Fliegen nur einen geringen Widerstand entgegen. Die Vordergliedmaßen sind zu Flügeln umgeformt und zeigen auch im Skelett Angepasstheiten. So hat das Armskelett nur 3 Finger, die stark zurückgebildet sind ▶ Bild 2.
Die Fortbewegung in der Luft erfordert einen leichten Körperbau. Das Skelett eines Vogels ist erheblich leichter als das eines gleich großen Säugetiers. So sind die Schädelknochen sehr dünn. Die meisten anderen Knochen sind im Gegensatz zu Säugetierknochen hohl und luftgefüllt. Durch Verstrebungen im Innern sind die Vogelknochen verstärkt und trotz geringer Masse stabil. Das Brustbein ist bei Vögeln sehr breit ausgebildet. An ihm setzen ausgeprägte Flugmuskeln an. Bei einer Taube wiegen die Brustmuskeln ein Drittel der gesamten Körpermasse, das Skelett aber nur ein Zwanzigstel. Das Skelett eines Menschen macht dagegen etwa ein Siebtel seiner Masse aus.

Angepasstheit im Stoffwechsel Zum Fliegen ist viel Energie nötig. Um die große Energiemenge bereitzustellen, fressen Vögel viel und verdauen die Nahrung schnell. Auch das Atmungssystem ist darauf abgestimmt. Mithilfe besonderer Luftsäcke, die mit den Lungen verbunden sind, können Vögel mehr als doppelt so viel Luft einatmen wie gleich große Säugetiere. Damit für die Energiebereitstellung genug Sauerstoff mit dem Blut zu den Organen und Muskeln transportiert werden kann, schlägt das Herz eines Vogels sehr schnell. Vögel sind *gleichwarme* Tiere, das heißt, dass sie immer in etwa die gleiche Körpertemperatur haben. Diese halten sie unabhängig von der Umgebungstemperatur aufrecht. Bei Vögeln liegt die Körpertemperatur je nach Art zwischen 38 und 43 °C.

2 Skelett, Atmungsorgane und Federkleid eines Vogels

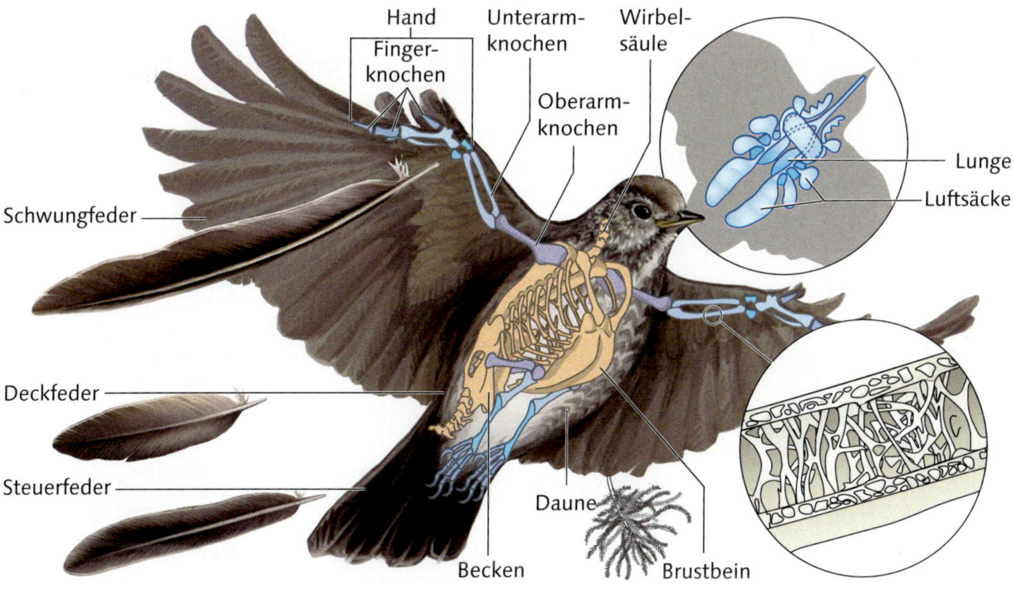

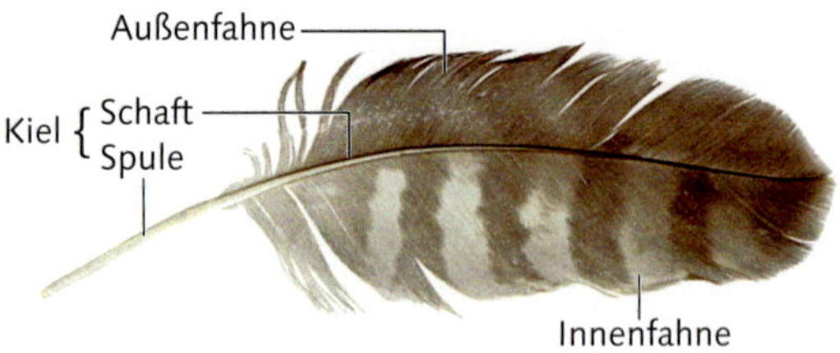

1 Bau einer Deckfeder

Bau und Funktion von Federn Vögel sind die einzigen Wirbeltiere, die ein Federkleid besitzen. Federn dienen dem Fliegen und der Wärmeisolation. Sie sind, wie menschliche Haare und Fingernägel, aus Horn.
Federn sind je nach ihrer Funktion unterschiedlich gebaut: Die *Schwungfedern* bilden die leichte und zugleich feste Tragfläche der Flügel. Die *Schwanzfedern* dienen zum Steuern und Bremsen. Die *Deckfedern* oder Konturfedern sind die äußeren Federn der Körperbedeckung ▶Bild 1. Sie schützen den Vogelkörper vor Verletzungen und halten Wasser ab. Sie geben dem Vogel die für den Flug wichtige Stromlinienform. Die unter den Deckfedern liegenden *Daunenfedern* schützen vor Wärmeverlust.
Tauben haben beispielsweise etwa 4000 Federn, die zusammen nur 15 g wiegen. Trotz ständiger Pflege nutzt sich das Federkleid im Laufe der Zeit ab. Es wird daher regelmäßig erneuert. Den Federwechsel nennt man *Mauser*.

1 Nenne die Angepasstheiten des Vogelkörpers an das Fliegen.

2 **A** Beschreibe die Lage der verschiedenen Federtypen am Vogelkörper.
B Ordne ihnen ihre Aufgaben zu.

3 Stelle eine Vermutung auf, warum Eierlegen ein Vorteil für eine fliegende Lebensweise ist.

Material Methode Praxis

Vergleich von Vogel und Säugetier

Vögel und Säugetiere gehören zu den Wirbeltieren. Dennoch unterscheiden sie sich in vielen Merkmalen.

4 **A** Vergleiche Kopf-Rumpf-Länge und Masse der Vögel und Säugetiere in der Tabelle.
B Erkläre die Unterschiede.

5 Der Nashornpelikan ist mit einer Körperlänge von 140 bis 170 cm ähnlich groß wie ein Mensch. Sein Herz schlägt in Ruhe 150-mal pro Minute.
A Bestimme die Zahl deiner Herzschläge pro Minute.
B Erkläre den Unterschied zum Nashornpelikan.

6 **A** Vergleiche die Armskelette von Vogel und Mensch ▶Bild 2.
B Begründe ihren unterschiedlichen Bau und beziehe dabei ihre Funktion ein.

Art	Kopf-Rumpf-Länge	Masse
Graugans	80 cm	3 kg
Dachs	78 cm	12 kg
Star	22 cm	78 g
Hausratte	20 cm	200 g

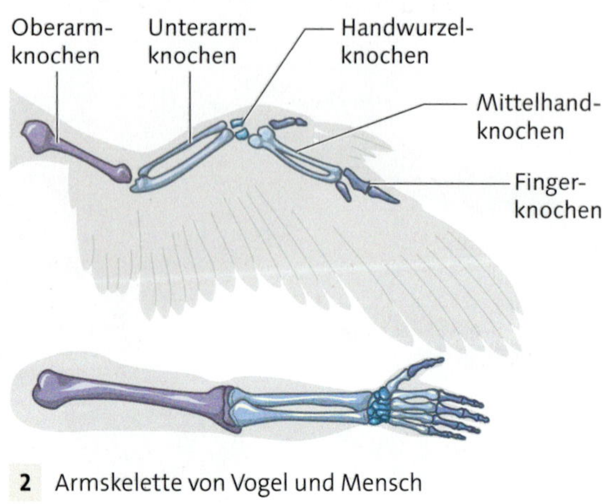

2 Armskelette von Vogel und Mensch

METHODE

Untersuchungen mit der Lupe

Das Untersuchen ist eine wichtige Methode in der Biologie, um die Funktion verschiedener Strukturen oder Organe zu verstehen. Mit Hilfsmitteln wie Lupe und Mikroskop können auch Strukturen untersucht werden, die mit dem bloßen Auge nicht zu erkennen sind.

Bau von Vogelfedern

Material: Schwungfedern und Daunen (sterilisiert), weißes DIN-A4-Papier, spitzer, weicher Bleistift, Radiergummi, Lupe

Schritt 1 Beginne deine Untersuchung damit, dass du das Objekt genau betrachtest.
Nimm dazu die Schwungfeder in die Hand und sieh sie dir genau an. Dafür kannst du sie auch drehen, gegen das Licht halten und mit den Fingern darüberstreichen.

Schritt 2 Fertige eine Skizze des Objekts an. Schreibe oben auf das Blatt den Namen des Objekts sowie das Datum und deinen Namen. Lege das Objekt vor dich hin und skizziere dessen Umriss.
Erfasse bei der Schwungfeder grobe Strukturen wie den Kiel und die Federfahne. An ausgewählten Stellen kannst du feinere Details wie die Federäste andeuten.

Schritt 3 Beschrifte deine Skizze. Hierfür kann dir ▶ Bild 1 eine Hilfe sein.

Schritt 4 Verwende jetzt eine Lupe ▶ Bild 3, um feinere Strukturen des Objekts zu erkennen. Halte die Lupe vor ein Auge und schließe das andere Auge. Nimm das Objekt in die andere Hand und gehe mit der Lupe so nah an das Objekt heran, bis du es scharf siehst.

Schritt 5 Untersuche das Objekt nun genauer. Zupfe die Federfahne auf einer Seite auseinander. Betrachte sie mit der Lupe. Streiche sie dann wieder zusammen und betrachte sie erneut. Ergänze deine Skizze. Beschreibe deine Beobachtung. Erkläre sie mithilfe von ▶ Bild 4.
Kennst du einen Mechanismus aus dem Alltag, der ähnlich funktioniert?

1 Untersuche eine Daunenfeder und vergleiche sie mit der Schwungfeder.

3 Lupe

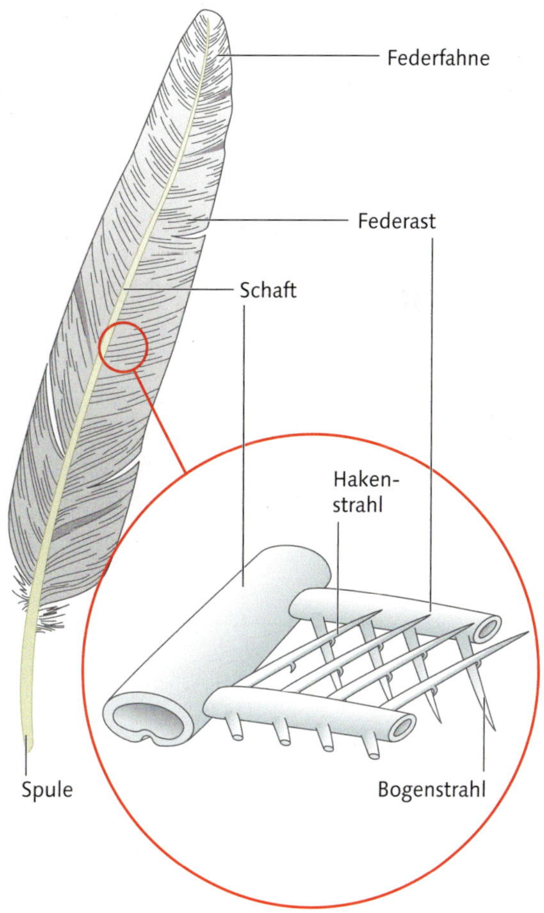

4 Bau einer Schwungfeder

Wie Vögel fliegen

082-1

1 Flugphase: Abwärtsschlag

Geborene Flieger Beim Fliegen muss der Vogel drei Probleme bewältigen: Sein eigenes Gewicht zieht ihn nach unten. Der Luftwiderstand bremst seine Geschwindigkeit und Luftwirbel können ihn zum Absturz bringen.

Vögel sind sehr leicht und damit ist ihre Gewichtskraft geringer als die eines gleich großen Säugetiers. Vogelflügel und Vogelkörper haben eine Stromlinienform. So wird der Vogel beim Vorwärtsgleiten kaum vom Luftwiderstand gebremst. Durch die Stellung der Flügel und Federn in verschiedenen Phasen der Flugbewegung wird die Bildung von Luftwirbeln verringert.

Ruderflug Die ▶ Bilder 1 und 4 zeigen verschiedene Phasen des *Ruderflugs*. Er ist die häufigste Flugform bei Vögeln. Vögel bewegen beim Fliegen ihre Flügel nicht nur auf und ab. Sie drehen die Flügel zusätzlich etwas ein und ziehen sie vor und zurück.

Beim Ruderflug wird die Flügelbewegung vom höchsten Punkt bis zum niedrigsten Punkt als *Abwärtsschlag* bezeichnet ▶ Bild 1. Die entgegengesetzte Bewegung ist der *Aufwärtsschlag* ▶ Bild 4.

Beim Abwärtsschlag werden die Flügel und besonders die Handschwingen mithilfe der starken Brustmuskulatur des Vogels nach unten geführt.

Hand- und Armschwingen (▶ Bild 2) sind maximal gestreckt und wirken als Tragflächen. Die Handschwinge ist dabei stärker geneigt als die Armschwinge ▶ Bild 1e. Diese Stellung ermöglicht den Vortrieb des Vogels in der Luft. Die Schwungfedern liegen flach aneinander und bilden einen lückenlosen Fächer, der keine Luft durchlässt ▶ Bild 3. Der Abwärtsschlag lässt den Vogel steigen und bringt ihn vorwärts.

Beim Aufwärtsschlag werden die Flügel nach oben und nach hinten geführt.

Die Handschwingen sind dabei angewinkelt ▶ Bild 4a–d. Der Luftwiderstand ist dadurch gering und der Vogel muss nur wenig Kraft aufwenden. Jetzt wirken nur noch die Armschwingen als Tragfläche und halten den Vogel in der Luft.

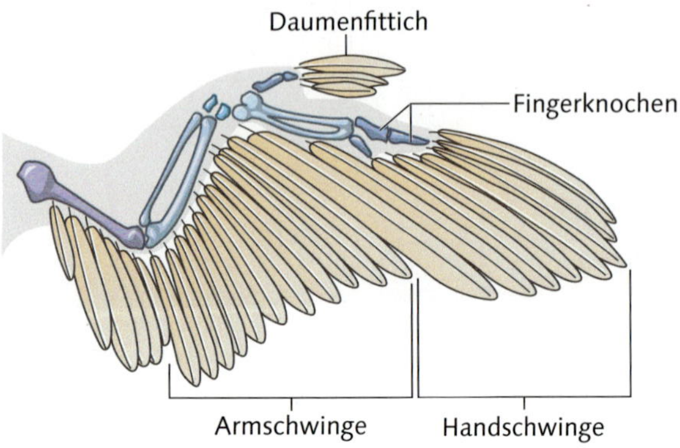

2 Aufbau des Flügels

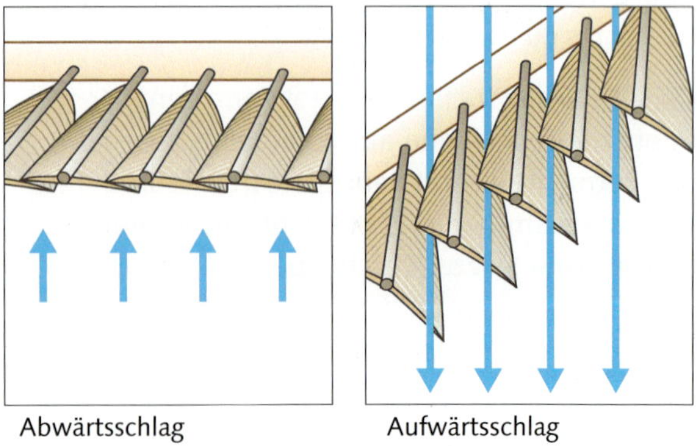

3 Stellung der Schwungfedern beim Abwärtsschlag (links) und beim Aufwärtsschlag (rechts)

4 Flugphase: Aufwärtsschlag

Zusätzlich werden die Schwungfedern so gestellt, dass die Luft zwischen ihnen durchströmen kann ▶ Bild 3. Dies verkleinert den Luftwiderstand.
Beim Aufwärtsschlag verliert ein Vogel kaum an Höhe. Seine Fluggeschwindigkeit verringert sich jedoch ein wenig, weil kein Vortrieb entsteht.

Gleitflug Mit dem *Gleitflug* gelingt es Vögeln, ohne Kraftaufwand von erhöhter Position abwärtszufliegen. Die Flügel werden dabei ausgebreitet, aber nicht auf- und abbewegt. Dadurch gleiten die Vögel auf diagonalem Weg nach unten. Schwere Vögel mit großen Flügelflächen wie der Weißstorch sind oft gute Gleitflieger.

Segelflug Die Flügel werden beim *Segelflug* genauso gehalten wie beim Gleitflug. Jedoch nutzen die Vögel hierbei aufsteigende Luftmassen, die Aufwinde. Sie entstehen zum Beispiel an größeren Erhebungen im Gelände wie Bergen, Dämmen und Waldkanten. Denn hier wird der Wind nach oben abgelenkt. Außerdem entstehen Aufwinde über aufgeheizten Flächen wie Getreidefeldern, da warme Luft nach oben steigt. Vögel im Segelflug lassen sich von den Aufwinden mitnehmen. Sie können so über Gebieten mit Aufwind ihre großen Kreisbahnen ziehen.

Weitere Flugformen Welche Flugform einem Vogel möglich ist, hängt von seiner Körpermasse sowie von der Größe und Gestalt seiner Flügel ab. Manche Vögel beherrschen besondere Flugformen. So ist der Rüttelflug eine Sonderform des Ruderflugs, bei dem der Vogel scheinbar in der Luft steht. Einige Greifvögel wenden ihn an, um nach Beutetieren Ausschau zu halten. Haben sie eine Beute entdeckt, lassen sie sich mit angelegten Flügeln im Sturzflug hinabstürzen, um das Tier zu ergreifen. Den Sturzflug findet man auch bei anderen Vogelarten.
Einige Vögel wie die Weihen oder Bussarde haben besonders akrobatische Balzflüge, bei denen sie Saltos in der Luft schlagen oder gar Rückenflüge zeigen.

5 Eisvogel beim Beutefang

1 Beschreibe mithilfe der abgebildeten Flugphasen den Ruderflug ▶ Bilder 1 und 4. Achte jeweils auf die Fortbewegung des Vogels sowie die Stellung seiner Flügel.

2 Ordne ▶ Bild 5 begründet einer im Text genannten Flugform zu.

Standvögel und Zugvögel

1 Buchfink

2 Kohlmeise und Blaumeise

Vögel gehören zu den gleichwarmen Tieren. Ihre Körpertemperatur liegt mit 38 bis 43 °C höher als die der Säugetiere. Das Federkleid wirkt isolierend und schützt vor Wärmeverlusten, weil die Luft zwischen den Federn den Vogelkörper warm hält. Dennoch benötigen Vögel ganzjährig viel Energie in Form von Nahrung, damit sie ihre Körpertemperatur aufrechterhalten können. Im Winter ist die Nahrung aber knapp oder schwer zugänglich. Vögel besitzen unterschiedliche Strategien, um die nahrungsarme, kalte Jahreszeit zu überstehen.

Standvögel und Strichvögel Vögel, die das ganze Jahr über am selben Standort leben, bezeichnet man als *Standvögel*. Zu den heimischen Standvogelarten gehören Amseln, Buntspechte und Buchfinken ▶ Bild 1. Die Nahrung dieser Vögel besteht aus Insektenlarven oder Würmern, die sie in der Borke von Bäumen oder unter Laub suchen. Im Winter ernähren sie sich von Beeren oder fetthaltigen Samen, die sie an Bäumen und Sträuchern finden. Auch manche Greifvögel wie der Mäusebussard sind Standvögel. Sie ernähren sich überwiegend von Mäusen, die es das ganze Jahr über gibt.
Heimische Vogelarten, die im Winter im weiteren Umfeld ihres Brutgebietes umherschweifen, bezeichnet man als *Strichvögel*. Zu dieser Gruppe gehören Kohl- und Blaumeise ▶ Bild 2. Während die Meisen sich im Sommer meistens von Insekten ernähren, stellen sie ihre Nahrung im Winter auf Körner und Samen um.

Zugvögel Von Ende August an kann man beobachten, wie sich Schwalben in großen Schwärmen sammeln ▶ Bild 3. Diese Vögel gehören zu den *Zugvögeln*. Zugvögel verlassen jedes Jahr ihre Brut- und Nahrungsreviere und suchen ihre Winterquartiere auf, die oft viele Tausend Kilometer von den Brutgebieten entfernt liegen. Dort finden sie günstigere Lebensbedingungen und reichlich Nahrung. Erst im nächsten Frühjahr kehren die Zugvögel in ihre Brutgebiete zurück.
Manchmal ist eine eindeutige Zuordnung einer Vogelart zu Stand- oder Zugvögeln schwierig, denn nicht immer verlassen alle Vögel einer Art ihr Brutgebiet. Innerhalb einer Gruppe von Rotkehlchen ziehen zum Beispiel nur einige Tiere nach Süden, andere bleiben im Brutgebiet. Man spricht in diesem Fall von *Teilziehern*.

3 Rauchschwalben

Orientierung bei Zugvögeln Während des Tages ziehende Vögel, die Tagzieher, orientieren sich am Sonnenstand und an Landmarken wie Gebirgen, Flüssen, Tälern oder der Küstenlinie. Nachtzieher besitzen einen Sternenkompass. Einige Zugvogelarten orientieren sich am Magnetfeld der Erde.

Vogelzugforschung Im Mittelalter erklärte man sich das Verschwinden der Schwalben damit, dass sie im Herbst in Mooren versinken und erst im Frühjahr wieder daraus auftauchen. Heute ist der Vogelzug wissenschaftlich gut erforscht und man weiß, wo die Zugvögel den Winter verbringen. Eine wichtige Methode zur Erforschung des Vogelzugs ist die *Beringung*, die auf Vogelwarten vorgenommen wird. Dort werden Zugvögel gefangen, gewogen und vermessen. Nach Bestimmung der Art sowie des Alters und des Geschlechts wird jedem Vogel ein Aluminiumring am Fuß befestigt ▶ Bild 4. In diesen Ring ist der Name der Vogelwarte sowie eine individuelle Nummer eingraviert.

4 Ein Storch wird beringt.

Unter dieser Nummer werden alle wichtigen Daten sowie der Zeitpunkt und Ort der Beringung notiert. Wird ein Vogel noch einmal gefangen oder wird ein Ring von einem toten Vogel an eine Vogelwarte geschickt, können die Mitarbeiter eine Verbindung zwischen Beringungs- und Fundort herstellen. Auf diese Weise wird für diesen einen Vogel die mögliche Zugstrecke ermittelt. Auf Grundlage vieler Wiederfunde konnten so die Zugrouten einiger Vogelarten bestimmt werden.

Moderne Methoden liefern genauere Erkenntnisse über den Vogelzug. Durch den Einsatz von Radargeräten erhält man insbesondere für Nachtzieher Daten über Schwarmgröße, Zughöhe, Zugrichtung und Zuggeschwindigkeit.

Das modernste Verfahren in der Vogelzugforschung ist die Satelliten-Telemetrie. Großen Zugvögeln wird ein Sender auf den Rücken geschnallt, der nur 35 g schwer ist und regelmäßig seine Nummer, seine Position und die genaue Zeit aussendet ▶ Bild 5.

5 Falke mit Sender

Die Signale werden von mehreren Satelliten empfangen und an eine Empfangsstation weitergeleitet. Mithilfe dieser Technik kann der Standort einzelner Vögel auf ihrer Wanderung täglich festgestellt werden. Die Forscher erhalten außerdem genaue Daten über die Lage von Rastplätzen und Winterquartieren. So wird es in Zukunft möglich sein, Schutzprogramme zu entwickeln, die das Überleben der Zugvögel auch im Winterquartier sichern.

1. Vergleiche die Überwinterungsstrategien von Stand-, Strich- und Zugvögeln.
2. Erläutere die Vorteile der Satelliten-Telemetrie im Vergleich zur Beringung von Vögeln.
3. Stelle Vermutungen darüber auf, warum Vögel, die früher nach Süden gezogen sind, heute ganzjährig im Brutgebiet bleiben.

Storchenzug

Weißstörche verlassen Ende August ihr Brutgebiet. Lange Zeit war unklar, wo sie den Winter verbringen. Die Zugrouten der Weißstörche in ihr afrikanisches Winterquartier sind heute aufgrund verschiedener wissenschaftlicher Methoden wie Zugbeobachtungen, Beringung und Satelliten-Telemetrie sehr gut erforscht. Man weiß, dass 80 Prozent der Weißstörche „Ostzieher" und 20 Prozent „Westzieher" sind. Weißstörche nutzen für den energiesparenden Segelflug auf dem Flug ins Winterquartier warme Aufwinde, die über dem Land entstehen.

1 Weißstorch im Segelflug

1 **A** Beschreibe die Zugwege der Störche ▶ Bild 3.
B Berechne die zurückgelegte Flugstrecke von Karlsruhe nach Timbuktu bzw. von Kiel nach Johannesburg. Nimm deinen Atlas und den Maßstab auf der Karte zu Hilfe.

2 Weißstorch auf Nahrungssuche

2 Stelle begründete Vermutungen darüber auf, warum die Zugwege überwiegend über Land führen und das Mittelmeer an den schmalsten Stellen überquert wird.

3 Der Lebensraum der Weißstörche umfasst feuchte, zeitweise überschwemmte Wiesen, Weiden und den Uferbereich von Gewässern ▶ Bild 2. Sie ernähren sich von kleinen Säugetieren (Mäuse, Maulwürfe, Wühlmäuse), Amphibien (Frösche), Reptilien (Schlangen, Eidechsen) und Insekten (Käfer und Käferlarven, Heuschrecken). Begründe, warum Störche ihr Brutgebiet im Spätsommer verlassen und nach Süden ziehen.

4 Viele Zugvögel kehren nicht aus ihren Winterquartieren zu uns zurück. Nenne mögliche Gefahren, denen die Vögel auf ihrer Reise ausgesetzt sind.

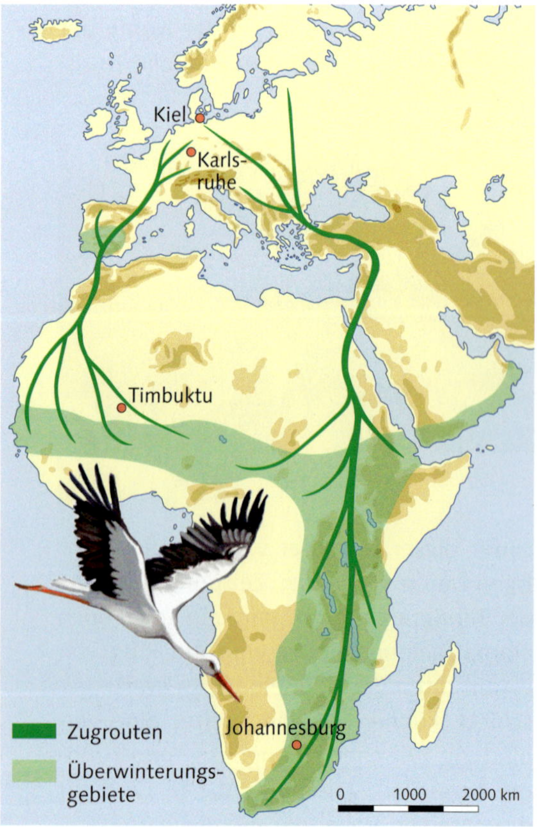

3 Zugrouten der Weißstörche

Überlebensstrategien der Vögel im Winter

Unsere heimischen Vögel zeigen unterschiedliche Angepasstheiten an kalte Temperaturen.

1 Werte das Diagramm aus ▶ Bild 4.

2 Vergleiche die Nahrung der abgebildeten Vögel anhand der Tabelle ▶ Bild 5.

3 Begründe, warum Standvögel ihr Brutgebiet nicht verlassen müssen, Zugvögel aber nach Süden ziehen.

4 Matthias füllt im Winter das Vogelhaus mit gesalzenen Erdnüssen, Brot und Sonnenblumenkernen. Weil es sehr kalt und feucht ist, verzichtet er darauf, das Vogelhaus regelmäßig zu reinigen. Beurteile, ob er den Standvögeln damit hilft.

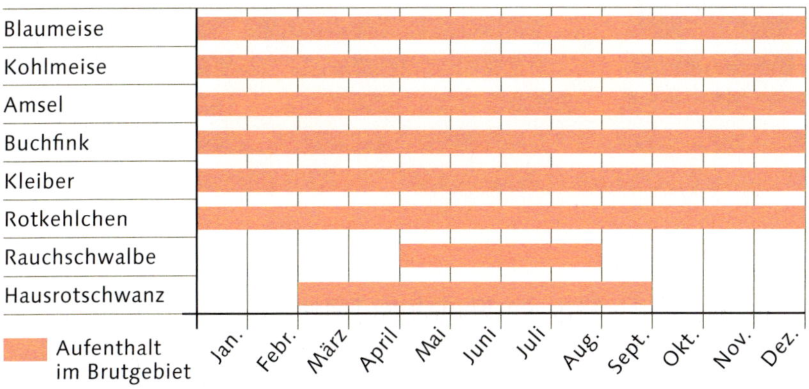

4 Aufenthaltsdauer heimischer Vögel im Brutgebiet

5 Nahrung verschiedener Vögel

Vogelart	Nahrung	Vogelart	Nahrung
Blaumeise 	Fortpflanzungszeit und Jungenaufzucht: Insekten, Spinnen; sonst: Samen, Nüsse, Beeren	Kleiber 	Frühjahr und Sommer: Insekten, Insekteneier und -larven; sonst: Sonnenblumensamen, Nüsse, Beeren, Samen von Nadelbäumen
Kohlmeise 	Insekten, Spinnentiere, Samen, Beeren, Nüsse, Knospen	Rotkehlchen 	Insekten, kleine Spinnen, kleine Regenwürmer, Früchte, weiche Samen und Beeren. Küken: ausschließlich tierische Nahrung
Amsel 	Regenwürmer, Schnecken, Insekten, Spinnen, Früchte	Rauchschwalbe 	fliegende Insekten, Blattläuse
Buchfink 	Insekten, Spinnen, körnerartige Samen und Früchte. Küken: Insekten und Insektenlarven	Hausrotschwanz 	Überwiegend Insekten, Spinnentiere

Reptilien mögen es warm

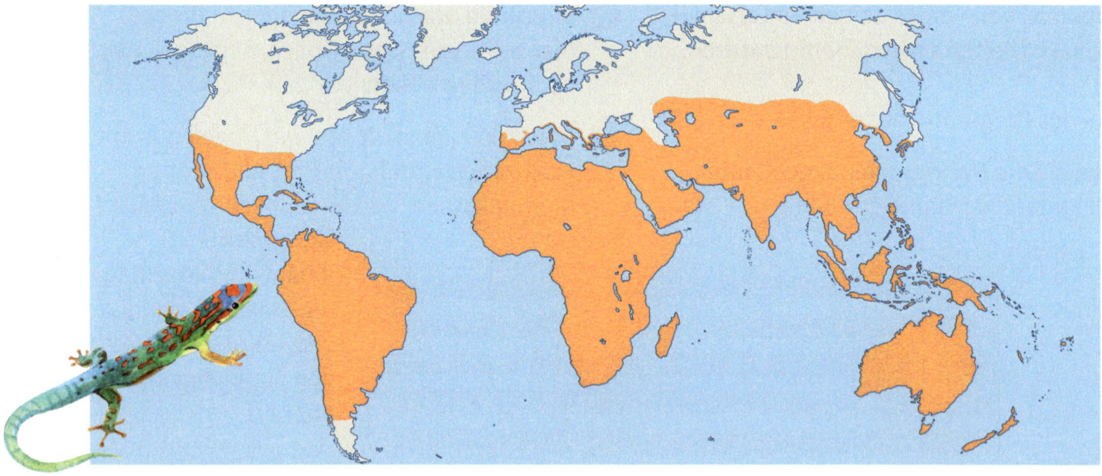

1 Verbreitung von Geckos

Manche Aufgaben in diesem Buch sind mit einem Gecko gekennzeichnet. Geckos sind uns in Deutschland nur als exotische Heimtiere in Terrarien oder von Abbildungen bekannt. Sie leben in den tropischen und subtropischen Regionen der Kontinente. In Europa gibt es nur wenige Arten. Diese sind ausschließlich im Mittelmeerraum beheimatet. Aber wieso kommen Geckos nur in diesen Gebieten vor?

Geckos sind wechselwarm Geckos gehören wie alle Reptilien zu den *wechselwarmen* Tieren. Anders als gleichwarme Tiere sind Wechselwarme in ihrer Aktivität von den Außentemperaturen abhängig. Bei zunehmenden Temperaturen steigt ihre Körpertemperatur an und ihr Herz schlägt schneller. Die Tiere sind agil, das heißt, sie bewegen sich flink und erscheinen lebhaft. Sinken die Temperaturen, fällt auch ihre Körpertemperatur ab und die Bewegungen der Tiere werden schwerfälliger. Herzschlag und Atmung verlangsamen sich. Eine Beutejagd ist ihnen nicht mehr möglich. Fallen die Temperaturen unter einen kritischen Wert, werden die Tiere gar regungslos. Sie verfallen in die *Kältestarre*. Geckos sind wie alle anderen wechselwarmen Tiere vom Klima ihres Lebensraums abhängig. Optimal sind die Bedingungen in den Tropen, da dort ganzjährig hohe Durchschnittstemperaturen vorherrschen. Im Mittelmeerraum bewohnen Geckos steinige Gebiete. Hier können sie an den Felswänden sonnenbaden. Bei kühler Witterung ziehen sie sich in die Felsvorsprünge zurück und entgehen so dem Kältetod.

Hornschuppen schützen vor Austrocknung
Ein besonderes Merkmal der Geckos, das sie mit allen Reptilien teilen, ist ihre Körperbedeckung mit Hornschuppen. *Hornschuppen* bestehen aus toten verhornten Zellen. Dank dieses Schuppenkleids können Geckos sich der Sonne aussetzen, ohne auszutrocknen. Zugleich schützen die Hornschuppen vor Verletzungen. Das Schuppenkleid kann nicht mitwachsen. Es platzt in regelmäßigen Abständen auf und die Haut wird in Fetzen abgeworfen: Die Tiere *häuten* sich. Darunter kommt das neue Schuppenkleid zum Vorschein.
Alle Reptilien sind von Hornschuppen unterschiedlicher Form und Größe bedeckt. Außer am Kopf überlappen sie wie Dachziegel. Schildkröten besitzen besonders große Hornschuppen. Sie werden von

Hornschilden bedeckt, die mit dem Skelett verwachsen sind. Bei Krokodilen ragen die Hornschuppen als raue Hornhöcker auf, bei der Bartagame sind sie zu Stacheln umgewandelt. Ihren stachelbesetzten „Bart“ setzen die Männchen zum Imponieren und Drohen bei Revierkämpfen ein ▶ Bild 2. Mit

2 Bartagame

den aufgestellten Stacheln erscheinen sie dem Gegner größer, als sie tatsächlich sind. Die außergewöhnlichsten Hornschuppen besitzen die Klapperschlangen: Sie formen die Schwanzrassel, mit der die Schlangen bei Bedrohung Warnlaute erzeugen. Auch Geckos schützen sich vor Feinden. Wittern sie Gefahr, können sie an Wänden laufend die Flucht ergreifen. Entkommen sie nicht rechtzeitig, werfen sie ihren Schwanz ab und verwirren so ihren Gegner.

1. Erkläre den Begriff „wechselwarm“.
2. Vergleiche Kältestarre und Winterschlaf.
3. Erläutere, warum es keine „Eisgeckos“ in der arktische Region gibt.
4. Reptilien ziehen sich auch bei übermäßiger Hitze in Felsspalten zurück. Erkläre dieses Verhalten.
5. Eine verbreitete Annahme ist, dass die Haut der Reptilien glitschig sei. Nimm Stellung dazu.
6. Nenne Vor- und Nachteile der Reptilienhaut.
7. Erkläre, warum sich Reptilien häuten müssen.

Material Methode Praxis

Gleichwarme und wechselwarme Tiere

Körpertemperatur

In einem Versuch wurde die Körpertemperatur von Gecko und Reh in Abhängigkeit der Außentemperatur gemessen ▶ Bild 3. Leider sind die Messwerte von 0 °C bis 10 °C verschwunden.

8. Notiere die Körpertemperatur des Rehs und des Geckos, die du für Außentemperaturen von 0 °C bis 10 °C erwartest. Begründe.

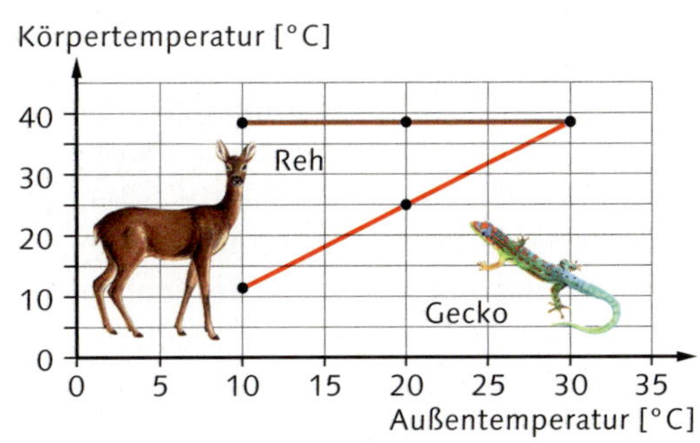

3 Körpertemperatur in Abhängigkeit der Außentemperatur

Nahrungsbedarf

Ein Hundebesitzer füttert seinen 20 kg schweren Hund täglich mit 400 g Fleisch. Erfahrene Schlangenbesitzer füttern ihre 20 kg schweren Tiere hingegen einmal wöchentlich mit einer 300 g schweren Ratte.

9. **A** Berechne den wöchentlichen Nahrungsbedarf des Hundes und vergleiche mit der benötigten Futtermenge der Schlange.
   B Erläutere das Ergebnis.

Reptilien sind Kriechtiere

090-1

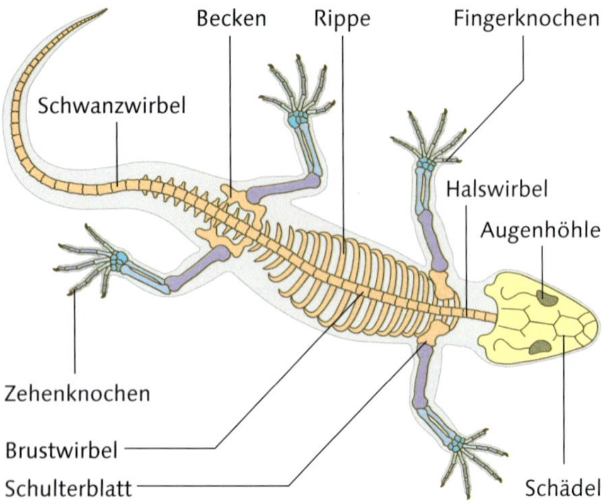

1 Skelett eines Geckos

Lebensraum Reptilien bewohnen unterschiedlichste Lebensräume. Die meisten Reptilien sind Bodenbewohner. Viele Schlangen leben auf Bäumen. Krokodile sind häufig im Wasser anzutreffen. Sie sind sehr gute Schwimmer. Im Wasser sind sie getarnt, weil sie vollständig bis auf Augen und Nasenlöcher untertauchen. Durch ihren jeweiligen Körperbau und ihre Verhaltensweisen sind Reptilien an verschiedene Lebensräume angepasst.

Körperbau und Fortbewegung Reptilien gehören aufgrund ihres Skeletts eindeutig zu den *Wirbeltieren*. Es besteht aus Schädel, Wirbelsäule, Rippen, Schulter- und Beckengürtel und, mit Ausnahme der Schlangen, Gliedmaßen. Die meisten Reptilien sind vierfüßig und haben fünf Zehen bzw. Finger mit Krallen. Sie besitzen vom Körper seitlich abgespreizte Beine. Der Großteil des Körpers liegt auf dem Erdboden auf. Hüft- und Schultergelenk sind nur wenig beweglich. Um sich fortzubewegen, müssen die Tiere ihren gesamten Körper wechselweise von links nach rechts und von rechts nach links wenden. Dadurch bringen sie gleichzeitig das linke Vorderbein und das rechte Hinterbein oder das rechte Vorderbein und das linke Hinterbein nach vorne ▶ Bild 2. Diese Fortbewegungsart verleiht den Reptilien (lat. *reptilis* = kriechen) ihren deutschen Namen Kriechtier.

2 Fortbewegung eines Geckos

Fortbewegung der Schlangen Schlangen besitzen weder Beine noch Schulter- und Beckenknochen. Ihr Bewegungsapparat besteht aus zahlreichen Wirbeln, beweglichen Rippenpaaren und kräftigen Muskeln. Die meisten Schlangen bewegen sich durch seitliches Schlängeln vorwärts. Dabei nutzen sie Unebenheiten wie Steinchen oder Wurzeln als Widerlager und drücken den Körper seitlich dagegen ▶ Bild 3a.
Bei manchen Schlangen wie den Boas werden die Rippenpaare einzeln nacheinander nach vorne bewegt. Zugleich richten sich die Bauchschuppen auf und verankern sich in den Unebenheiten des Untergrunds, die als Widerlager dienen. So kann sich der Körper nach vorne schieben ▶ Bild 3b.

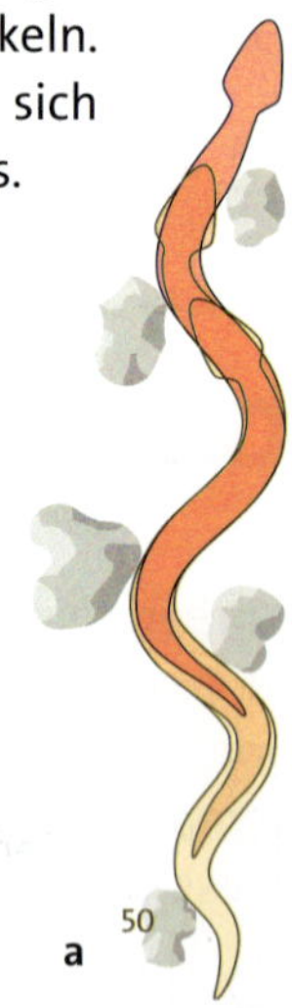
a

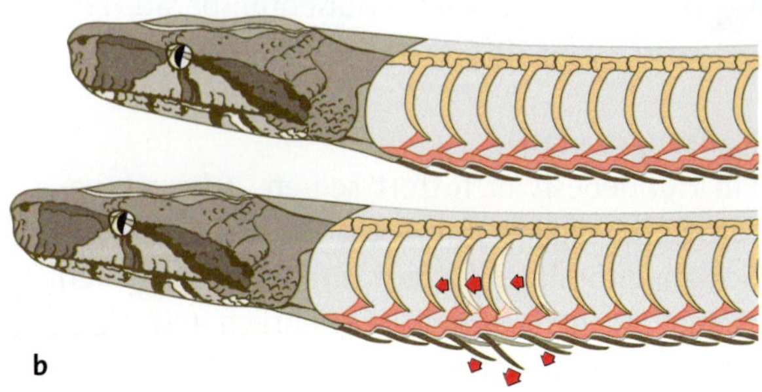
b

3 Schlängeln (a) und Kriechen (b) bei Schlangen

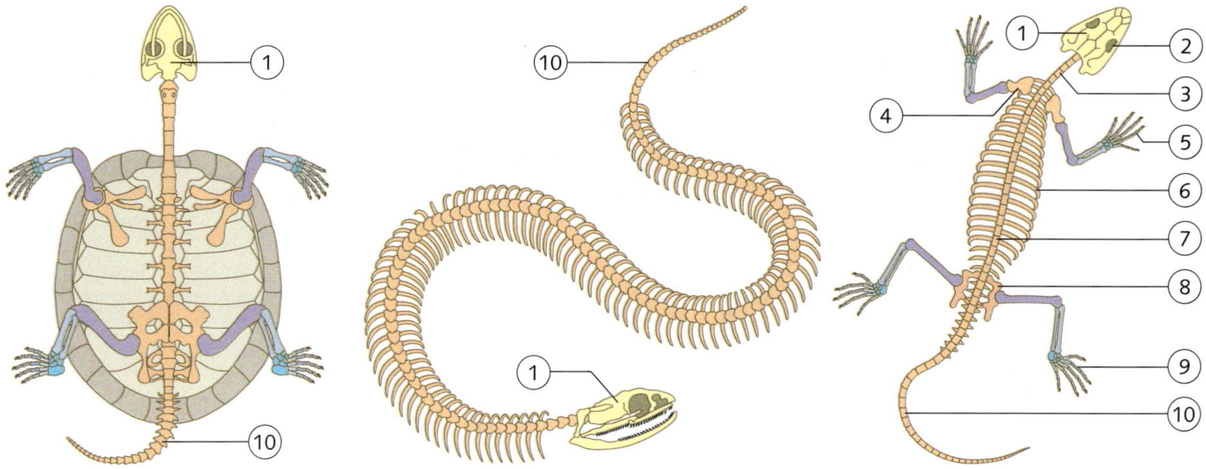

4 Skelette von Reptilien

Sinne der Reptilien Die meisten Reptilien besitzen im Gegensatz zu den Säugetieren keine Ohrmuscheln. Nur wenige Reptilien verständigen sich über Lautäußerungen, sodass das Gehör in ihrer Sinneswelt eine eher untergeordnete Rolle spielt. Die wichtigsten beiden Sinne sind der Seh- und der Geruchssinn. Für Geckos ist das Auge das wichtigste Sinnesorgan. Sie reagieren auf bewegte Objekte besser als auf unbewegte. Daher sind Beutetiere vor Geckos sicher, solange sie unbewegt sind.

Die meisten Reptilien verlassen sich bei der Beutesuche auf ihren Geruchssinn. Manche Reptilien *züngeln*, wobei sie ihre Zunge durch eine Lücke im sonst geschlossenen Maul wiederholt blitzschnell herausstrecken und einziehen ▶ Bild 5. Dabei sammeln sie Geruchsstoffe und führen sie einem höchst sensiblen Organ am Gaumen zu, dem Jacobson-Organ.

Den Krokodilen fehlt dieses Organ. Sie besitzen aber ein Sinnesorgan, mit dem sie Druckwellen unter Wasser wahrnehmen. So können sie die Entfernung ihrer Beutetiere einschätzen. Der Python verfügt wie einige andere Schlangen über ein Wärmesinnesorgan, das Grubenorgan. Mit diesem ist er in der Lage, die Körperwärme möglicher Beutetiere wahrzunehmen. So kann er Beute auch in völliger Finsternis orten oder versteckte Beutetiere auffinden.

1 Betrachte ▶ Bild 4.
- **A** Benenne die bezifferten Knochen.
- **B** Nenne Gemeinsamkeiten und Unterschiede.

2 Erläutere die Angepasstheit verschiedener Reptilien an ihren jeweiligen Lebensraum.

3 Beurteile folgende Aussagen:
- **A** „Schlangen laufen auf den Rippen."
- **B** „Der indische Schlangenbeschwörer lässt sein Tier zur Flötenmusik tanzen."

4 ▶ Bild 6a gibt die Wahrnehmung des Menschen und ▶ Bild 6b die Sicht des Pythons in der gleichen Situation wieder.
- **A** Beschreibe die beiden Bilder.
- **B** Erläutere die Unterschiede der Wahrnehmungen.
- **C** Nenne die Vorteile der Sinnesleistung des Pythons.

5 Züngelnde Schlange

6a

6b

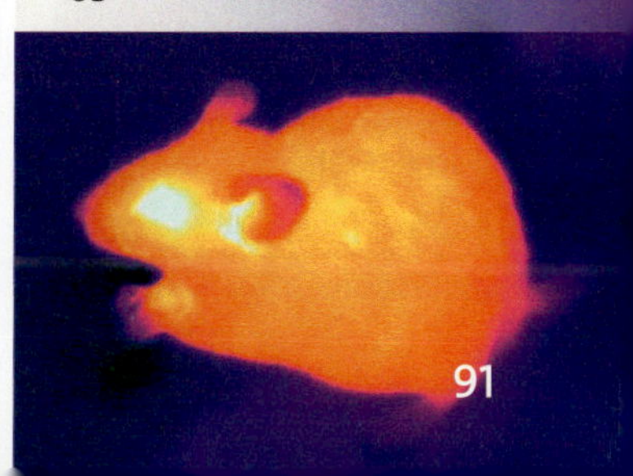

Angepasstheit der Schildkröten

092-1

1 Riesenschildkröte

2 Spaltenschildkröte

3 Lederschildkröte

	1 Riesenschildkröte	2 Spaltenschildkröte	3 Lederschildkröte
Lebensraum	Buschland (Seychellen)	Trockene Gebirge Ostafrikas	Offene Meere der Tropen
Körperlänge	150 cm	20 cm	bis zu 250 cm
Gewicht	250 kg	0,5 kg	bis 800 kg
Panzer	Starrer, schwerer Hornpanzer, eng anliegend	Flexibler Panzer, schmale Hornschilder mit großen Lücken	Stromlinienförmig, derbe Lederhaut als Panzer
Fortbewegung	Langsame, nicht ausdauernde Bewegung, schwimmunfähig	Kletterfähig	Ausdauernde Schwimmfähigkeit bei hoher Geschwindigkeit
Atmung	Muss bei Rückzug in den Panzer Luft aus den Lungen pressen	Beweglicher Panzer ermöglicht Ausdehnen der Lunge	Kann ohne Atmung lange unter Wasser bleiben
Abwehrverhalten	Passive Feindabwehr durch Einziehen des Kopfes in den Panzer unter lautem Zischen	Passive Feindabwehr durch Rückzug in eine Felsspalte	Passive Feindabwehr durch Abtauchen; Kopf und Beine nicht einziehbar

Der Panzer der Schildkröten

Der Panzer ist vermutlich das markanteste Merkmal der Schildkröten. Aber welche Bedeutung kommt ihm zu?

4a Fuß einer Landschildkröte

4b Fuß einer Wasserschildkröte

1. Vergleiche die Panzerformen der drei Schildkrötenarten anhand der ▶ Bilder 1–3 und der Textinformationen.
2. Erkläre die Vor- und Nachteile des Panzers in Bezug auf die Fortbewegung und Atmung.
3. Alle drei Schildkrötenarten gelten als friedfertig und zeigen sich nicht aggressiv. Erläutere ihre Feindabwehr.
4. Mitschüler behaupten, dass der Schildkrötenpanzer als Schutz dient. Nimm Stellung zu dieser Aussage.

Land- und Wasserschildkröten

5. Vergleiche den Fuß der Landschildkröte mit dem der Wasserschildkröte ▶ Bild 4.
6. Erläutere, wie die Struktur der Füße an ihre Funktion angepasst ist.

Die Fortpflanzung der Reptilien

Partnersuche und Paarung Die Männchen unserer heimischen Arten, wie auch das der Zauneidechse, begeben sich erst an wärmeren Tagen im Mai, lange nachdem sie ihr Winterquartier verlassen haben, auf die Suche nach einem paarungswilligen Weibchen. Sie finden ihren Geschlechtspartner anhand von chemischen Duftspuren. Bei der Zauneidechse unterscheiden sich die Geschlechter in der Färbung. Geschlechtsreife Männchen treten in einem kräftigen Grün auf. Die Weibchen sind bräunlich gefärbt ▶ Bild 1.

1 Zauneidechsenpärchen

Das Männchen verbeißt sich bei der Paarung in der Seite des Weibchens. Beim Geschlechtsakt umschlingt es das Weibchen und presst seine Geschlechtsöffnung auf die des Weibchens ▶ Bild 2. Die Befruchtung findet im Innern des Körpers statt.

2 Paarung zweier Zauneidechsen

Eiablage und Schlupf Die Eiablage erfolgt meist im Juni, vereinzelt auch noch im August an sandigen, sonnigen Plätzen. Das Weibchen gräbt kleine Löcher und setzt darin 5 bis 14 weichschalige Eier ab. Die weiche Schale ist kennzeichnend für alle Reptilieneier. Jedes Ei braucht Wärme. Bei Reptilien brütet nicht das Muttertier die Eier aus, sondern die Umgebungstemperatur sorgt für die Entwicklung der Embryonen im Ei. Mithilfe seines Eizahns durchbohrt das fertig entwickelte, selbstständige Jungtier das Ei und schlüpft ▶ Bild 3. Für manche Schlangen wie die Grubenotter ist die Partnersuche nur von kurzer Dauer. Sie überwintern mit ihren Artgenossen in Schlupflöchern und verlassen gemeinsam am Ende des Winters den frostsicheren Unterschlupf. In den Lebensräumen mit einheitlichem Klima pflanzen sich die Reptilien das ganze Jahr hindurch fort.

3 Schlüpfende Zauneidechsen

1. Erläutere, inwiefern die Partnersuche der heimischen Zauneidechse eine Angepasstheit an die hier herrschenden Temperaturen darstellt.
2. Erkläre, warum Reptilien ihre Eier nicht wie Vögel ausbrüten können.
3. Begründe, warum ein hiesiger Reptilienzüchter nicht ohne Brutkasten auskommt.

Zwischen Wasser und Land – Amphibien

094-1

1 Feuersalamander

Immer wieder wird der Feuersalamander fälschlicherweise zu den Reptilien gezählt. Im Gegensatz zu diesen besitzt er aber nur 4 Finger ▶ Bild 1. Viele weitere Merkmale weisen darauf hin, dass der Feuersalamander kein Reptil ist. Salamander gehören zusammen mit Molchen, Fröschen, Kröten und Unken zu den *Amphibien*, den *Lurchen*. Amphibien leben sowohl im Wasser als auch an Land. Ihr wissenschaftlicher Name lautet *Amphibia*. Er leitet sich von den griechischen Wörtern „*amphi*" und „*bios*" ab und bedeutet „beidseitig lebend". Amphibien sind durch ihren Körperbau und Stoffwechsel an das „Doppelleben" angepasst.

Lebensraum Feuersalamander bewohnen heimische Laubwälder mit Bächen. Sie bevorzugen schattige, kühle Plätze. Im Gegensatz zu den Reptilien setzen sie sich nicht der Sonne aus, sondern verlassen erst am Abend, sobald die Luftfeuchtigkeit etwas angestiegen ist, ihr feuchtes Versteck. Ihre Haut besitzt keine schützende Hornschicht. Sie ist von einer Schleimschicht überzogen, die stets feucht gehalten werden muss. Amphibien sind *Feuchtlufttiere* und wechselwarm. Bei kaltem Wetter sinkt ihre Körpertemperatur, ihr Blut kühlt ab und die Tiere verlieren ihre Beweglichkeit. Im Winter fallen sie in die Kältestarre.

Körperbau der Schwanzlurche Aufgrund der Unterschiede im Körperbau und den sich ergebenden Fortbewegungsweisen unterscheidet man *Frosch- und Schwanzlurche*. Der Körper der Schwanzlurche ist in Kopf, Rumpf, zwei Paar Gliedmaßen und einen Schwanz gegliedert ▶ Bild 2. Der Rumpf des Feuersalamanders ist gestreckt. Seine lange, bewegliche Wirbelsäule ermöglicht ihm Bewegungen der Vorder- und Hintergliedmaßen an Land ▶ Bild 4. Im Wasser dient alleine der Schwanz der Fortbewegung. Die Arme und Beine werden an den Körper herangezogen.

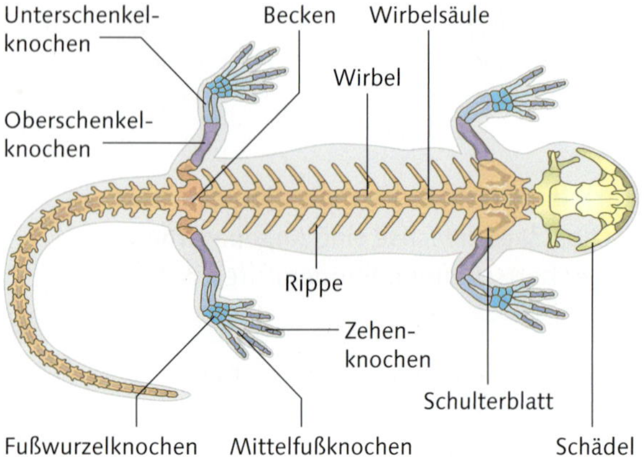

2 Skelett des Feuersalamanders

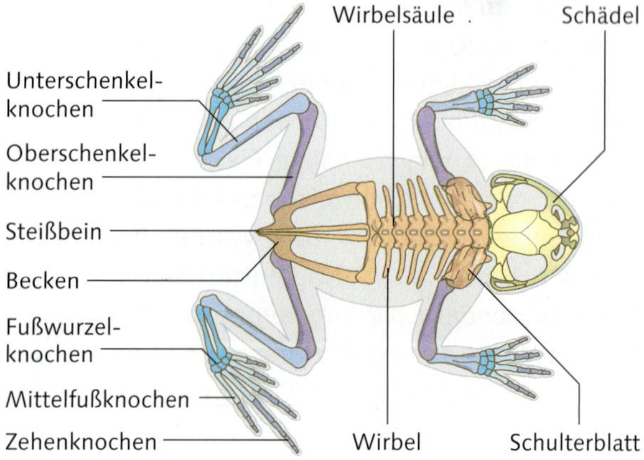

3 Skelett des Grasfroschs

4 Fortbewegung eines Feuersalamanders an Land (oben) und eines Froschlurchs im Wasser (unten)

Körperbau der Froschlurche Froschlurche besitzen als ausgewachsene Tiere keinen Schwanz. Ihre hinteren Gliedmaßen sind bedeutend länger als die vorderen. Die langen Beine ermöglichen ihnen weite Sprünge bis zu 1 m. Die Vordergliedmaßen sind vor allem bei der Landung belastet. Durch die Verwachsung von Elle und Speiche besitzen Froschlurche ein stabiles Stützelement ▶ Bild 3. Im Wasser schwimmen sie mit kräftigen Bewegungen der Hinterbeine ▶ Bild 4. Beim Schwimmen spannen sich die Schwimmhäute zwischen den 5 Zehen und verdrängen dabei viel Wasser. Die Arme werden an den Körper angelegt, um den Widerstand zu verringern.

5 Beutefang eines Frosches

Nahrung und Nahrungserwerb Amphibien ernähren sich hauptsächlich von Insekten. Für den Beutefang ist entscheidend, dass sie die sich bewegende Beute schnell erkennen. Frösche haben eine besondere Fangtechnik: Sie fangen Insekten mit ihrer spezialisierten Zunge. Diese ist vorn im breiten Maul angewachsenen und klebrig. Beim Fang schnellt die Zunge blitzartig hinaus und klappt über die Beute. Diese wird durch das klebrige Sekret und das Einfalten der Zunge festgehalten, zurückgezogen und unzerkaut verschluckt. Um die Nahrung in die Speiseröhre zu schieben, ziehen Amphibien die Augäpfel ein ▶ Bild 5. Unter Wasser schnappen sie mit ihrem Maul nach Kleinkrebsen und Insektenlarven.

1 Erläutere, wie Amphibien sowohl an das Land als auch ans Wasser angepasst sind.

2 Erkläre den Begriff Feuchtlufttier.

3 Vergleiche Frosch- und Schwanzlurche anhand der ▶ Bilder 2 und 3.

4 Nenne Merkmale, die zeigen, dass der Feuersalamander kein Reptil ist.

5 **A** Ordne Feuersalamander, Erdkröte, Grasfrosch und Gelbbauchunke den Schwanz- oder Froschlurchen zu. Nutze dazu auch die Bilder auf den nachfolgenden Seiten.
B Begründe deine Zuordnung.
C Erweitere deine Liste um zwei weitere Beispiele.

6 Erläutere die Struktur der Froschzunge. Nutze dazu ▶ Bild 5.

Wie Amphibien atmen

Ausgewachsene Amphibien atmen mit Lungen und über die Haut. Unter Wasser können sie nicht mit Lungen atmen, sondern nur über die Haut. Über die feinen Blutgefäße in ihrer dünnen, schleimigen Haut nehmen sie Sauerstoff aus dem Wasser direkt ins Blut auf. Der Sauerstoff gelangt durch die Haut über die Blutbahn zu den einzelnen Organen, beispielsweise den Muskeln. Diese Form der Atmung nennt man *Hautatmung*. An Land nehmen Amphibien Sauerstoff zusätzlich über ihre Lungen auf. Diese Form der Atmung bezeichnet man als *Lungenatmung*. Beim Einatmen füllt sich das Maul mit Luft. Danach werden Maul und Nasenlöcher geschlossen und die sauerstoffreiche Luft wird in die Lunge gedrückt. Manche Amphibien haben glatte, faltenlose Lungenwände. Die Lungenwände anderer Amphibien sind leicht gefaltet. Dadurch ist die innere Oberfläche vergrößert und es kann mehr Sauerstoff ausgetauscht werden ▶ Bild 1.

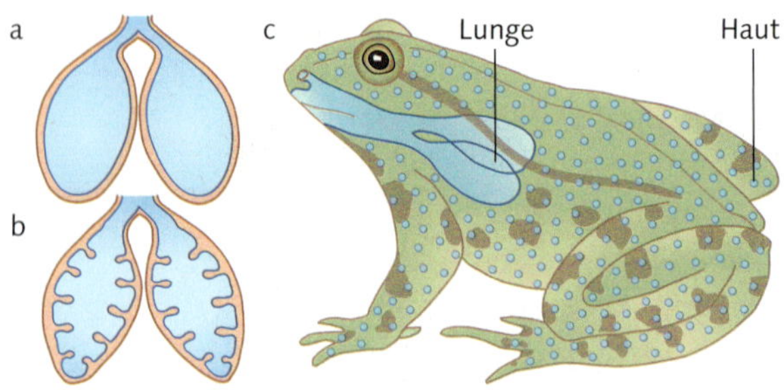

1 **a** Lunge des Feuersalamanders; **b** Lunge der Erdkröte; **c** Lage der Lunge bei Froschlurchen

2 Erdkröte

Material Methode Praxis

Die Atmung der Amphibien

Erwachsene Amphibien atmen auf zwei unterschiedliche Arten: mit den Lungen und über die Haut.

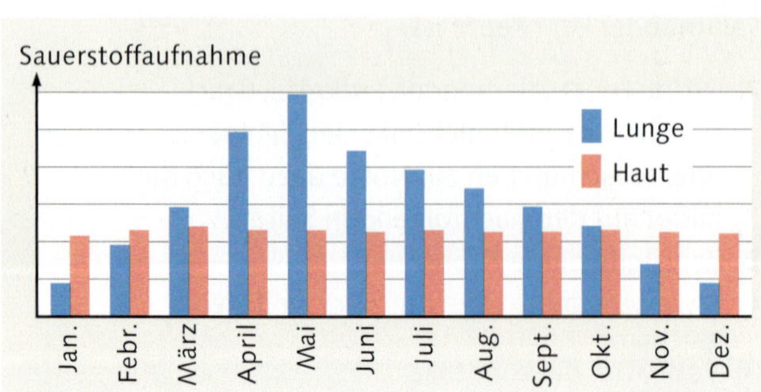

3 Sauerstoffaufnahme eines Frosches

1 **A** Beschreibe das Säulendiagramm ▶ Bild 3.
B Deute die Messergebnisse.

2 **A** Werte die Tabelle aus ▶ Bild 4.
B Erläutere die Messwerte im Zusammenhang mit dem Bau der Lungen ▶ Bild 1.

4 Sauerstoffaufnahme bei Erdkröte und Feuersalamander

Sauerstoffaufnahme	Erdkröte	Feuersalamander
durch die Lunge	3/4	1/2
durch die Haut	1/4	1/2

Die Haut der Amphibien

Die dünne, feuchte Haut der Amphibien ermöglicht ihnen die Atmung und Wasseraufnahme über die Körperoberfläche. Amphibien können sich schleimig anfühlen. Manche besitzen auffällige Farben. Einige sind sogar giftig. All diese Merkmale hängen mit dem Aufbau der Amphibienhaut zusammen. Man unterteilt sie in Oberhaut, Lederhaut und Unterhaut ▶ Bild 5.

Die Amphibienhaut ist die drüsenreichste Haut im ganzen Tierreich. Die Oberhaut verfügt über Schleimdrüsen. Sie produzieren Schleim, der als Schleimschicht die Haut überzieht. Andere Drüsen produzieren Gift. Bei manchen Arten ist dies ein Schutz vor Fressfeinden. Bei den meisten unserer einheimischen Amphibien dient das giftige Sekret jedoch nur dem Schutz vor Infektionen. Die empfindliche Amphibienhaut wird sonst leicht von Krankheitserregern befallen. Spezielle Zellen mit Farbstoffen geben der Haut ihre Farbe.

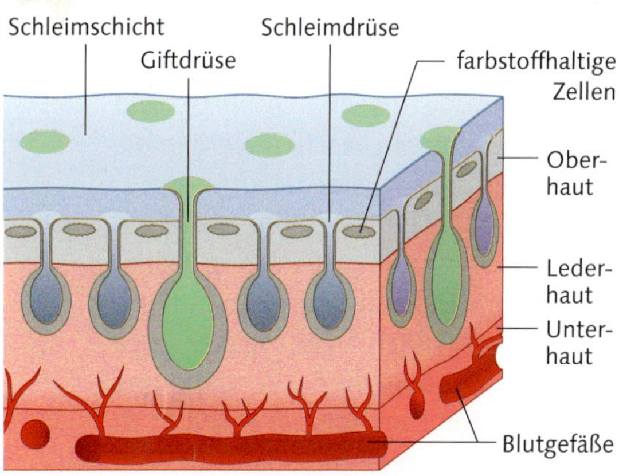

5 Aufbau der Amphibienhaut

6 Gelbbauchunke

7 Wechselkröte

8 Moorfrösche bei der Paarung

1 Die Haut verschiedener Amphibien unterscheidet sich im Aussehen.

A Beschreibe die Unterschiede der Amphibienhaut anhand der ▶ Bilder 6–8. Erläutere diese.

B Nenne mithilfe des Textes weitere Aufgaben der Haut.

C Nenne die Hautbestandteile und erläutere deren Funktion ▶ Bild 5.

2 Charakterisiere Lebensbedingungen, die für Amphibien aufgrund ihrer Haut lebensfeindlich sind.

3 Begründe, ob es sinnvoll ist, sich nach dem Anfassen von Kröten und Unken die Hände zu waschen.

Die Entwicklung der Amphibien

Fortpflanzung des Feuersalamanders Die Paarung der Feuersalamander findet an Land, im Zeitraum von Juli bis Oktober, statt. Hierbei nimmt das Weibchen das Spermienpaket des Männchens auf. Anders als bei fast allen anderen einheimischen Amphibien findet beim Feuersalamander eine innere Befruchtung statt. Nach 10 Monaten bringt das Weibchen die Jungen in einem Waldbach zur Welt. Salamander sind *lebend gebärend*.

Fortpflanzung der Froschlurche Die Fortpflanzung der Froschlurche findet ausschließlich im Wasser statt. Sie suchen dazu ihr *Laichgewässer* auf, das Gewässer, in dem sie aufgewachsen sind. Während das Männchen das Weibchen umklammert, wird beim Weibchen die Eiablage ausgelöst. Die schalenlosen, gallertartigen Eier werden als *Laich bezeichnet*. Die bis zu 3000 Erdkröteneier reihen sich zu teils 50 cm langen Schnüren auf. Das Froschweibchen legt den Laich hingegen als Ballen an flachen Stellen im Wasser ab ▶ Bild 1. Dann stößt das Männchen seine Spermienflüssigkeit darüber aus. Da die Spermien außerhalb des Körpers in die Eizelle eindringen, spricht man hier von einer *äußeren Befruchtung*.

Entwicklung der Froschlurche Nach zwei Wochen schlüpfen die etwa 6 mm langen *Larven* aus der schützenden Eihülle. Sie zehren zunächst vom Eidottervorrat. Wenn

1 Laichschnüre der Erdkröte

2 Laichballen des Grasfrosches

dieser nach wenigen Tagen aufgebraucht ist, werden sie *Kaulquappen* genannt ▶ Bild 3a. Diese unterscheiden sich immer noch deutlich von den erwachsenen Tieren: Sie bewegen sich mithilfe ihres Ruderschwanzes frei unter Wasser fort und ernähren sich von Schwebeteilchen. Kaulquappen sind an das Leben im Wasser gebunden. Sie atmen mit *Kiemen*, das sind stark durchblutete Atmungsorgane. Liegen diese in Form von büschelartigen Auswüchsen an den Seiten des Kopfes, bezeichnet man sie als *Außenkiemen*. Erst nach etwa 3 weiteren Wochen werden die Außenkiemen durch eine Hautfalte bedeckt ▶ Bild 3b. Es entstehen *Innenkiemen*. An der rundlichen Mundöffnung bildet sich eine Hornleiste, der Raspelmund, mit dem sie ausschließlich Algen weiden. Etwa 5 Wochen später beginnt die Verwandlung der Kaulquappen zum *Jungtier* ▶ Bild 3c. Es bilden sich die Hinterbeine, später werden die Vorderbeine sichtbar. Die Jungfrösche atmen nicht mehr mit Kiemen, sondern

3 Metamorphose beim Grasfrosch

mit Lungen. Der Übergang vom Wasser- zum Landleben ist ihnen damit ermöglicht ▶ Bild 3d. Auch der Verdauungstrakt wandelt sich. Ab jetzt fressen sie nur noch tierische Nahrung. Der Schwanz bildet sich zurück, Augenlider werden sichtbar, eine Zunge wächst und das Maul verbreitert sich. Die Umwandlung der Larve zum erwachsenen, geschlechtsreifen Tier ist nach 70 Tagen abgeschlossen. Diesen Gestaltwandel nennt man *Metamorphose*.

1 Zeichne einen Zeitstrahl. Trage hier die Entwicklung eines Grasfroschs vom 1. bis 70. Tag ein.

2 Beschreibe Angepasstheiten von Kaulquappe und Frosch an ihren Lebensraum. Berücksichtige Atmung, Ernährung und Fortpflanzung.

3 Erkläre die Begriffe äußere Befruchtung, Metamorphose und Kaulquappe.

4 Nenne die Besonderheit in der Entwicklung des Feuersalamanders.

Überlebensstrategien

Das Überleben des Nachwuchses ist eine Voraussetzung für den Fortbestand von Tieren. Der Nachwuchs von Amphibien lebt gefährlich. Einige Amphibien haben besondere Strategien, um den Gefahren zu entkommen.

5 **A** Vergleiche die Anzahl der Eier von Geburtshelferkröte (▶ Bild 4) und Grasfrosch (Text unten).
B Erläutere die Strategie der Geburtshelferkröte, die es ermöglicht, dass ausreichend fortpflanzungsfähige Tiere überdauern.

6 **A** Berechne mithilfe des Textes, wie viele erwachsene Grasfrösche zur Paarungszeit im 3. Frühjahr an ihrem Geburtsgewässer eintreffen.
B Nenne die Gefahren der Frösche während ihrer Entwicklung.
C Erläutere die Überlebensstrategie der Grasfrösche.

7 Nenne den Zusammenhang zwischen der Anzahl gelegter Eier und dem betriebenen Aufwand der Eltern nach der Eiablage.

Geburtshelferkröte

Fortpflanzung:
2–4 Laichschnüre mit jeweils etwa 20 Eiern
Männchen wickelt die Laichschnüre bei der Paarung um die Hinterbeine und trägt sie bis zum Schlüpfen der Larven. Dann werden die Kaulquappen ins Wasser abgesetzt.

4 Auszug aus einem Steckbrief

3500	Eier legt ein Grasfroschweibchen.
200	Eier werden nicht befruchtet.
500	Eier erfrieren bei einem plötzlichen Kälteeinbruch.
600	Eier werden von Teichmolchen und Enten gefressen. Die übrigen Eier entwickeln sich zu Kaulquappen.
1200	Kaulquappen werden von Fischen, Enten oder räuberischen Wasserinsekten gefressen. Die übrigen Kaulquappen entwickeln sich zu Jungfröschen.
300	Jungfrösche werden von erwachsenen Fröschen, Krähen und anderen Feinden gefressen.
500	erwachsene Frösche sterben in den ersten 2 Lebensjahren aufgrund der überall lauernden Gefahren.

Amphibien brauchen unseren Schutz

Frühjahrswanderung Amphibien leben sowohl am Wasser als auch an Land. So auch Erdkröten. Sie wechseln ihren Lebensraum im Jahresverlauf: Erdkröten verbringen den Winter in frostsicheren Verstecken. Erst mit steigenden Temperaturen kommen sie aus den Erdlöchern der Laubmischwälder und machen sich auf den Weg zu ihrem Laichgewässer. Auf der Frühjahrswanderung legen sie zusammen mit vielen anderen Erdkröten bis zu 3 km zurück. Die Männchen warten in einigem Abstand zum Laichgewässer auf den umgebenden Wiesen schon auf die Weibchen. Treffen sie aufeinander, so setzt sich das kleinere Männchen auf das Weibchen und lässt sich zum Laichgewässer tragen. Hier paaren sie sich. Einige Tage verbringen die Tiere im Boden vergraben in der Nähe des Laichgewässers. Nach einer Ruhepause wandern die Tiere getrennt zu ihrem Sommerquartier in den Wäldern ▶ Bild 2.

Hochzeitsreise im Eimer? Erdkröten sind auf ihrer Wanderung vielen Gefahren ausgesetzt. Die größte Gefahr stellen die zu überquerenden Straßen dar. Diese durchschneiden oft die Lebensräume der Amphibien. Nahezu die Hälfte aller Kröten wird bei ihrer Wanderung von Fahrzeugen getötet. Krötenwarnschilder sollen Autofahrer auf die Tiere aufmerksam machen. Manchmal werden Straßen für den Zeitraum der Krötenwanderung gesperrt. Woanders errichten Naturschützer Folienzäune ▶ Bild 1. Diese können die Kröten nicht überwinden. Sie fallen in die Eimer, die am Zaun vergraben wurden. Mehrmals täglich tragen freiwillige Helfer die Kröten in den Eimern auf die andere Straßenseite, wo die Tiere ihre Wanderung fortsetzen können.

1 Schüler helfen beim Amphibienschutz.

2 Lebensräume der Erdkröte im Jahresgang

Weitere Gefahren Jährlich verhungern unzählige Kröten und andere Lurche in Straßengullys und in Lichtschächten von Häusern. Darüber hinaus wird vielen Amphibien ihr Laichplatz genommen, weil Gewässer trockengelegt werden.

1 **A** Beschreibe anhand von ▶ Bild 2 und des Textes das Leben der Erdkröte im Jahresgang.
B Erläutere die Bedeutung der Frühjahrswanderung.
C Begründe, warum nicht alle Kröten an ihr Laichgewässer zurückkehren.

2 Gestalte ein Verkehrsschild, das Autofahrer auf die Krötenwanderung aufmerksam macht.

3 Informiere dich über Naturschutzorganisationen in deiner Region. Nenne deren Aktivitäten im Bereich Amphibienschutz.

Reptilien sind gefährdet

Sumpfschildkröte und Kreuzotter Die Europäische Sumpfschildkröte ist in Deutschland vom Aussterben bedroht ▶ Bild 3. Ihr Lebensraum sind stehende und langsam fließende Gewässer. Um Baugebiete zu gewinnen, wurden viele solcher Feuchtgebiete trockengelegt. Dies zerstörte den Lebensraum und die Eiablageplätze der Schildkröten. Da Reptilien nur geringe Entfernungen überwinden können, ist ihnen ein Ausweichen auf andere Gebiete nicht möglich.
Auch die Kreuzotter ist in Deutschland stark gefährdet ▶ Bild 4. Aufforstungen von Waldlichtungen führen zum Verlust von Freiflächen in unseren Wäldern, die die Kreuzotter für ihr Sonnenbad nutzt. Darüber hinaus wird die Kreuzotter oftmals getötet, da der Mensch ihr Gift grundlos fürchtet. Ein Biss der Kreuzotter ist für den Menschen aber in der Regel nicht tödlich.

Rote Liste Alle 13 heimischen Reptilien zählen zu den gefährdeten Tierarten Deutschlands und stehen auf der *Roten Liste* ▶ Bild 5. In ihr werden alle gefährdeten Tier- und Pflanzenarten Deutschlands geführt. Dazu wird der Grad ihrer Gefährdung genannt. Die Rote Liste wird ständig aktualisiert und anschließend veröffentlicht.

3 und 4 Europäische Sumpfschildkröte (oben) und Kreuzotter (unten)

Gefahren für Exoten Für exotische Reptilien stellt neben der Zerstörung ihrer natürlichen Lebensräume auch der Handel eine große Gefahr dar: Touristen bringen beispielsweise Reptilienhäute in Form von Handtaschen als Souvenir aus den Ferien mit. Andere schmuggeln sogar lebende Tiere nach Deutschland.

Blindschleiche	*
Zauneidechse	V
Westliche Smaragdeidechse	2
Östliche Smaragdeidechse	1
Schlingnatter	3
Ringelnatter	V
Würfelnatter	1
Aspisviper	1
Kreuzotter	2
Äskulapnatter	2
Europäische Sumpfschildkröte	1
Mauereidechse	V
Waldeidechse	*

Legende: 0 – ausgestorben; 1 – vom Aussterben bedroht; 2 – stark gefährdet; 3 – gefährdet; V – Vorwarnliste; * – ungefährdet

5 Reptilienarten der Roten Liste der Kriechtiere Deutschlands

1 Beschreibe die Ursachen der Gefährdung von Reptilien.

2 **A** Informiere dich über den Lebensraum der ersten 5 in der Tabelle genannten Reptilien ▶ Bild 5. Notiere die Informationen.
B Erstelle einen Steckbrief zu einer dieser Arten.
C Erläutere, warum diese in Deutschland gefährdet ist.
D Leite sinnvolle Maßnahmen zum Schutz dieser Tiere ab.

3 Nenne Möglichkeiten, wie du dich im Reptilienschutz aktiv einbringen kannst.

Fische – Wirbeltiere im Wasser

102-1

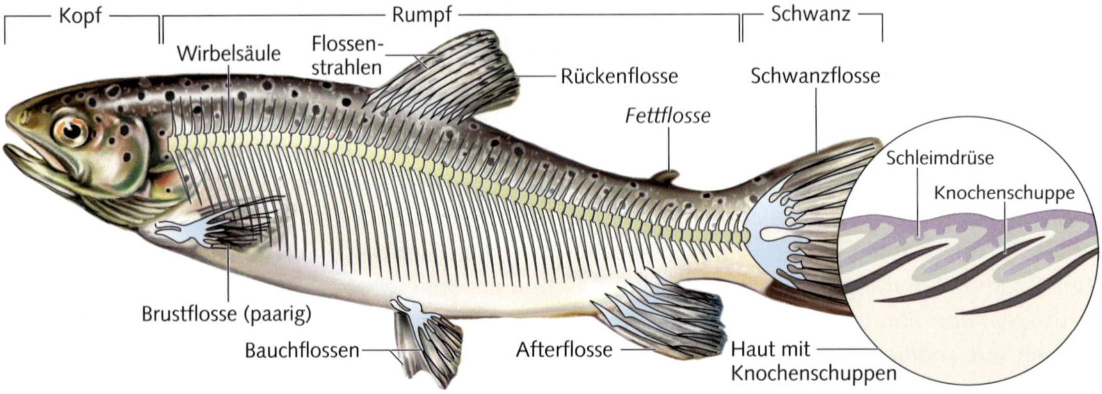

1 Körperbau einer Forelle

Körperbau Äußerst vielgestaltige Fische leben – meist vor unseren Augen verborgen – in den Gewässern der Erde. Erst ein Blick in ein Aquarium offenbart uns ihren Formenreichtum und ihre Vielfalt ▶Bild 2. Trotz des unterschiedlichen Aussehens besitzen alle Fische einen gemeinsamen Grundbauplan ▶Bild 1. Den Körper der Fische teilt man in Kopf, Rumpf und Schwanz ein. Am Ende des Rumpfes läuft der Fischkörper schmal zu: Fische sind stromlinienförmig gebaut. *Stromlinienformen* lassen das Wasser besonders gut am Fischkörper vorbeiströmen. Der Widerstand des Wassers ist so verringert.

Die jeweilige Form des Rumpfes steht in engem Zusammenhang mit der Lebensweise des Fisches. Spezialisten für blitzartiges Beschleunigen, wie zum Beispiel der Hecht, besitzen einen pfeilförmigen Rumpf ▶Bild 3. Fische, die in langsam fließenden Gewässern beheimatet sind, sind hochrückig und seitlich stark abgeflacht, zum Beispiel der Brachsen. Bodenbewohner wie die Scholle haben einen scheibenförmigen Körper. Abhängig vom Lebensraum und von der Lebensweise findet man viele weitere außergewöhnliche Fischformen. Selbst das Seepferdchen und der schlangenförmige Aal sind Fische.

2 Fischvielfalt im Aquarium

Haut Charakteristisch für Fische sind die Schuppen. Das sind dünne Knochenplättchen, die den Fischkörper dachziegelartig bedecken ▶Bild 1. Über den *Knochenschuppen* liegt eine drüsenreiche Haut, die Schleim absondert. Dieser bildet eine Schicht, die den Fisch vor Krankheiten und Verletzungen schützt. Zugleich erleichtert er die Bewegung im Wasser.

Skelett Wie alle Wirbeltiere besitzen Fische ein inneres Skelett mit Wirbelsäule und Rippen. Sie haben keine Gliedmaßen. Als Körperanhänge besitzen Fische *Flossen*. Die Flossen bestehen aus den *Flossenstrahlen*. Dies sind feine bewegliche Knochenstäbe, zwischen denen die weiche Flossenhaut gespannt ist. Flossen werden nach der Lage am Körper benannt ▶Bild 1.

Fortbewegung Durch ein Hin- und Herwenden der Schwanzflosse drückt sich der Fisch im Wasser ab und bewegt sich schlängelnd vorwärts. Manche Fische nutzen ihre paarig vorhandenen Brust- und Bauchflossen zur Fortbewegung. Diese dienen aber überwiegend der Steuerung. Die Rücken- und Afterflosse halten den Fisch im Gleichgewicht. Fische können, auch ohne Bewegung der Flossen, in einer bestimmten Wassertiefe stehen bleiben. Dies gelingt ihnen mithilfe eines gasgefüllten Hohlorgans, der *Schwimmblase*. Ihr Volumen wird durch verschieden starke Füllung verändert. Ist die Schwimmblase prall gefüllt, treibt der Fisch aufwärts. Enthält sie nur wenig des Gasgemisches, sinkt der Fisch.

3 Körperformen von Fischen

1 **A** Beschreibe die Körpermerkmale der Fische.
B Bestimmte Körpermerkmale machen den Fisch zum guten Schwimmer. Erläutere deren Funktion.

2 Bodenfische wie die Schollen besitzen keine Schwimmblase. Erläutere.

Modellversuch zur Körperform

103-1

Fische können sich problemlos durch das Wasser bewegen. Es lässt sich vermuten, dass dies mit ihrer besonderen Körperform zusammenhängt. Im Grundwissentext hast du gelesen, dass diese besonders strömungsgünstig ist. Weise dies in einem Modellversuch nach.

Material: Knetmasse, Zahnstocher und ein Waschbecken mit fließendem Wasser

3 Erstelle ein Versuchsprotokoll. Formuliere zunächst die Forschungsfrage.

4 Vergleiche die Knetformen mit der Körperform der abgebildeten Tiere ▶ Bild 4.

4 Wasserbewohner: Seelöwe und Delfin (Säugetiere), Pinguin (Vogel), Makrele (Fisch)

Atmen und Orientieren unter Wasser

Ein gut trainierter Schwimmer schafft es, 50 m weit zu tauchen. Für längere Tauchgänge benötigt der Mensch ein Atemgerät, das ihn mit Atemluft versorgt.

Aufbau der Kiemen Fische dagegen leben fortwährend unter Wasser. Sie atmen mithilfe ihrer *Kiemen*. Dieses Atmungsorgan befindet sich am Kopf unter dem Kiemendeckel ▶ Bild 1. Es besteht auf jeder Seite aus 4 Kiemenbögen. Das sind halbrunde knöcherne Spangen, an denen die Kiemenreusen ansetzen. Die Kiemenreusen sind zahnartige Fortsätze, die in den hinteren Raum der Mundhöhle ragen. Diesen Bereich nennt man Kiemenhöhle.

Atmung Beim Atmen fließt das Atemwasser durch das geöffnete Maul in die Mundhöhle und wird nach dem Schließen des Mauls durch die Kiemen in die Kiemenhöhle gepresst. Gleichzeitig öffnen sich die Kiemendeckel und das Wasser strömt nach außen.
Im Wasser enthaltene Schmutzpartikel bleiben an den spitzen Kiemenreusen hän-

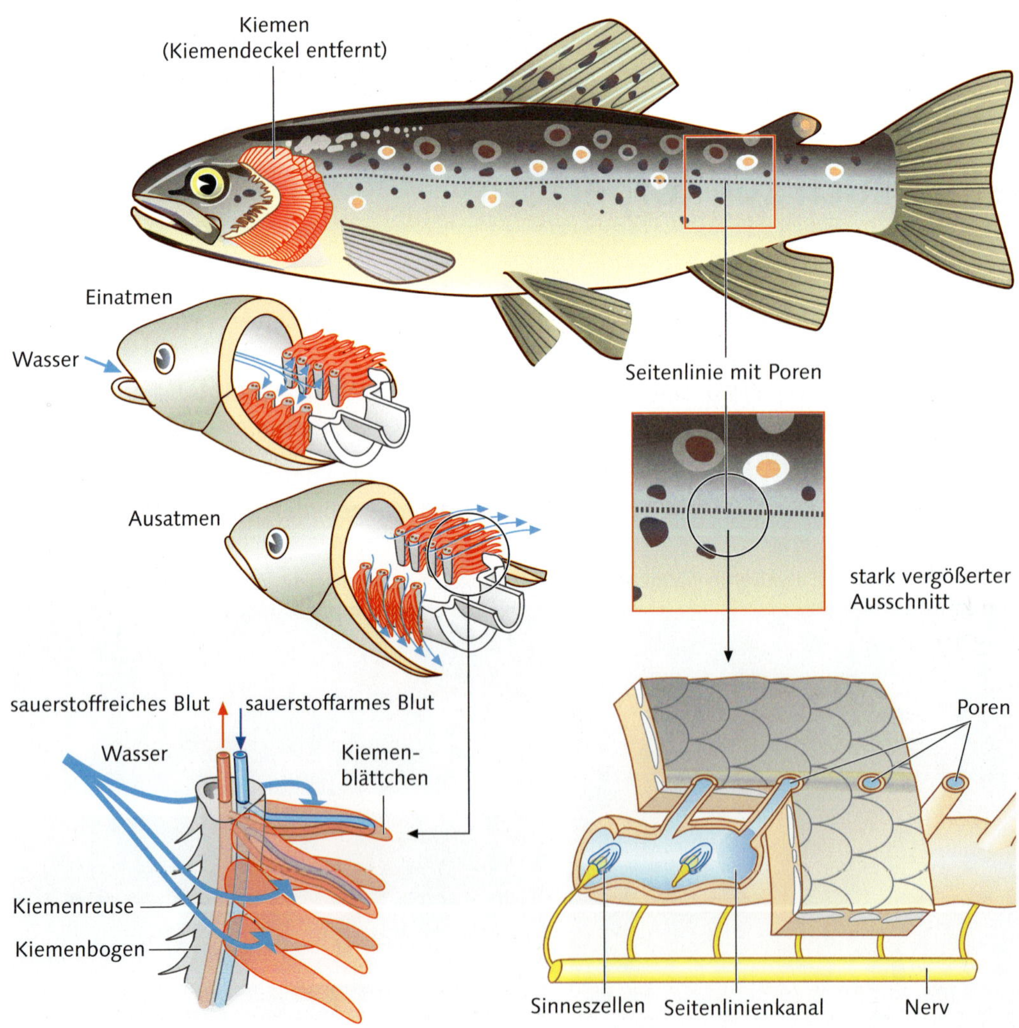

1 Kiemen und Seitenlinienorgan einer Forelle

gen. Die empfindlichen Kiemenblättchen werden so geschützt. Die Kiemenblättchen sind hauchdünn und von Blut durchströmt. Sie sitzen dicht beieinander auf dem Kiemenbogen. Alle Kiemenblättchen zusammen bilden so eine große Oberfläche. Je größer die Oberfläche einer biologischen Struktur ist, desto mehr Stoffe können an ihr ausgetauscht werden.

Die Kiemenblättchen werden vom Atemwasser umströmt. Dabei tritt der Sauerstoff aus dem Wasser über die Oberfläche der Kiemenblättchen schließlich in die Blutgefäße über. Von dort gelangt der Sauerstoff über die Blutbahn zu den Muskeln und Organen.

Im Wasser ist deutlich weniger Sauerstoff gelöst als in der Luft. Damit der Fisch genügend Sauerstoff erhält, müssen die Kiemen ständig von Wasser umströmt sein.

2 Fischschwarm

Sinnesorgane Betrachtet man einen Fisch genau, erkennt man an beiden Seiten von der Kopfregion bis zur Schwanzspitze eine punktierte Linie ▶ Bild 1. Die Punkte sind kleine Öffnungen feiner Kanäle, die unter die Schuppen führen. Die Kanäle sind mit kleinen Sinneshärchen bestückt, die sich durch einströmendes Wasser bewegen. In ihrer Gesamtheit bezeichnet man diese Strukturen als *Seitenlinienorgan*. Der Fisch kann mit ihm Druckschwankungen im Wasser wahrnehmen, die durch ein Beutetier oder ein Hindernis erzeugt werden. Außerdem kann er Bewegungen von Feinden orten. Dies ist ihm auch in vollkommener Dunkelheit möglich.

Fische orientieren sich auch über den Geruch. Ihr guter Geruchssinn warnt sie vor Gefahren. Über den Geruch erkennen Fische ihre Artgenossen. Auch die Futtersuche erfolgt mithilfe ihres Geruchssinns. Besonders ausgeprägt ist er bei solchen Fischen, die im Lauf ihres Lebens weite Wanderungen zu ihren Laichgewässern zurücklegen, wie Lachse und Aale.

Auch wenn bei ihnen keine Ohren sichtbar sind, so besitzen Fische doch einen Gehörsinn. Dieser sitzt geschützt in der Schädelhöhle. Mit diesem Sinn nehmen Fische den Schall im Wasser wahr. Wasser leitet den Schall besser als Luft.

Das Sehvermögen von Fischen ist je nach Art sehr unterschiedlich ausgeprägt. Goldfische sehen beispielsweise besser als Menschen und können sogar UV-Licht erkennen. Dies hilft ihnen insbesondere bei der Nahrungssuche. So können sie kleinste Wasserflöhe gegen die Wasseroberfläche erkennen. Die meisten Fische sind kurzsichtig. Sie können aber alle Farben sehen.

1. Beschreibe den Weg des Sauerstoffs vom Wasser in die Blutbahn des Fisches.
2. Fische ersticken nach kurzer Zeit, wenn man sie aus dem Wasser nimmt. Erkläre.
3. Der Sauerstoffgehalt im Wasser sinkt bei steigender Temperatur. Erläutere die Gefahr für Fische nach lang anhaltender Hitze im Hochsommer.
4. Fische können im Schwarm schwimmen, ohne den Fischnachbarn „anzurempeln" oder zu verlieren ▶ Bild 2. Erkläre.

Sezieren

106-1

Das Sezieren ist eine Untersuchungsmethode, die uns einen Einblick in das Innere eines Tiers ermöglicht. Fische eignen sich besonders gut zum Sezieren.

Vorbereitung:

- Lege alle Materialien an deinem Arbeitsplatz bereit.
- Halte deinen Arbeitsplatz sauber.
- Beim Sezieren arbeiten wir mit scharfen Werkzeugen. Daher ist beim Arbeiten höchste Vorsicht geboten!
- Reinige alle gebrauchten Materialien nach der Präparation.
- Sammle alle Reste und Rückstände separat nach Anweisung deiner Lehrerin oder deines Lehrers.

Material: Schere, Pinzette, Lupe, Präparierwanne, Präpariernadel, Stecknadeln, Küchenpapier

Durchführung:

1. Wasche den Fisch sorgfältig und trockne ihn mit Küchenpapier ab.
2. Lege den Fisch in die Präparierwanne mit dem Kopf nach links. Betrachte den Fisch von außen. Bewege die Flossen und hebe den Kiemendeckel an.
3. Zeichne die Umrisse des Fisches in dein Heft.

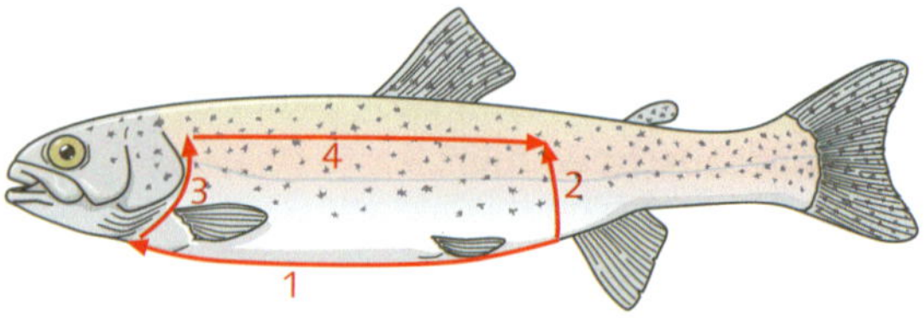

2 So wird der Fisch aufgeschnitten.

4. Öffne nun vorsichtig den Fisch an der Bauchseite, indem du mit der Schere einen langen Schnitt von der Afterflosse zur Brustflosse machst ▶ Bild 2. Klappe die aufgeschnittene Körperbedeckung zur Seite.
5. Fixiere den geöffneten Fisch mit Stecknadeln auf der Schale.
6. Benenne und zeichne die Organe mithilfe von ▶ Bild 1.
7. Schiebe die Organe mit der Pinzette vorsichtig zur Seite. Lege die Schwimmblase frei. Zeichne ihre Lage in deine Skizze ein.
8. Hebe den Kiemendeckel mit der Pinzette an und schneide ihn mit der Schere ab. Betrachte die darunterliegenden Kiemen mit der Lupe.
9. Beschreibe den Aufbau der Kiemen. Zähle die Kiemenbögen.

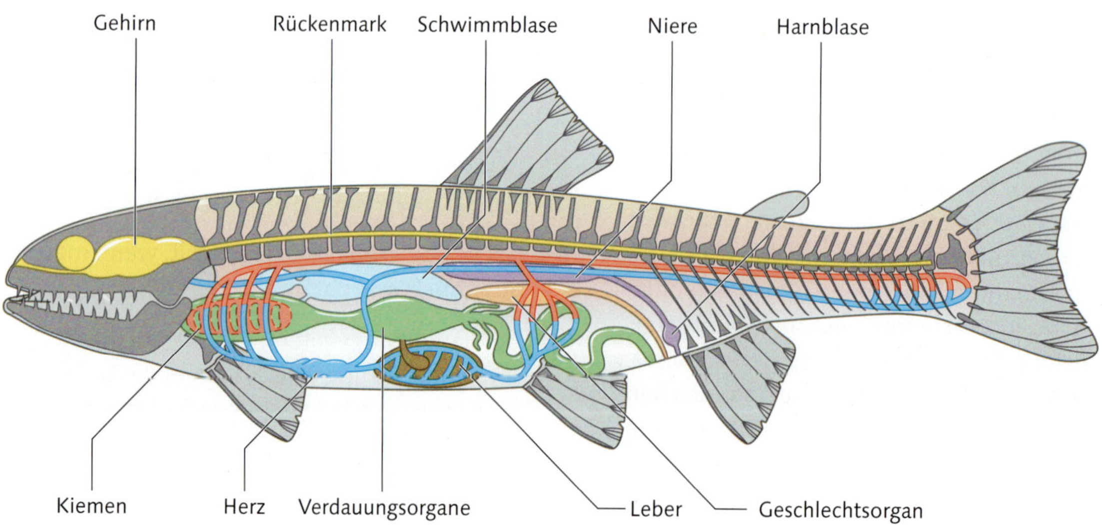

1 Innere Organe einer Forelle

Fortpflanzung der Bachforelle

Im Winter wandern die fortpflanzungsfähigen Bachforellen stromaufwärts zu ihren Laichplätzen. In der Nähe der Quelle ist das Flusswasser kühl und sauerstoffreich. Zu diesem Zeitpunkt sind die Eierstöcke der Weibchen mit Eiern gefüllt. Das Weibchen schlägt, indem es sich auf die Seite dreht, mit Schwanz und Körper 1 bis 4 Mulden in den kiesigen Untergrund, die Laichgruben. Hier findet die Befruchtung statt: Das Weibchen legt ungefähr 2000 erbsengroße Eier, den Laich, ab. Sobald es die ersten Eier abgelegt hat, gibt das Männchen seine Spermienflüssigkeit über den Laich in das Wasser ab. Im Frühjahr schlüpfen die Fischlarven aus den Eiern. Nachdem der Nährstoffvorrat ihres Dottersacks aufgebraucht ist, verlassen die Jungfische die Laichgrube.

3 Forelleneier im Kies

1 Begründe, ob bei den Forellen eine innere oder äußere Befruchtung stattfindet.

2 Nenne mindestens drei Unterschiede zwischen der Fortpflanzung von Fischen und der von Vögeln.

3 Erläutere die Vorteile der Eiablage bei der Forelle anhand von ▶Bild 3.

Material Methode Praxis

Bis(s) zum letzten Fisch

107-1

Die Fischbestände in den Weltmeeren werden immer kleiner. Unter anderem ist der Nordseefisch Kabeljau, der in der Ostsee als Dorsch bezeichnet wird, stark bedroht.

EILMELDUNG

Biologen schlagen Alarm!

Der Kabeljau ist bedroht. Wie können wir den Kabeljau schützen?

Der Kabeljaubestand in den Weltmeeren geht zurück. Noch nie war die Anzahl dieser Fische so gering, sagen Wissenschaftler. Gestern einigten sich die Minister der wichtigsten Fischfangländer überraschend auf einen gemeinsamen Rettungsplan ...

4 Führt ein Rollenspiel durch. Eure Aufgabe dabei ist es, einen Rettungsplan für den Kabeljau auszuarbeiten.

Rollen: Fischer, Chefin eines Tiefkühlkostkonzerns (Fischstäbchen), Fischkäuferin, Koch eines Fischrestaurants, Umweltschützer, Biologin

1. Teilt euch in 6 Gruppen auf. Jeder Gruppe ist 1 Rolle zugewiesen.
2. Formuliert eure Interessen.
3. Arbeitet einen kurzen Vortrag aus, in dem ihr eure Interessen vorstellt.
4. Alle Gruppen präsentieren.
5. Diskutiert mit den anderen Gruppen.
6. Arbeitet einen Rettungsplan für den Kabeljau aus, mit dem alle einverstanden sind.

Menschen schaffen und verändern Lebensräume

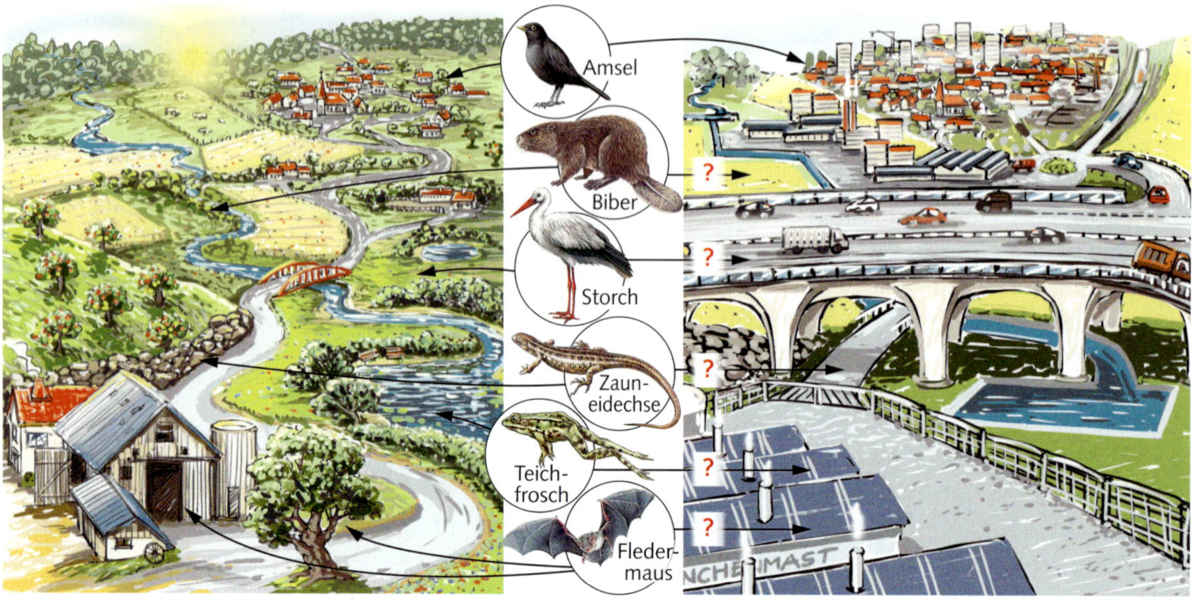

1 Landschaft mit vielfältigen Lebensräumen

2 Stark veränderte Landschaft

Lebensräume Tiere brauchen Lebensräume, in denen sie Nahrung finden, sich verstecken und sich fortpflanzen können. Ursprünglich war Deutschland überwiegend von Wald bedeckt. Vor mehr als 10 000 Jahren, als die Menschen sesshaft wurden, begannen sie, die Landschaft zu verändern. Zahllose Bäume wurden gefällt, um Holz für den Hausbau zu gewinnen, aber auch um Weidegrund für das Vieh zu erhalten. Nach und nach veränderte sich die Landschaft. Wiesen und Weiden, Kornfelder, Heidelandschaften, Hecken und Streuobstwiesen sind so entstanden. Sie beherbergen zahlreiche Tiere ▶ Bild 1.

Verlust von Lebensräumen Heute setzt sich der Landschaftswandel weiter fort. Aufgrund der Bevölkerungszunahme sind die Kulturlandschaften inzwischen durch sehr große Felder geprägt. Auf den landwirtschaftlichen Nutzflächen werden häufig Unkrautvernichtungsmittel und Dünger eingesetzt, um den Ertrag zu erhöhen. Durch diese Eingriffe des Menschen werden die Lebensgrundlagen zahlreicher Tierarten beeinflusst. Durch den Bau von Wohnsiedlungen, Gewerbegebieten und Industrieanlagen, Straßen und Autobahnen rücken die Menschen immer weiter in die unbebaute Landschaft vor: Für ihre Bedürfnisse überbauen sie Grünflächen, legen Flussläufe trocken oder begradigen diese, entwässern Wiesen und Weiden. Folglich gibt es immer weniger naturbelassene Flächen ▶ Bild 2. Lebensgrundlagen und Rückzugsbereiche für heimische Tiere schwinden. Ihre Lebensräume werden zerstört. Mit dem Verlust an Lebensräumen geht auch ein Artensterben einher.

1 **A** Beschreibe ▶ Bild 1.
B Erläutere, wie die abgebildeten Tiere die Lebensräume nutzen.

2 Vergleiche ▶ Bild 2 mit ▶ Bild 1. Begründe, warum manche Tiere in der veränderten Landschaft keine Lebensräume finden.

Tiere und Pflanzen brauchen Schutz

Naturschutz ist Artenschutz Der Eingriff des Menschen in die Natur durch landwirtschaftliche Nutzung und Bebauung führt zu einem Verlust an Lebensräumen. Viele Pflanzen und Tiere sind in ihrem Bestand gefährdet oder sterben sogar aus. Um Pflanzen und Tiere zu schützen, arbeiten Menschen daher zum Beispiel in Naturschutzorganisationen mit.

Auch Gesetze regeln den Umgang des Menschen mit der Natur. So sind durch das Naturschutzgesetz viele Pflanzen und Tiere geschützt.

Schutzgebiete Man hat Schutzgebiete geschaffen, in denen strenge Schutzbestimmungen herrschen:

Naturschutzgebiete sind gekennzeichnet ▶ Bild 3. Es ist geregelt, was auf diesem Gebiet erlaubt und was verboten ist. Um beispielsweise eine Heidelandschaft zu erhalten, sind Pflegemaßnahmen, wie die Beweidung durch Schafe, nötig. Hunde müssen ganzjährig angeleint sein, um wild lebende Tiere in ihrem natürlichen Umfeld nicht zu stören.

In Niedersachsen gibt es rund 770 Naturschutzgebiete; sie machen 5 Prozent der Fläche des Landes Niedersachsen aus.

In einem *Nationalpark* gelten die strengsten Regeln. Sie sollen die letzten Reste unberührter Wildnis erhalten und dürfen in ihren Kerngebieten weder betreten noch genutzt werden. In Niedersachsen gibt es zwei Nationalparks: den Nationalpark Niedersächsisches Wattenmeer und den Nationalpark Harz.

3 So sind Naturschutzgebiete gekennzeichnet.

Erfolgsgeschichte Fischotter Der Fischotter gehörte Mitte des 20. Jahrhunderts zu den stark gefährdeten Tierarten in Deutschland, da er einerseits stark bejagt und andererseits sein Lebensraum durch menschliche Eingriffe zerstört wurde. Naturschützer forderten, den Fischotter unter Schutz zu stellen. Schließlich wurde die Jagd auf den Fischotter verboten.

4 Fischotter

Zuerst erholte sich der Bestand nicht. Erst als auch der Lebensraum des Fischotters wiederhergestellt wurde, konnten sich erneut Tiere ansiedeln. Dies gelang zum Beispiel, indem man Flüsse wieder in ihren natürlichen Zustand versetzte. Die Wiederansiedlung des Fischotters gilt als Beispiel für einen gelungenen Naturschutz.

1. Nenne die beiden Nationalparks in Niedersachsen.
2. Erkläre den Unterschied zwischen einem Nationalpark und einem Naturschutzgebiet.
3. Beschreibe mithilfe eines Tierlexikons, wie der Lebensraum des Fischotters beschaffen ist.
4. Erkläre, warum das Jagdverbot auf Fischotter alleine nicht ausreichte, um seinen Bestand wieder zu vergrößern.

Zusammenfassung

Variabilität und Angepasstheit

Die verschiedenen Gruppen der Wirbeltiere zeigen in ihren Körpermerkmalen und in ihrem Verhalten Angepasstheiten an ihre Lebensweise. Fische und wasserlebende Säugetiere sind durch ihren stromlinienförmigen Körperbau an die schwimmende Fortbewegung im Wasser angepasst. Bei Vögeln und Fledermäusen ist das Armskelett dagegen zu Flügeln umgebildet. Die gleichwarmen Säugetiere und Vögel tragen ein Fell bzw. Federkleid, das vor Wärmeverlusten schützt. Im Winter tragen die Säugetiere ein besonderes Winterfell. Der Körper von Reptilien ist dagegen mit Schuppen bedeckt. Die Tiere sind so vor Austrocknung und Verletzungen geschützt. Diese Zusammenhänge werden im Basiskonzept *Variabilität und Angepasstheit* zusammengefasst.

Struktur und Funktion

Die Haut von Amphibien ist dünn, feucht und gut durchblutet. Amphibien können mithilfe der Hautatmung aus der Luft oder dem Wasser Sauerstoff aufnehmen. Der Bau der Haut ist also an die Aufgabe Hautatmung angepasst. Die Finger der Maulwürfe tragen lange Grabkrallen aus Horn und sind mit Häuten zu einer geschlossenen Handfläche verbunden. Das Sichelbein dient als „sechster Finger". Die Hände sind also durch ihre große Grabfläche perfekt an ihre Aufgabe angepasst. Diese Zusammenhänge beschreibt das Basiskonzept *Struktur und Funktion.*

1 Maulwurf

Steuerung und Regelung

Gleichwarme Tiere können durch Regelungsvorgänge ihre Körpertemperatur unabhängig von der Außentemperatur konstant halten, obwohl sie über die Körperoberfläche ständig Wärme abgeben. Eine besondere Form der Regelung ist der Winterschlaf. Winterschläfer senken ihre Körpertemperatur und zehren während des Winterschlafs von ihren Fettreserven. Zugvögel finden sich im Spätsommer in Schwärmen zusammen und verlassen ihre Brutheimat Richtung Süden. Das Basiskonzept *Steuerung und Regelung* beschreibt solche Zusammenhänge.

2 Zugvögel

Stoff- und Energieumwandlung

Gleichwarme Tiere wandeln die Energie, die sie über die Nahrung aufnehmen, zum Teil in Wärmeenergie um. So können sie ihre Körpertemperatur im Unterschied zu wechselwarmen Tieren wie Fischen, Amphibien und Reptilien konstant halten und sind unabhängig von der Außentemperatur beweglich. Dies wiederum ist die Voraussetzung dafür, dass sie auf Nahrungssuche gehen können. Auf solche Vorgänge bezieht sich das Basiskonzept *Stoff- und Energieumwandlung.*

Fortpflanzung

Alle Wirbeltiere pflanzen sich geschlechtlich fort. Das heißt, dass Ei- und Spermienzelle bei der Befruchtung miteinander verschmelzen. Dies beschreibt das Basiskonzept *Fortpflanzung (Reproduktion).*

Teste dich!

3 Alpenmurmeltiere

1 Alpenmurmeltiere leben meist in Familienverbänden oberhalb von 1500 Metern Höhe in den Alpen. Sie sind pflanzenfressende Säugetiere, die die kalte Jahreszeit eng aneinandergeschmiegt in einem ausgepolsterten Bau verbringen, den sie in die Erde gegraben haben.

A Beschreibe das Diagramm.

B Deute das Diagramm.

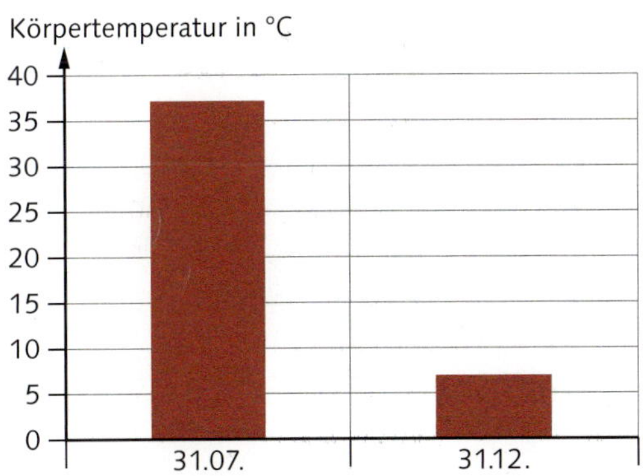

4 Diagramm zur Körpertemperatur des Murmeltiers

C Erläutere die Überlebensstrategie der Murmeltiere. Unter einer Überlebensstrategie versteht man die Angepasstheiten von Lebewesen an ungünstige Umweltbedingungen.

2 Erkläre, weshalb Säugetiere, die Winterruhe halten, zusätzliche Nahrungsvorräte benötigen, Winterschläfer dagegen nicht.

3 Meisen und Schwalben ernähren sich vor allem von Insekten, die im Winter kaum zu finden sind. Stelle begründete Vermutungen dazu auf, wie diese Vögel dem Nahrungsmangel im Winter begegnen können.

4 Vergleiche Vögel und Säugetiere. Nenne Gemeinsamkeiten und Unterschiede.

5 In der Tabelle sind Messwerte angegeben, die die Körpertemperatur eines Eichhörnchens und einer Zauneidechse bei unterschiedlichen Außentemperaturen wiedergeben ▶ Bild 5.

5 Körpertemperatur von Eichhörnchen und Zauneidechse

Umgebungstemperatur	Körpertemp. Eichhörnchen	Körpertemp. Zauneidechse
26 °C	37 °C	26 °C
15 °C	37 °C	15 °C
4 °C	37 °C	4 °C
0 °C	37 °C	0 °C

A Stelle die Werte aus der Tabelle in einem vollständig beschrifteten Liniendiagramm dar.

B Ordne die Tiere begründet der Gruppe der gleich- bzw. wechselwarmen Tiere zu.

6 Erkläre, warum das Winterfell warm hält. Überlege dazu, wie die Struktur des Winterfells mit seiner Funktion zusammenhängt.

7 Fische und Amphibien legen ihre Eier im Wasser ab, Vögel und Reptilien pflanzen sich an Land fort. Beschreibe die Angepasstheiten, die Vögeln und Reptilien eine Fortpflanzung an Land ermöglichen.

▶ Die Lösungen zu den Aufgaben findest du im Anhang.

Verwandtschaft der Wirbeltiere

Vor über 500 Millionen Jahren traten die ersten Lebewesen mit einer Wirbelsäule in Erscheinung. Diese Tiere lebten in den Meeren. Im Laufe der Zeit entwickelte sich aus diesen einfachen ersten Wirbeltieren die Vielfalt der heutigen Wirbeltiergruppen. Über Hunderte von Millionen Jahren sind an ihren jeweiligen Lebensraum perfekt angepasste Arten entstanden.
Diese verschiedenen Arten stammen von der Gruppe der ersten Wirbeltiere ab. Sie alle sind also miteinander verwandt.

Wirbeltiergruppen im Vergleich

Wirbeltiere Alle Wirbeltiere besitzen als gemeinsames Merkmal eine Wirbelsäule. Sie werden deshalb zu einer Gruppe zusammengefasst. Diese Gruppe der Wirbeltiere wird in die Untergruppen Fische, Amphibien, Reptilien, Säugetiere und Vögel eingeteilt, die jeweils gemeinsame Merkmale haben.

Fische Der größte Lebensraum der Erde ist das Wasser. Hier lebt die artenreichste Wirbeltiergruppe, die Fische. Die Fortbewegung der Fische erfolgt mit Flossen. Sie atmen mit Kiemen. Ihre Körperoberfläche wird von einer schleimbedeckten Hautschicht gebildet, die aus dachziegelartig überlappenden Schuppen aufgebaut ist. Fische sind wechselwarm, ihre Körpertemperatur entspricht der Temperatur des Wassers, in dem sie leben.

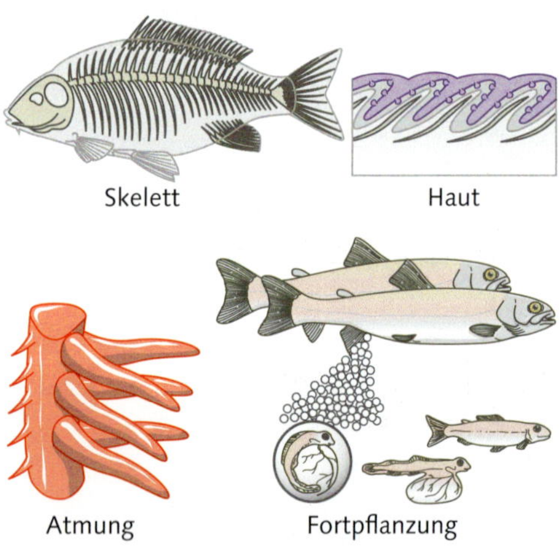

1 Einige Merkmale der Fische

Das innen liegende Skelett aus Schädel, Wirbelsäule, Rippen und den Flossenstrahlen stützt den Fischkörper.
Die Befruchtung der Eizellen des Weibchens durch die Spermienzellen des Männchens erfolgt außerhalb des Körpers. Die vollständige Entwicklung von der Larve zum erwachsenen Tier findet im Wasser statt.

Amphibien Mit ihren vier Gliedmaßen bewegen sich die wechselwarmen Amphibien sowohl im Wasser als auch auf dem Land fort. Die Gliedmaßen sind über den Schultergürtel und das Becken mit der Wirbelsäule verbunden. Amphibien atmen mit Lungen. Viele Amphibien nehmen zusätzlich Sauerstoff über die Haut auf. Diese ist feucht und schleimbedeckt. Ohne hinreichende Feuchtigkeit können Amphibien nicht überleben. Daher kommen sie in trockenen Lebensräumen nicht vor.

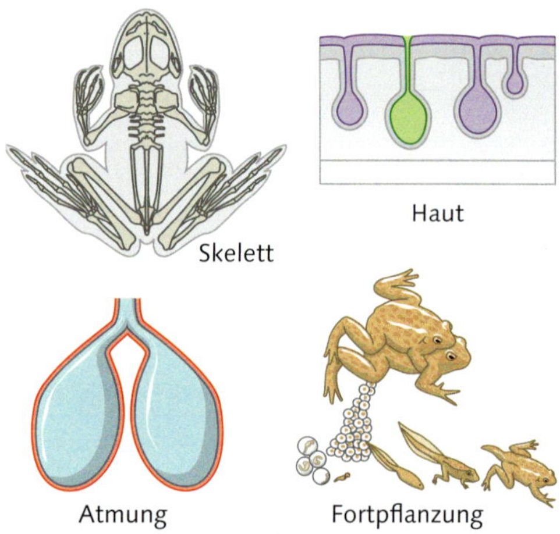

2 Einige Merkmale der Amphibien

Amphibien pflanzen sich im Wasser fort. Die Eier werden außerhalb des Körpers befruchtet. Amphibienlarven atmen durch Kiemen und bewegen sich schwimmend mittels eines Ruderschwanzes fort. Während der Metamorphose erfolgt die Entwicklung zum erwachsenen Tier.

Reptilien Die wechselwarmen Reptilien bewegen sich mit ihren vier Gliedmaßen an Land fort. Bei einigen Arten, insbesondere den Schlangen, sind die Gliedmaßen zurückgebildet. Die trockene Haut der Reptilien ist von Hornschuppen bedeckt. Reptilien atmen mit Lungen. Die Befruchtung erfolgt im Körper des Weibchens. Die Weibchen vergraben die von einer ledrigen Hülle

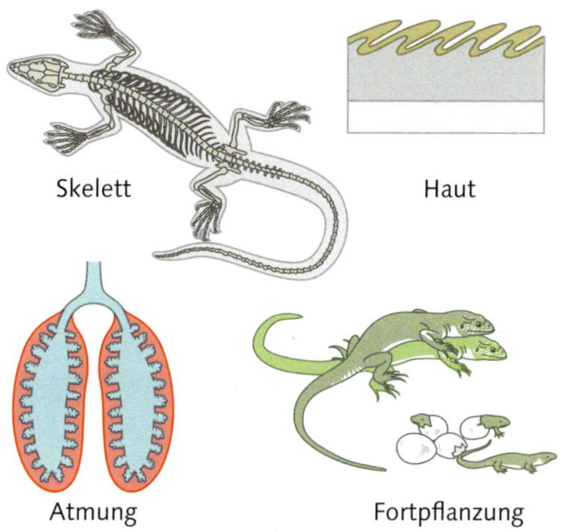

3 Einige Merkmale der Reptilien

ummantelten Eier in der Regel im Boden. Einige Reptilienarten gebären lebende Junge.

Vögel Der Körper der gleichwarmen Vögel ist von einem isolierenden Federkleid umgeben. Die zu Flügeln umgebildeten Vordergliedmaßen erlauben es den meisten Vogelarten, die Luft als Lebensraum zu nutzen. Vögel atmen mit Lungen, die bei den flugfähigen Arten durch Luftsäcke vergrößert sind.

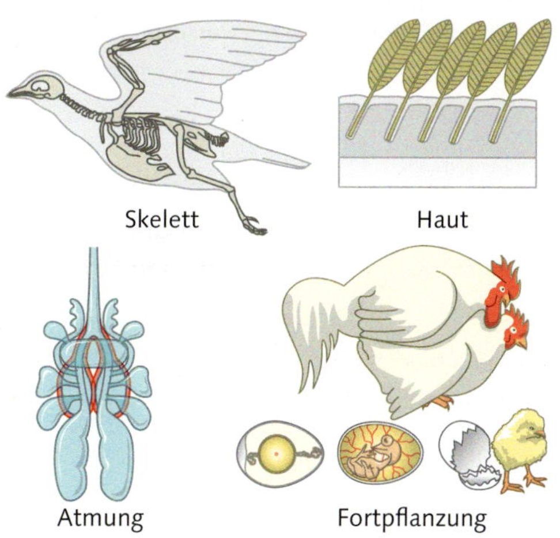

4 Einige Merkmale der Vögel

Es findet eine innere Befruchtung statt. Die Mehrzahl der Vogelarten brütet die durch eine feste Kalkschale geschützten Eier aus. Meist findet eine intensive Brutpflege statt.

Säugetiere Die Körperoberfläche vieler Säugetierarten ist von einem wärmenden und schützenden Haarkleid bedeckt. Ihre Körpertemperatur ist weitgehend unabhängig von der Umgebungstemperatur. Säugetiere sind gleichwarm. Mit ihren vier Gliedmaßen bewegen sich die landlebenden Säugetiere auf vielfältige Weise fort. Einige Säugetierarten leben im Wasser. Bei ihnen sind die Gliedmaßen zu Flossen umgebildet. Säugetiere atmen ausschließlich mit Lungen. Die Befruchtung der Eizelle erfolgt im weiblichen Körper. Die Entwicklung der Jungtiere findet bei der Mehrzahl der Säugetierarten im Körper des Weibchens statt. Alle Säugetiere versorgen ihre Jungen mit Milch.

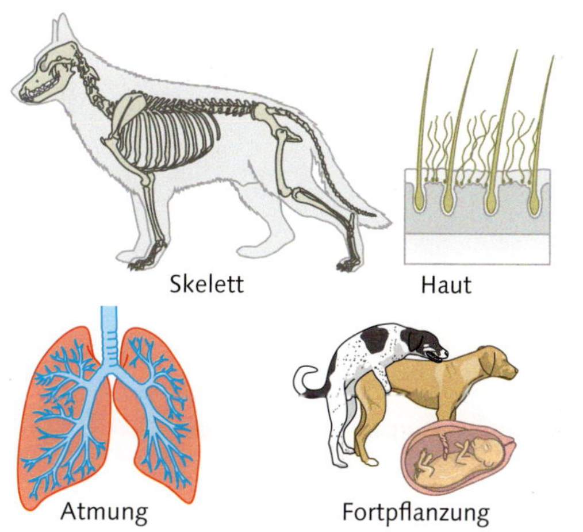

5 Einige Merkmale der Säugetiere

1 Erstellt ein Informationsplakat, auf dem die Merkmale der verschiedenen Wirbeltiergruppen vergleichend dargestellt sind.

2 Die Lungenfische (► Bild 6) besitzen neben den Kiemen auch Lungen. Über eine Schwimmblase verfügen sie hingegen nicht. Lungenfische atmen Sauerstoff aus der Luft. Sie können ertrinken, da die Kiemen als Atmungsorgane allein nicht ausreichen. Überprüfe die Zugehörigkeit der Lungenfische zu einer Wirbeltiergruppe.

6 Eine Lungenfischart

Die Blutkreisläufe der Wirbeltiere

116-1

Alle Wirbeltiere haben einen geschlossenen Blutkreislauf. Das Blut fließt in röhrenähnlichen Blutgefäßen durch den Körper und erreicht somit alle Organe des Lebewesens. Das Herz pumpt das Blut durch den Körper.
Es werden zwei Arten von Blutgefäßen unterschieden: die dickwandigen Arterien, in denen das Blut vom Herzen weg gepumpt wird, und die Venen, in denen das Blut zum Herzen hin fließt. Eine der Hauptaufgaben des Blutes ist der Transport von Sauerstoff zu jeder Zelle des Körpers. Der Sauerstoff wird in den entsprechenden Atmungsorganen – Lungen oder Kiemen – aus der Umgebung aufgenommen. Das Blut transportiert neben Sauerstoff auch Nährstoffe und Abfallstoffe.

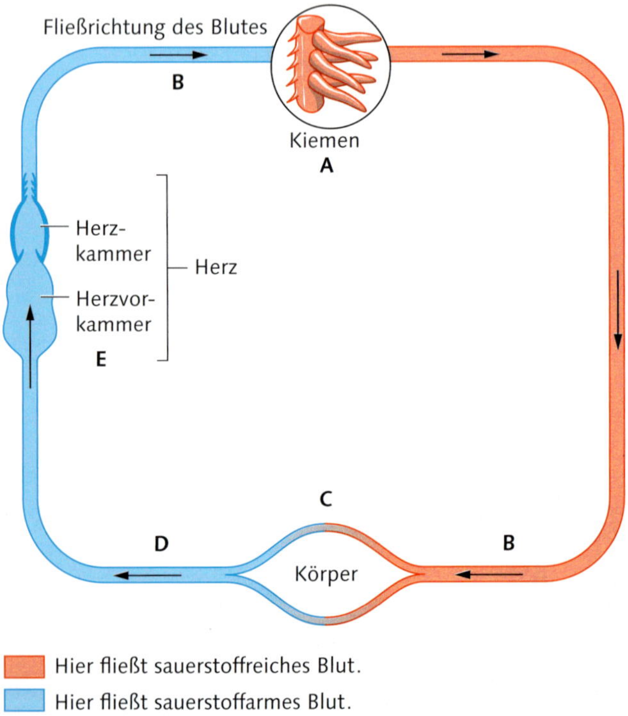

1 Blutkreislauf der Fische

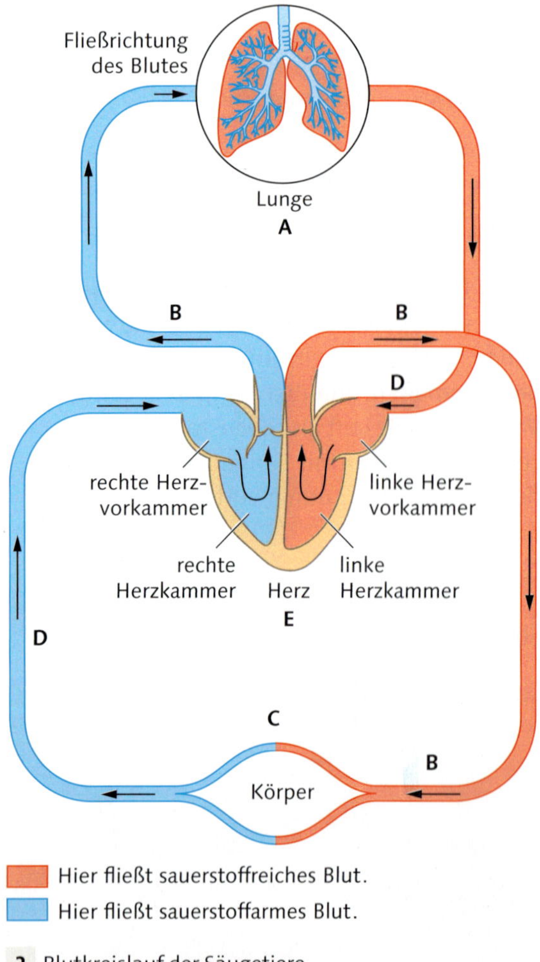

2 Blutkreislauf der Säugetiere

1 Fertige eine zweispaltige Tabelle an. Ordne die zur jeweiligen Funktion 1–5 gehörende Struktur A–E in ▶ Bild 1 und 2 zu.
   1. Pumpt das Blut durch das Kreislaufsystem.
   2. Hier wird Sauerstoff aus der Umgebung in das Blut aufgenommen.
   3. In diesen Gefäßen wird Blut vom Herzen weg transportiert.
   4. Hier werden Sauerstoff und Nährstoffe aus dem Blut aufgenommen und Abfallstoffe in das Blut abgegeben.
   5. In diesen Gefäßen wird das Blut zum Herzen hin transportiert.

2 Beschreibe den Blutkreislauf eines Fisches (▶ Bild 1) und den Blutkreislauf eines Säugetieres ▶ Bild 2. Beginne jeweils bei A.

3 Vergleiche die beiden Blutkreisläufe.

Aus dem Geschichtsbuch der Wirbeltiere

Geschichte der Wirbeltiere Die Lebewesen auf der Erde verändern sich über die Jahrmillionen. Immer wieder sterben Arten aus, neue Arten entwickeln sich. Es ist sicher, dass alle Arten von Lebewesen im Laufe langer Zeiträume aus anderen Lebewesen hervorgegangen sind. Dies ist durch Fossilienfunde gut belegt. Der Vergleich von Wirbeltierfossilien mit den heute lebenden Wirbeltiergruppen erlaubt es, die Entwicklung der Wirbeltiergruppen und ihrer Vorfahren über mehr als 500 Millionen Jahre nachzuvollziehen. In einem Stammbaum wird dargestellt, dass Lebewesen voneinander abstammen ▶ Bild 3.

Vor über 500 Millionen Jahren lebten erste fischähnliche Wirbeltiere in den Meeren. Sie gelten als Vorfahren der heutigen Fische. Vor ungefähr 375 Millionen Jahren traten die ersten amphibienähnlichen Wirbeltierarten auf. Die ersten reptilienähnlichen Wirbeltiere lebten vor rund 300 Millionen Jahren. Ungefähr vor 220 Millionen Jahren finden sich die ersten Belege für das Vorkommen von säugetierähnlichen Wirbeltieren. Diese traten in der Erdgeschichte zeitgleich mit den zu den Reptilien zählenden Sauriern auf. Vogelähnliche Lebewesen traten vor etwa 150 Millionen Jahren in Erscheinung.

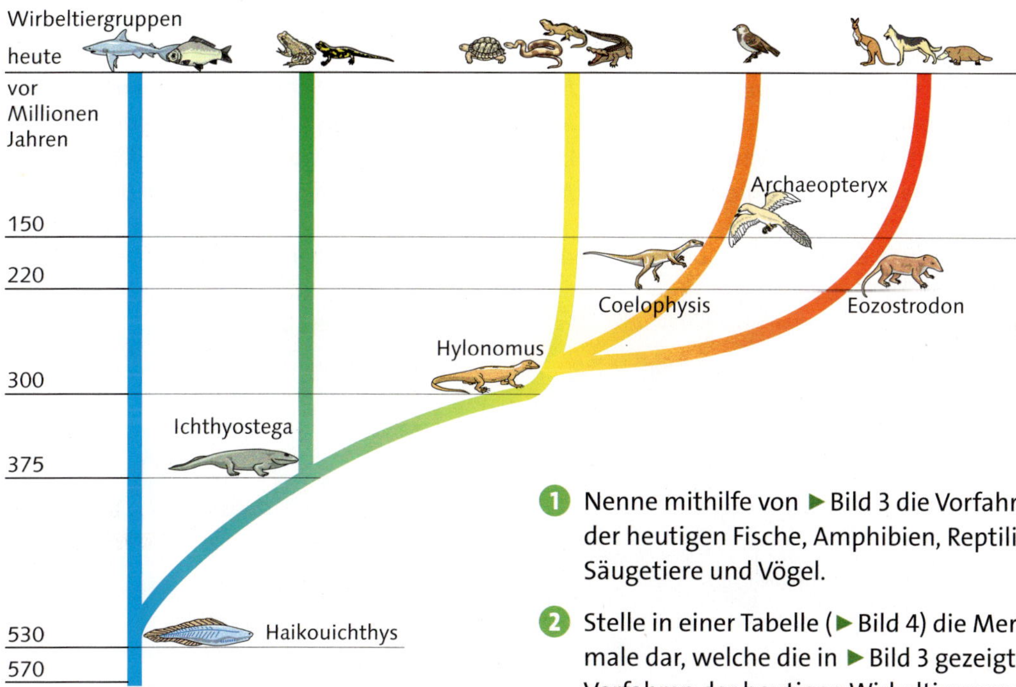

3 Einfacher Stammbaum der Wirbeltiere

1. Nenne mithilfe von ▶ Bild 3 die Vorfahren der heutigen Fische, Amphibien, Reptilien, Säugetiere und Vögel.
2. Stelle in einer Tabelle (▶ Bild 4) die Merkmale dar, welche die in ▶ Bild 3 gezeigten Vorfahren der heutigen Wirbeltiergruppen vermutlich hatten.

4 Merkmale der Wirbeltierklassen

Das Wirbeltier hat	Wirbelsäule	Blutkreislauf und Herz	Kiemen	Lungen	4 Gliedmaßen	Innere Befruchtung	Federn	Fell
Haikouichthys: Vorfahr der heutigen Fische	x	x	x	–	–	–	–	–

Spuren in der Zeit – Fossilien

118-1

Fossilien Im 18. Jahrhundert und früher kannte man bereits versteinerte Spuren von Lebewesen, allerdings ohne sich viele Gedanken um ihre Herkunft zu machen. Erst nachdem erkannt wurde, dass alle Lebewesen miteinander verwandt sind, stieg das Interesse an diesen Spuren aus der Vorzeit. Solche Spuren werden meist zufällig gefunden. Typisch ist eine Entdeckung bei Bauarbeiten. Auch Steinbrüche und Kohlenbergwerke verbergen oft versteinerte Überreste von längst ausgestorbenen Lebewesen ▶ Bild 1. Versteinerte Skelette von Tieren, aber auch Fußabdrücke und andere Spuren oder Abdrücke von Pflanzenteilen zählen zu den *Fossilien*.

1 Versteinerter Flugsaurier

Entstehung von Fossilien Sterben Lebewesen, so werden sie normalerweise durch verschiedene Abbauvorgänge in ihre Bestandteile zerlegt. Wird das verstorbene Lebewesen oder Teile seines Körpers durch Ablagerungen (Sand, Schlamm oder Erdreich) bedeckt, so ist der Körper des Lebewesens luftdicht abgeschlossen. Die Abbauvorgänge verlaufen unter diesen Be-

2 Zwei Möglichkeiten der Bildung von Fossilien

dingungen nur sehr langsam oder stoppen vollständig. Die Körper können so erhalten bleiben. Über viele Jahre hinweg lagern sich über dem Körper weitere Schichten ab. Diese üben einen hohen Druck aus, der Umwandlungsvorgänge unterstützt. Ein versteinertes Fossil kann entstehen. Da durch weitere Ablagerungen die Schicht mit dem versteinerten Körper immer tiefer rückt, kann durch die Fundtiefe auf das Alter des Fundes geschlossen werden.

1 Beschreibe die beiden unterschiedlichen Vorgänge in ▶ Bild 2 mit eigenen Worten.

Modellversuch zur Fossilienbildung

Du kannst mit einem einfachen Modellversuch selbst darstellen, wie ein Fossil entsteht.

Material:

Gips, Wasser, Pflanzenöl, Gefäß (z. B. kleine Pappschachtel), Hammer, durchsichtiger Müllbeutel. Weiterhin benötigst du eine Vorlage für das Fossil; gut geeignet sind Muschelschalen.

Durchführung:

1. Stelle aus Gips und Wasser nach der Anleitung auf der Gipsverpackung einen dickflüssigen Brei her.
2. Fülle dein Gefäß ungefähr 3 cm hoch mit dem Gipsbrei.
3. Bestreiche die Gipsoberfläche mit Pflanzenöl. Auch die Muschelschale bestreichst du mit Pflanzenöl.
4. Dann drückst du sie vorsichtig in den Gipsbrei. Die Öffnung der Muschelschale zeigt dabei nach oben.
5. Der Gips muss etwas aushärten. Dann füllst du die Muschelschale mit Gipsbrei.
6. Fülle danach weiteren Gips in dein Gefäß. Die Muschelschale sollte ungefähr 3 cm hoch mit Gips bedeckt sein. Der Gips muss jetzt vollständig aushärten.
7. Entnimm nach dem Aushärten den Gipsblock aus dem Gefäß. Stecke den Block in einen durchsichtigen Müllbeutel.
8. Trenne den Gipsblock vorsichtig an den mit Pflanzenöl bestrichenen Stellen. Hast du dabei Schwierigkeiten, nimm den Hammer zu Hilfe.

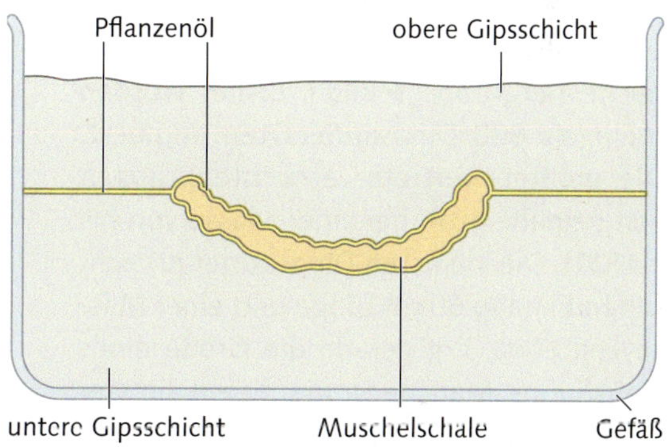

3 Herstellung des Fossilienmodells

Die Hälften kannst du jetzt aus dem Müllbeutel nehmen.

Wichtig:

Gipsreste und auch die Becher werden keinesfalls im Waschbecken ausgespült! Der Gips kann sonst den Abfluss verstopfen.

2 Beschreibe die Innenflächen der beiden Gipshälften.

3 Entferne vorsichtig die Muschelschale. Manchmal musst du das Muschelgehäuse sehr vorsichtig zerschlagen, um die Muschel vollständig zu entfernen. Beschreibe den erhaltenen Abdruck.

Die Herrscher des Erdmittelalters – Saurier

Saurier Über einen langen Zeitraum, im Erdmittelalter (von vor ca. 250 Millionen bis 65 Millionen Jahren), beherrschte die Tiergruppe der Saurier die Erde. Die Saurier gehörten zur Wirbeltiergruppe der Reptilien.

Einige Saurier bevölkerten den Lebensraum Luft. Diese Flugsaurier hatten lederartige Schwingen mit Spannweiten von bis zu 12 m. Auch in den Meeren lebten Saurier. Diese Fischsaurier hatten eine stromlinienförmige, fischähnliche Körperform.

Die bekanntesten Saurier aber waren die ausschließlich an das Landleben angepassten Dinosaurier („Schreckensechsen"). Es handelte sich hier um eine sehr artenreiche Tiergruppe ▶ Bild 1. Bisher wurden mehr als 600 Dinosaurierarten entdeckt. Die größten Vertreter erreichten Längen von beinahe 40 m bei einer Masse von bis zu 100 t. Die kleinsten Dinosaurier erreichten mit knapp 60 cm Länge und einer Masse von etwa 3 kg gerade die Größe eines Haushuhns. Manche Saurier liefen auf vier Beinen, andere nur auf den Hinterbeinen.

Leben neben Sauriern Waren die Dinosaurier auch die vorherrschende Tiergruppe im Erdmittelalter, so gab es doch viele weitere Wirbeltiergruppen wie zum Beispiel die Amphibien und Säugetiere.

Neben den schon lange das Land besiedelnden Farnen und Nadelbäumen traten vor ungefähr 160 Millionen Jahren die ersten Laubbäume auf.

Ende der Saurier Zum Ende der Kreidezeit (vor ca. 65 Millionen Jahren) verschwanden die Dinosaurier und viele andere Tiergruppen vom Antlitz der Erde. Jedoch überlebten einige Arten, aus denen sich in den folgenden Jahrmillionen die heutige Vielfalt des Lebens entwickelte.

1. Erstelle einen Steckbrief einer Saurierart deiner Wahl. Bereite einen kurzen Vortrag vor.

2. Die Dinosaurier gehörten zu den Reptilien. Stelle begründete Vermutungen zu den Wirbeltiermerkmalen der Dinosaurier auf.

1 Szene aus der Kreidezeit (Flugsaurier, Titanosaurier, Triceratops und kleiner Raubsaurier)

Lebensweise der Dinosaurier

Dilong („kaiserlicher Drache") war ein Dinosaurier, der sich zweibeinig fortbewegte. Camarasaurus ging auf vier Beinen und wog bis zu 18 Tonnen (18 000 kg). Die ▶ Bilder 2A und 3A sind Rekonstruktionen dieser ausgestorbenen Tiere. Bei Rekonstruktionen versucht man, auf der Grundlage der vorhandenen Informationen wie Fossilienfunden eine möglichst stimmige Vorstellung über das Aussehen dieser Tierarten zu erhalten. Aufgrund der Gebisse und der Skelettformen hat man rekonstruiert, wie die Tiere wahrscheinlich ausgesehen und gelebt haben.

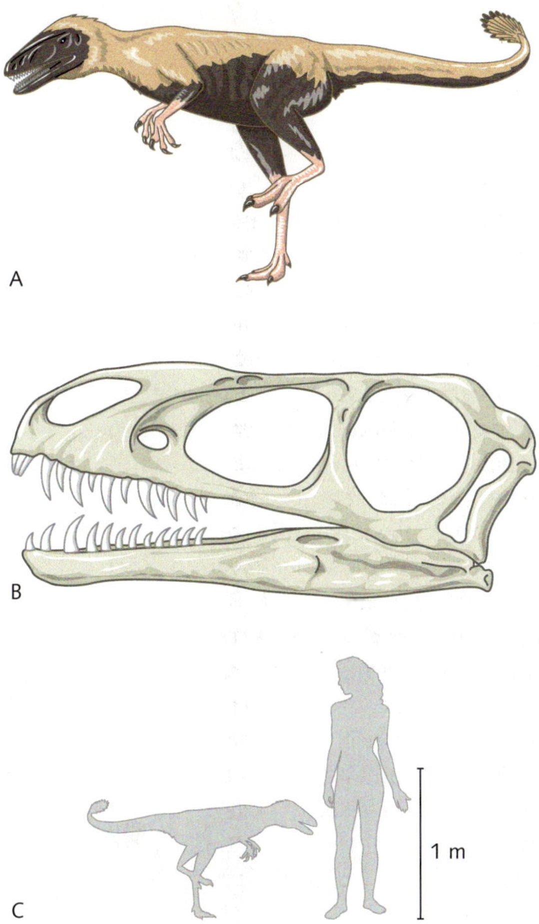

2 Dilong paradoxus: Gesamtansicht (A); Schädel mit Gebiss (B); Größenvergleich zu einem Menschen (C)

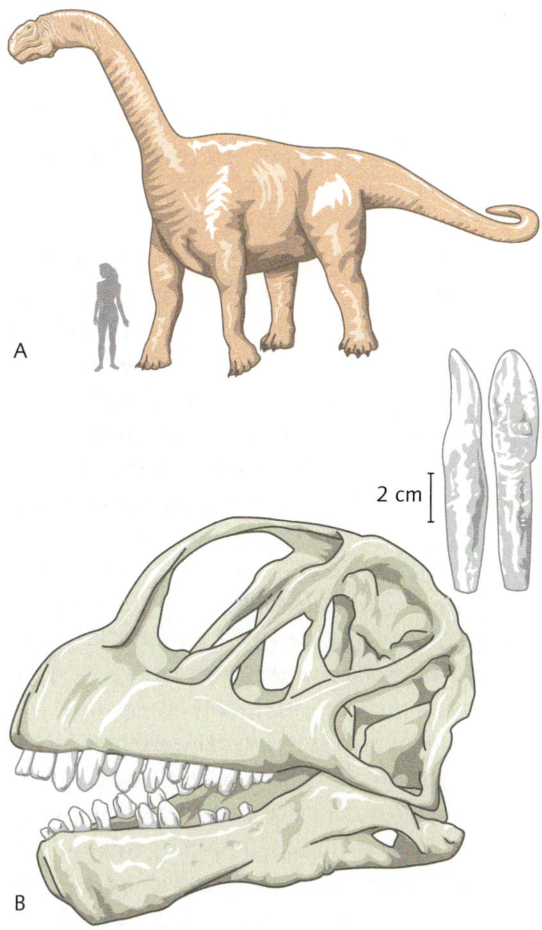

3 Camarasaurus: Gesamtansicht mit Größenvergleich (A); Schädel mit Gebiss und einzelne Zähne (B)

1 Beschreibe den Körperbau und die Fortbewegungsweise der beiden Dinosaurier ▶ Bilder 2 und 3.

2 Stelle eine begründete Vermutung über die Lebensweisen der beiden Dinosaurierarten auf. Beziehe dabei sowohl den Körperbau als auch den Bau der Gebisse mit ein.

3 Dilong wird häufig mit Federn dargestellt. Diese Darstellung beruht auf Fossilienfunden, die recht eindeutig federähnliche Strukturen aufweisen. Der Dinosaurier war nicht flugfähig. Stelle eine begründete Vermutung über die Funktion dieser federähnlichen Strukturen auf.

Zusammenfassung

Struktur und Funktion

Kiemen haben durch ihre fein gefiederte Struktur eine große Oberfläche. Wasser strömt an den Kiemen vorbei. Über die Oberfläche der Kiemen gelangt der Sauerstoff aus dem Wasser in das Blut der Fische und Amphibienlarven.

Bei landlebenden Wirbeltieren gelangt der Sauerstoff aus der Luft über die große Oberfläche ihrer Lungen in das Blut.

Diese Zusammenhänge werden im Basiskonzept *Struktur und Funktion* zusammengefasst.

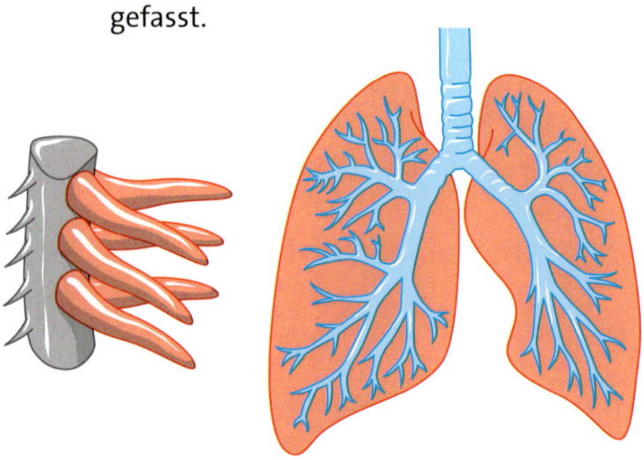

1 Kiemen (Fisch) und Lungen (Säugetier)

Geschichte und Verwandtschaft

Betrachtet man die fünf Wirbeltiergruppen, so finden sich trotz aller Unterschiede in ihren Merkmalen auch wesentliche Gemeinsamkeiten. Allen Wirbeltieren ist eine Wirbelsäule gemeinsam. Je mehr gemeinsame Merkmale zwei Tiergruppen miteinander haben, desto enger sind sie miteinander verwandt. Durch Fossilien kennt man viele Vorfahren der heute lebenden Tiergruppen.

Alle Wirbeltiere sind über gemeinsame Vorfahren miteinander verwandt. Sie sehen alle unterschiedlich aus, da sie verschiedene Angepasstheiten an die unterschiedlichen Lebensräume haben.

Diese Zusammenhänge werden durch das Basiskonzept *Geschichte und Verwandtschaft* beschrieben.

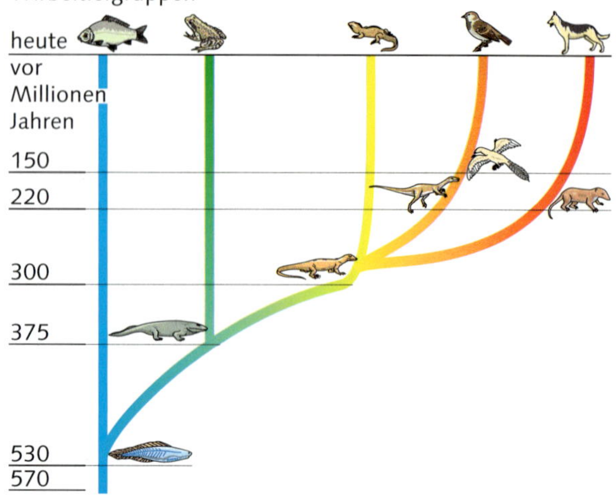

2 Vereinfachter Stammbaum der Wirbeltiere

Variabilität und Angepasstheit

Die Wirbeltiergruppe der Fische lebt nur im Wasser, die Wirbeltiergruppe der Reptilien lebt zum großen Teil ausschließlich an Land. Alle Wirbeltiergruppen sind durch ihren Körperbau und Stoffwechsel an ihren Lebensraum und die vorherrschenden Umweltbedingungen angepasst. Die Dinosaurier waren eine Tiergruppe mit sehr unterschiedlichem Körperbau. Der Körperbau war eine Angepasstheit an die Lebensräume der Dinosaurier.

Diese Zusammenhänge werden durch das Basiskonzept *Variabilität und Angepasstheit* beschrieben.

3 Rekonstruktion eines Sauriers

Teste dich!

1 **A** Nenne die Wirbeltiergruppen.
B Ordne die ► Bilder 4–8 den Wirbeltiergruppen zu.
C Begründe deine Zuordnung.

4 Hufeisennase (Fledermaus)

5 Kiwi

6 Kammmolch

7 Katzenhai

8 Kommodowaran

2 **A** Vergleiche die Körperbedeckung der Wirbeltiergruppen.
B Erläutere die Körperbedeckung der Säugetiere als Angepasstheit.

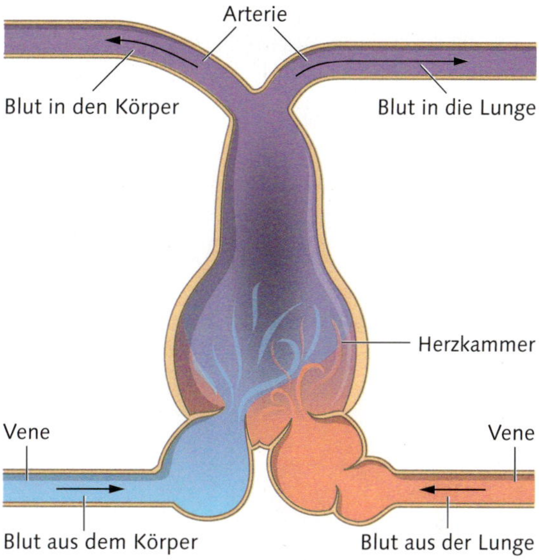

9 Vereinfachtes Schema des Herzens eines erwachsenen Amphibiums

3 Amphibien atmen als erwachsene Tiere durch Lungen. Ihr Herz ist aufgebaut wie in ► Bild 9 dargestellt.
A Beschreibe das Herz eines erwachsenen Amphibiums.
B Vergleiche den Aufbau des Amphibienherzens mit dem Bau eines Säugetierherzens.

4 **A** Nenne mithilfe von ► Bild 10 die Teile eines Lebewesens, aus denen Fossilien entstehen können.
B Erläutere, wie diese Teile über viele Millionen Jahre erhalten bleiben können.

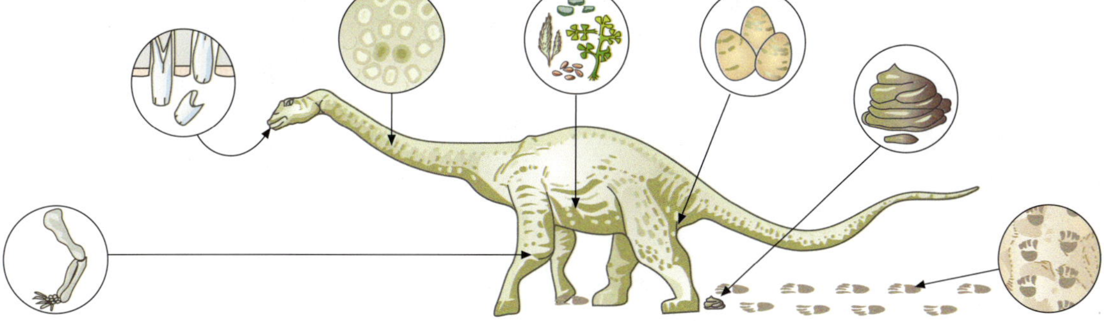
10 Teile eines Lebewesens, aus denen Fossilien entstehen können

► Die Lösungen zu den Aufgaben findest du im Anhang.

Der Mensch in Bewegung

Bewegung ist ein Kennzeichen von Lebewesen. Aus dem Leben gesunder Menschen ist Bewegung kaum wegzudenken. Man bewegt den ganzen Körper oder Teile des Körpers in der Schule oder bei der Arbeit, in der Freizeit und beim Sport. Der Körper des Menschen ist auf Bewegung eingestellt. Denn unsere Vorfahren, die Jäger und Sammler waren, mussten sich sehr viel bewegen. Heutzutage bewegen sich viele Menschen im Alltag zu wenig. Ausreichend Bewegung hält den Körper gesund.

Der Mensch in Bewegung

1 Schüler in Bewegung auf dem Schulhof

Wenn in der Schule große Pause ist, fällt auf, dass viele Kinder und Jugendliche einen großen Bewegungsdrang haben. Sie rennen über den Schulhof, spielen Fußball, Basketball oder andere Spiele.

Beobachtet man einen Schüler beim Basketballspiel, so sieht man, dass er viele verschiedene Einzelbewegungen ausführt. Er bewegt Arme und Beine, dreht und beugt seinen Oberkörper. Selbst sein Gesicht ist an der Bewegung beteiligt. Während des Wurfes zeigt es seine Konzentration, nach dem gelungenen Korb strahlt der Schüler über das ganze Gesicht.

Bewegung ist Teamarbeit Bei Bewegungen arbeiten mehrere Organsysteme zusammen. Das Knochengerüst des Körpers, das *Skelett*, besteht aus zahlreichen einzelnen Knochen. Es stützt den gesamten Körper und verleiht ihm die notwendige Stabilität, die der Mensch für seine aufrechte Körperhaltung benötigt. Die Einzelknochen des Skeletts sind nicht fest, sondern beweglich miteinander verbunden. Durch diese Gelenke kann die Stellung der Arme und Beine, der Gliedmaßen, des Kopfes und des Rumpfes verändert werden.

Das Skelett allein erlaubt aber noch keine Bewegung. Die wird erst möglich durch die *Muskeln*, die an allen Teilen des Skeletts ansetzen und wie Motoren die Kraft erzeugen, die schließlich zur Bewegung führt. Wie der Motor eines Autos erzeugt der Muskel nicht nur Kraft, sondern gleichzeitig auch Wärme.

Die Muskeln benötigen für ihre Arbeit Nährstoffe und Sauerstoff, die ihnen Energie liefern. Die Nahrung wird in den *Verdauungsorganen* verdaut und die Nährstoffe werden ins Blut aufgenommen. Den

2 Bewegung ist Teamarbeit.

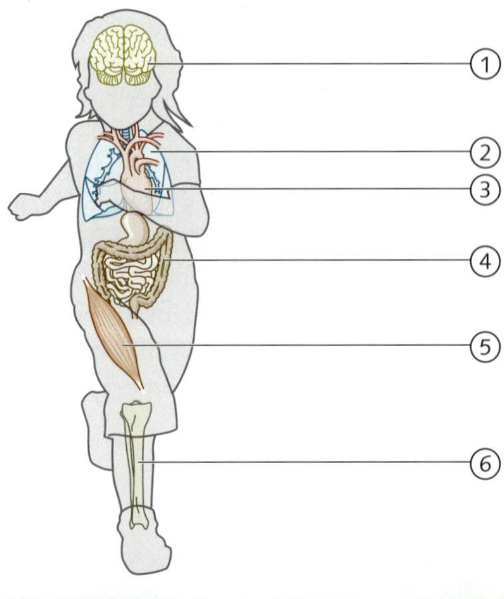

Sauerstoff liefern die *Atmungsorgane*. Das *Herz-Kreislauf-System* sorgt dafür, dass Nährstoffe und Sauerstoff über das Blut zu den Muskeln transportiert werden.
Bei komplizierten Bewegungen, wie zum Beispiel dem Jonglieren, wird besonders deutlich, dass zahlreiche Einzelbewegungen genau aufeinander abgestimmt werden müssen. Für die Steuerung unserer Bewegung ist das *Nervensystem* verantwortlich.

Vielfalt und Bedeutung von Bewegungen

Der Mensch unterscheidet sich von den anderen Säugetieren durch seinen aufrechten Gang. Für die *Fortbewegung* benutzt er hauptsächlich seine Beine, mit denen er laufen, gehen oder springen kann. Die Arme werden nicht wie bei den Tieren als Vorderbeine zum Laufen benutzt. Die Hände dienen dem Menschen hauptsächlich als *Greifwerkzeuge*. Mit ihnen können wir Gegenstände festhalten, aber auch weiche Materialien verformen. Beim Schreiben werden fein abgestimmte Bewegungen mit den Fingern ausgeführt. Durch die Haltung des Körpers und durch Bewegungen der Gesichtsmuskulatur bringen wir Stimmungen und Gefühle zum Ausdruck. Diese *Gestik* und *Mimik* dient der *Kommunikation*, das heißt der Verständigung der Menschen untereinander.
Regelmäßige Bewegung hält den Körper fit. Durchblutung und Atmung werden gefördert. Übergewicht kann vermieden werden, die Abwehrkräfte werden gestärkt. Auch die Konzentrationsfähigkeit wird durch regelmäßige Bewegung gefördert.
Die Bedeutung von Bewegung hat sich im Verlauf der Menschheitsgeschichte stark verändert. Die Urmenschen waren Jäger und Sammler. Sie hatten keine Hilfsmittel für die Fortbewegung, denn es gab noch keine Reittiere und das Rad war noch nicht erfunden. Sie mussten also weite Strecken zu Fuß zurücklegen, um sich ihre Nahrung zu beschaffen. An diese Lebensweise ist der Körper des Menschen angepasst.
Heute dagegen verbringen die meisten Menschen einen großen Teil des Tages im Sitzen. Wenn dieser Bewegungsmangel nicht ausgeglichen wird, kann er zu verschiedenen Erkrankungen, zum Beispiel des Herz-Kreislauf-Systems, führen.

1. Benenne die in ▶ Bild 2 dargestellten Organsysteme, die bei der Bewegung zusammenwirken.
2. Nenne die Vorteile, die darin liegen, dass das Skelett aus zahlreichen Einzelknochen besteht.
3. Erläutere anhand von ▶ Bild 3 Besonderheiten der Bewegung beim Menschen.
4. Begründe, warum es für Menschen heute empfehlenswert ist, Sport zu treiben.
5. Begründe, warum man beim Sport zu schwitzen beginnt.

3 Bewegungen sind vielfältig.

Das Skelett des Menschen

128-1

Der Mensch besitzt mehr als 200 einzelne Knochen, die zusammen mit dem elastischen *Knorpel* das Skelett bilden. In mehreren Teilen des Skeletts sind Einzelknochen miteinander verwachsen.

Das Skelett erfüllt verschiedene Aufgaben: Es bestimmt die Form des Körpers und die aufrechte Haltung, es ermöglicht Bewegungen und es schützt die inneren Organe. Man kann das Skelett grob in drei große Bereiche gliedern: das Kopfskelett, das Rumpfskelett und das Gliedmaßenskelett.

Kopfskelett Das Kopfskelett besteht aus mehr als 25 einzelnen Knochen, die fast alle fest miteinander verwachsen und nicht beweglich sind. Sie bilden den *Schädel*. Die etwa 0,5 cm dicken Knochenplatten der Schädelkapsel schützen das Gehirn. Auch die wichtigsten Sinnesorgane liegen größtenteils geschützt im Innern des Schädels. Nur der Unterkiefer ist durch das Kiefergelenk beweglich mit dem Oberkiefer verbunden.

Rumpfskelett Die *Wirbelsäule* ist der zentrale Teil des Rumpfskeletts. Sie sorgt für Stabilität und Halt und trägt den Kopf. An der Wirbelsäule setzen zwölf Paar Rippen an. Die zehn oberen Rippenpaare sind durch elastische Knorpel mit dem Brustbein verbunden, die beiden unteren Rippenpaare enden frei. Die Rippen, das Brustbein und die Brustwirbel bilden den *Brustkorb*, der die in ihm liegenden Organe schützt. Der *Schultergürtel* besteht aus den Schlüsselbeinen und dem Schulterblatt. Die am flachen Schulterblatt ansetzende Muskulatur ermöglicht vielfältige Bewegungen der Arme. Die Beine sind über den *Beckengürtel* mit dem Rumpf verbunden. Die wichtigsten Knochen des Beckengürtels sind die etwa 2 cm dicken Hüftknochen und das zur Wirbelsäule gehörende Kreuzbein. Die Knochen des Beckengürtels sind eng miteinander verbunden. Der Beckengürtel trägt wie eine Schüssel die Organe des unteren Bauchraums.

Gliedmaßenskelett Das Skelett der Arme und Beine, der *Gliedmaßen*, besteht aus vielen einzelnen Knochen, die nicht miteinander verwachsen sind, und ist deshalb besonders beweglich. So besteht zum Beispiel das Armskelett aus 30 verschiedenen Knochen. Die wichtigsten sind der Oberarmknochen, die sich anschließenden Unterarmknochen Elle und Speiche und die Knochen des Handskeletts. Dazu gehören Handwurzelknochen, Mittelhandknochen und Fingerknochen.

Der Oberschenkelknochen, der größte Einzelknochen, ist Teil des Beinskeletts. Im Bereich des Knies befindet sich die flache Kniescheibe, danach folgen im Unterschenkel das Schienbein und das Wadenbein. Das Fußskelett setzt sich aus Fußwurzelknochen, Mittelfußknochen und Zehenknochen zusammen.

1 Bei einer Ausgrabung wurden Teile eines menschlichen Skeletts gefunden ▶ Bild 1. Benenne die Knochen.

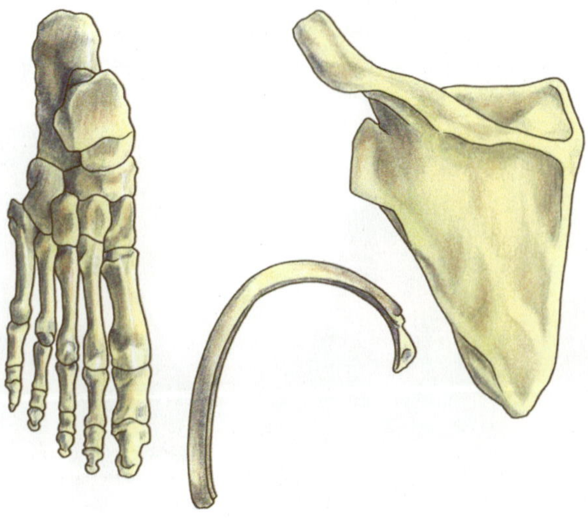

1 Knochenfund

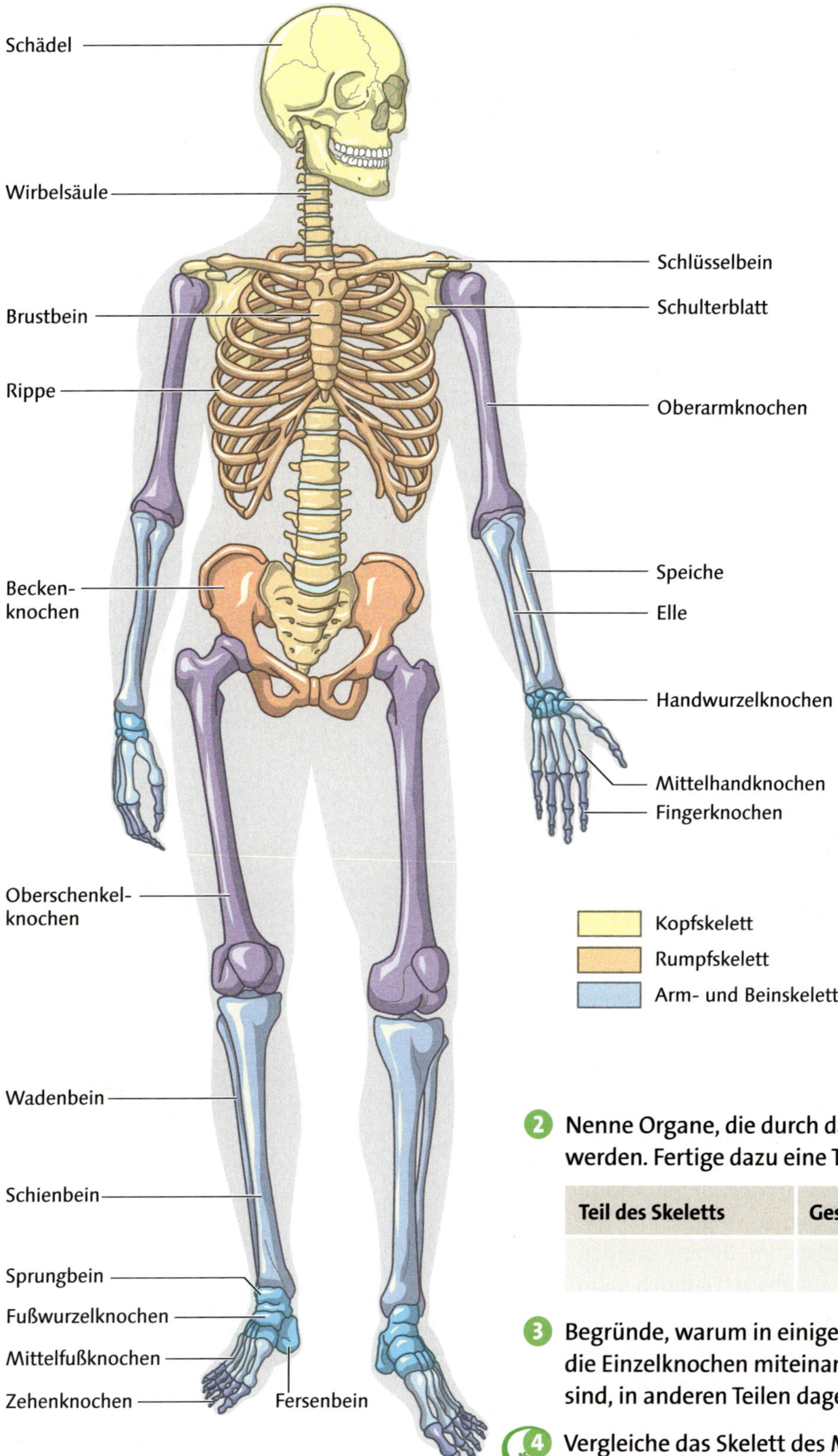

2 Skelett des Menschen

2 Nenne Organe, die durch das Skelett geschützt werden. Fertige dazu eine Tabelle an.

Teil des Skeletts	Geschützes Organ

3 Begründe, warum in einigen Teilen des Skeletts die Einzelknochen miteinander verwachsen sind, in anderen Teilen dagegen nicht.

4 Vergleiche das Skelett des Menschen mit dem des Hundes. Liste Gemeinsamkeiten und Unterschiede auf.

Stabil, aber leicht

Das Skelett trägt das Körpergewicht des Menschen. Bei Bewegungen ist es vielfältigen Belastungen ausgesetzt. Die Knochen müssen daher stabil sein, sollten aber dennoch möglichst leicht sein.

Eure Aufgabe ist es, aus einem Blatt Papier einen möglichst hohen, stabilen Turm zu bauen.

Material:

2 Blätter DIN-A4-Papier, Schere, Klebstoff

Durchführung:

1. Arbeitet in Gruppen zu dritt. Plant gemeinsam, wie ihr vorgehen wollt. Notiert eure Überlegungen.
2. Baut euren Turm nach eurem Plan. Notiert gegebenenfalls, welwche Schwierigkeiten auftreten.
3. Wenn euer Turm nicht stabil ist, überlegt euch, wie ihr ihn verbessern könnt. Wenn euer Turm stabil ist, sucht Materialien, mit denen man die Belastbarkeit des Turmes testen kann.

Auswertung:

Bildet mit einer anderen Gruppe ein Team und stellt euch eure Türme gegenseitig vor.

Diskutiert, wie eure Erfahrungen beim Turmbau auf den Bau von Knochen übertragen werden können.

Grundwissen

Aufbau von Knochen

Knochensubstanz besteht aus einem elastischen Grundgewebe, in das fester Knochenkalk eingelagert ist. In der Knochenrinde liegt die Knochensubstanz kompakt vor. Im Schwammgewebe bildet die feste Knochensubstanz miteinander vernetzte Knochenbälkchen, deren Anordnung mit einem Gerüst vergleichbar ist. Die *Knochenbälkchen* im Innern werden ständig auf- und abgebaut. Dadurch kann der Knochen wachsen und sich unterschiedlicher Belastung anpassen. Durch regelmäßige Beanspruchung werden die Knochen deshalb stabiler.

Zwischen den Knochenbälkchen und in der Markhöhle liegt das Knochenmark. In ihm werden ständig neue Blutzellen gebildet.

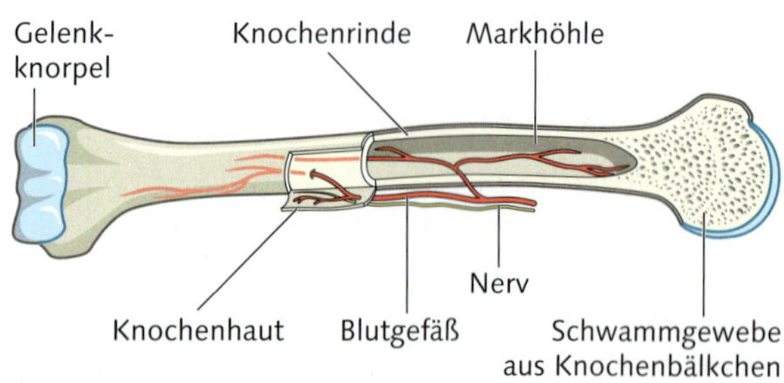

1 Oberschenkelknochen im Längsschnitt

1. Beschreibe anhand von ▶ Bild 1 den Aufbau des Oberschenkelknochens.
2. Begründe mithilfe der Informationen des Textes, dass Knochen kein totes Material sind. Berücksichtige dabei auch, was in einem Knochen nach einem Knochenbruch geschieht.

Die Wirbelsäule des Menschen

Bau der Wirbelsäule Die Wirbelsäule ist in fünf Abschnitte untergliedert. Die drei oberen Abschnitte bestehen aus 24 einzelnen *Wirbeln*. Das sind Knochen, die durch Bänder in ihrer Lage gehalten werden, sich dabei aber gegeneinander bewegen können. Dadurch kann die Wirbelsäule nach vorne, nach hinten und zu den Seiten gebeugt und außerdem um die Längsachse gedreht werden. Im Bereich der Lendenwirbelsäule ist die Beweglichkeit am größten. An den Wirbelfortsätzen setzen zahlreiche Muskeln an, die zusammen die Rückenmuskulatur bilden. Die Wirbel des Kreuzbeins sind miteinander verwachsen und mit dem Hüftknochen durch Bänder fest verbunden. Dadurch wird die für den aufrechten Gang notwendige Stabilität erreicht. Das Steißbein besteht aus mehreren kleinen verwachsenen Wirbeln. Es hat für den Menschen keine Funktion.
Von der Seite betrachtet zeigt die Wirbelsäule eine charakteristische doppelt S-förmige Krümmung (▶ Bild 2a), die für die Funktion der Wirbelsäule wichtig ist.

Bandscheiben Zwischen den einzelnen Wirbeln liegen Zwischenwirbelscheiben, die *Bandscheiben* ▶ Bild 2c. Sie haben außen einen Knorpelring, der sie in ihrer Position hält, und innen einen weichen, mit Flüssigkeit gefüllten Kern. Die Bandscheiben sind für die Beweglichkeit der Wirbelsäule unerlässlich. Außerdem federn sie Stöße ab, die durch den aufrechten Gang des Menschen entstehen.

Wirbelkanal und Rückenmark Die Wirbellöcher der übereinanderliegenden Wirbel (▶ Bild 2b) bilden den Wirbelkanal, in dem das empfindliche *Rückenmark* liegt. Das Rückenmark ist ein wichtiger Teil unseres Nervensystems. Es ermöglicht den Austausch von Informationen zwischen dem Gehirn und den Teilen des Körpers.

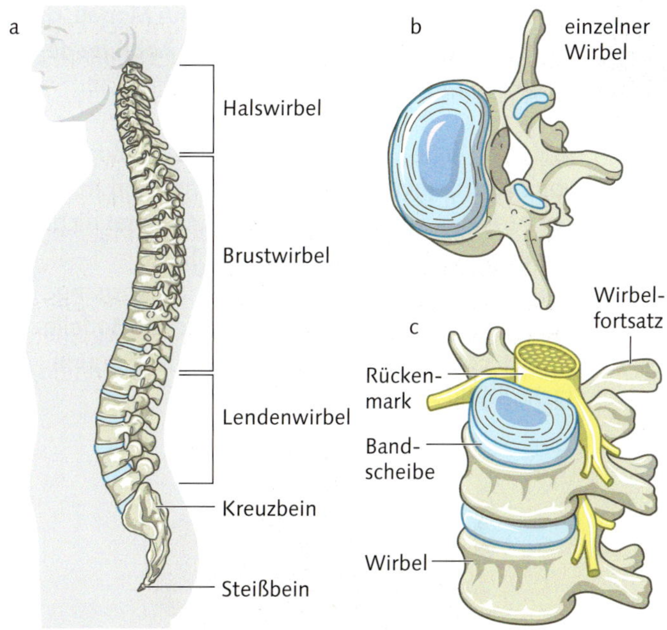

2 Bau der Wirbelsäule

1 **A** Ermittle aus ▶ Bild 2 die Anzahl von Wirbeln in der Hals-, Brust- und Lendenwirbelsäule.
B Erläutere die Bezeichnung Doppel-S-Form.

2 Beschreibe den Aufbau der Wirbelsäule mithilfe von ▶ Bild 2c.

3 Erkläre die Funktion von Knochenmark und Rückenmark.

4 Betrachte ▶ Bild 3.
A Gib an, welche Bewegungen dargestellt sind.
B Erkläre die Funktion der Bandscheiben.

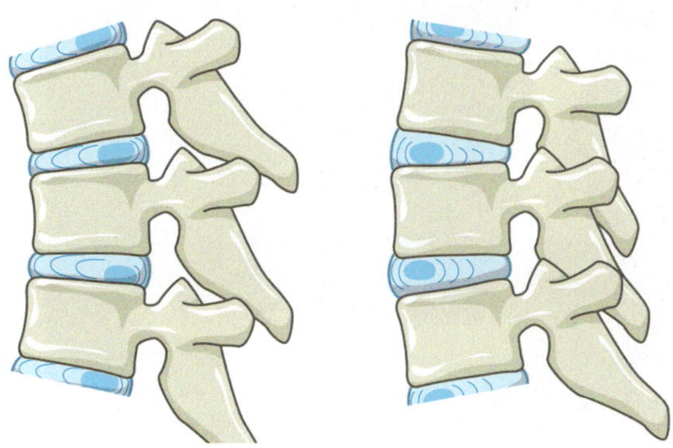

3 Wirbelsäule bei verschiedenen Bewegungen

Mit Modellen arbeiten

Was ist ein Modell? Der Globus ist ein Modell, das die Erde verkleinert und vereinfacht darstellt. Modelle sind vereinfachte Abbilder der Wirklichkeit und bilden immer nur ausgewählte Eigenschaften des Originals ab.

In der Biologie verwendet man häufig Modelle von Naturobjekten, die den äußeren und inneren Aufbau zeigen, weil dieser im Original nicht ohne Weiteres zu sehen ist ▶ Bild 1.
Man benutzt Modelle aber auch, um Vorgänge besser verstehen zu können. Solche Modelle sind gegenüber dem Original oft stark vereinfacht ▶ Bild 2.

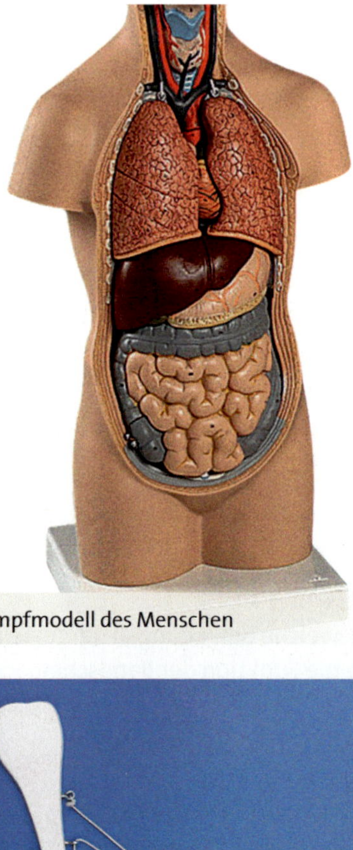

1 Rumpfmodell des Menschen

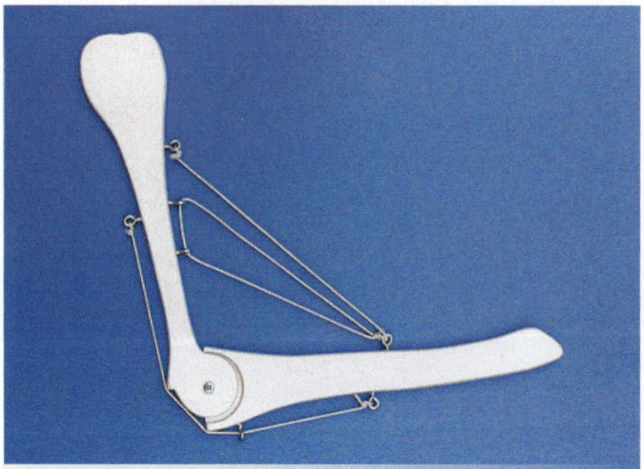

2 Modell des Arms

Wenn du dich mit einem Modell beschäftigst, solltest du systematisch vorgehen:

Schritt 1 Beschreibe das Modell. Nenne das Naturobjekt, das vom Modell abgebildet wird oder den Vorgang, der veranschaulicht werden soll.
▶ Das Rumpfmodell (▶ Bild 1) zeigt die inneren Organe des Menschen. Die Teilmodelle der einzelnen Organe können herausgenommen werden. Einige können geöffnet werden. Es ist also auch der innere Aufbau dargestellt.

Schritt 2 Vergleiche das Modell mit dem Original. Modelle sind gegenüber dem Original oft vergrößert oder verkleinert. Sie sind vereinfacht, bestehen aus anderem Material und zur Veranschaulichung werden häufig Farben verwendet.
▶ Größe und Form der Organe im Rumpfmodell sind in etwa originalgetreu. Der Darm wird vereinfacht als kompakter Block dargestellt. Alle Teile bestehen aus festem Kunststoff, die Farben sind im Vergleich zum Original verstärkt.

Schritt 3 Erläutere die Verwendung des Modells. Jedes Modell dient dazu, Fragen zu beantworten und Vermutungen zu überprüfen.
▶ Das Rumpfmodell kann die Form und die Lage der einzelnen Organe gut veranschaulichen. Durch Auseinandernehmen und Zusammensetzen eignet es sich zum Üben. Für einige Organe wird auch der innere Aufbau gezeigt.

Schritt 4 Zeige die Grenzen des Modells auf. Zu den Details, die beim Modell weggelassen wurden, können keine Fragen beantwortet werden.
▶ Anhand des Rumpfmodells ist keine Aussage zur Länge des Dünndarms möglich, da er in einem Stück dargestellt wird. Das Modell kann auch keine Angaben zur Beschaffenheit der Organe machen, da hier alle Teile aus dem gleichen festen Kunststoff bestehen. In Wirklichkeit fühlen sich die Organe unterschiedlich an, sie sind weich, fest oder elastisch.

Modelle zur Wirbelsäule

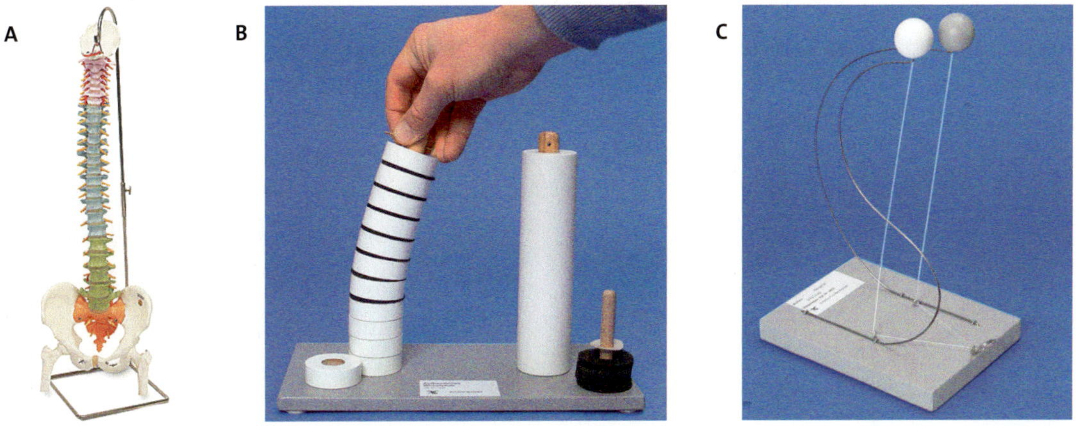

3 Wirbelsäulenmodelle

1. Beschreibe die Modelle A, B und C ▶ Bild 3.
2. Vergleiche die Modelle mit dem Original.
3. Vergleiche die Modelle untereinander. Welche Fragestellung kann das jeweilige Modell veranschaulichen?

Modellversuche

Material: Holzbrett, 2 Stücke Klingeldraht (14 cm und 18 cm), Reißzwecken, 2 Stücke Gummischlauch (3 cm), Seidenpapier, Gummiband, kleiner Plastikbeutel mit Loch, Glaskugeln, Zange
Bau des Modells: Biege an einem Ende der beiden Drähte eine kleine Öse und befestige den Draht mit der Reißzwecke auf dem Holzbrett.

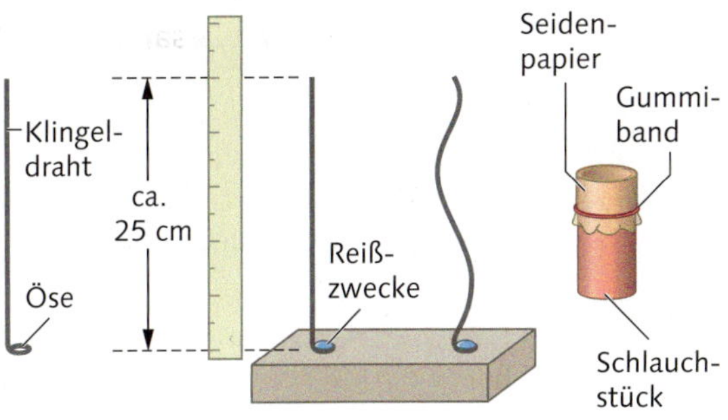

4 Versuch 1

Versuch 1:
Forme die beiden Drähte so, wie es ▶ Bild 4 zeigt. Spanne über eine Öffnung der beiden Schlauchstücke ein Stück Seidenpapier und stülpe die Schlauchstücke über die oberen Enden der beiden Drähte. Hebe das Holzbrett 10 cm an. Halte das Brett dabei waagerecht. Setze das Brett dann mit einer schnellen, kräftigen Bewegung wieder auf den Tisch.

Versuch 2:

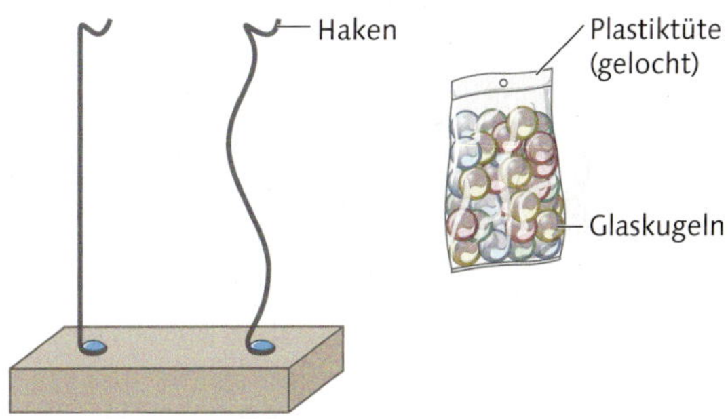

5 Versuch 2

Forme am oberen Ende der beiden Drähte einen kleinen Haken, an den du jeweils einen Kunststoffbeutel hängst ▶ Bild 5. Gib bei beiden Modellen eine Glaskugel nach der anderen in den Beutel.

4. Notiere bei beiden Versuchen deine Beobachtungen.
5. Übertrage die Beobachtungen auf die Wirbelsäule. Nenne die Eigenschaften und Funktionen der Wirbelsäule, die durch die Modellversuche veranschaulicht werden.

Gelenke machen Bewegungen möglich

134-1

Aufbau von Gelenken Die Verbindungen der Einzelknochen des Skeletts werden als *Gelenke* bezeichnet. Sie ermöglichen die Bewegungen. Bei den meisten Gelenken liegt das gewölbte Ende eines Knochens als *Gelenkkopf* in einer *Gelenkpfanne*, einer zur

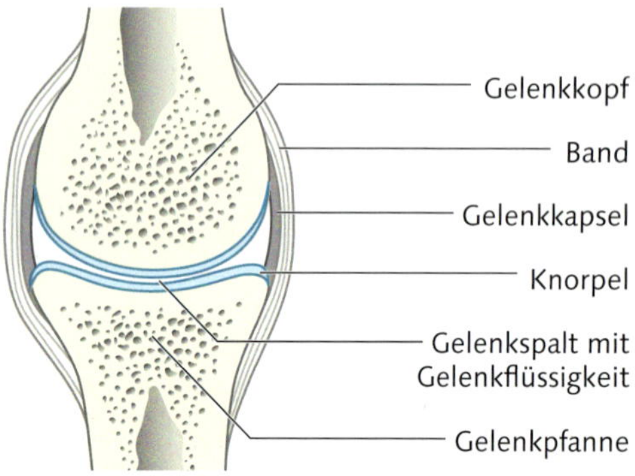

1 Aufbau eines Gelenks

Wölbung passenden Vertiefung des nächsten Knochens ▶ Bild 1. Die Oberfläche beider Knochen ist im Bereich des Gelenks von elastischem Knorpel überzogen, der Stöße abfedert. Gelenkkopf und Gelenkpfanne sind durch den Gelenkspalt getrennt, der mit Gelenkflüssigkeit gefüllt ist. Dadurch wird ein reibungsloses Gleiten gewährleistet. Die Gelenkkapsel umschließt das gesamte Gelenk. Sie ist an beiden Knochen festgewachsen und bildet die Gelenkflüssigkeit. Bei vielen Gelenken ist die Gelenkkapsel durch elastische Bänder verstärkt.

Gelenktypen Die Gelenke lassen sich nach ihrem Aufbau und den Bewegungen, die sie ermöglichen, 4 Typen zuordnen ▶ Bild 2.

Das Hüftgelenk erlaubt Bewegungen des Beines nach rechts und links, nach vorn und hinten, außerdem kann das Bein nach innen oder nach außen gedreht werden. Diese Bewegungen sind durch die Kugelform von Gelenkkopf und Gelenkpfanne möglich. Man spricht von einem *Kugelgelenk*.

Beim Ellenbogengelenk erlaubt die Form der Gelenkpfanne das Beugen und Strecken des Arms, aber kein Abknicken. Es liegt ein *Scharniergelenk* vor.

Beim Daumengelenk haben die beiden Knochen eine Form, die an einen Reiter im Sattel erinnert. Durch dieses *Sattelgelenk* kann der Daumen nach rechts und nach links sowie nach oben und unten bewegt werden.

Das *Drehgelenk* zwischen dem ersten und zweiten Halswirbel ermöglicht die Drehung des Kopfes.

1 Fertige eine Tabelle an, in der du den Teilen des Gelenks ihre Funktion zuordnest ▶ Bild 1.

2 Die Gelenke müssen auch bei Druckbelastung (z. B. bei der Landung nach einem Sprung) funktionsfähig bleiben. Auch unter Zugbelastung (z. B. bei Klimmzügen) funktionieren sie. Erläutere, wodurch die Funktionsfähigkeit bei Druck- und Zugbelastung erhalten wird.

3 **A** Teste die Bewegungsmöglichkeiten deines Unterkiefers.
B Stelle eine Vermutung auf, welcher Gelenktyp beim Kiefergelenk vorliegt. Überprüfe deine Vermutung am Schädelmodell.

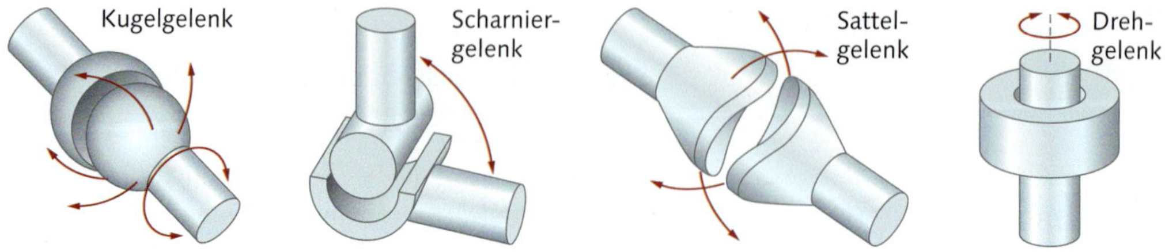

2 Gelenktypen

Muskeln führen Bewegungen aus

135-1

Muskeln des Menschen Der Mensch besitzt mehr als 600 einzelne Muskeln, die zusammen ungefähr die Hälfte seines Körpergewichts ausmachen. Muskeln, die direkt unter der Haut liegen, kann man ertasten, wenn sie angespannt werden ▶ Bild 3. Die Bewegungen der *Skelettmuskulatur* können wir bewusst steuern, die *unwillkürliche Muskulatur* der inneren Organe dagegen nicht.
Die Skelettmuskeln sind in eine Muskelhaut eingebettet, die an den beiden Enden des Muskels in zugfeste, nicht elastische Sehnen übergeht.

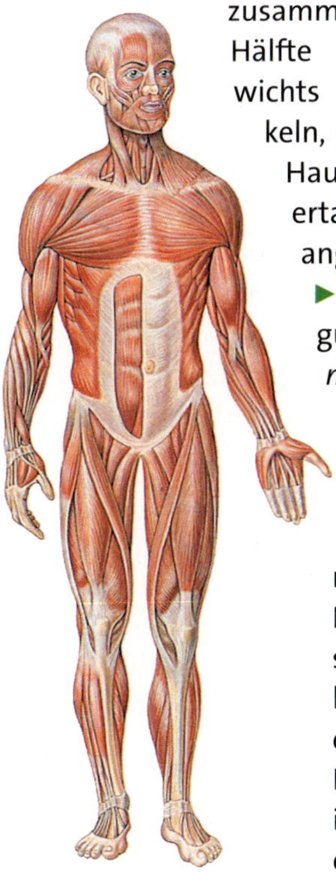

3 Skelettmuskulatur

Arbeitsweise der Skelettmuskeln Mit den *Sehnen* ist der Muskel an den Knochen befestigt, wobei zwischen den beiden Enden eines Muskels mindestens ein Gelenk liegt ▶ Bild 4. Auf ein entsprechendes Signal des Nervensystems reagiert der Muskel, indem er kürzer und dicker wird. Dadurch übt er eine Zugwirkung aus, die durch die Sehnen auf die Knochen übertragen wird. So wird durch das Zusammenziehen des Armbeugers, der an der Vorderseite des Oberarms liegt und dessen untere Sehne an der Speiche ansetzt, der Unterarm angehoben. Um den Unterarm wieder zu senken, ist ein zweiter Muskel erforderlich, der an der Rückseite des Oberarms liegt und als Armstrecker bezeichnet wird. Wenn der Armstrecker sich zusammenzieht, wird der Armbeuger wieder gedehnt und der Unterarm wird nach unten gezogen ▶ Bild 4. Beuger und Strecker sind Gegenspieler. Alle Skelettmuskeln arbeiten nach dem *Gegenspielerprinzip*.
Die Skelettmuskeln sind nicht nur für die Ausführung von Bewegungen verantwortlich. Auch beim Stehen und Sitzen sorgen Muskeln durch ihre Spannung für die aufrechte Haltung unseres Körpers.

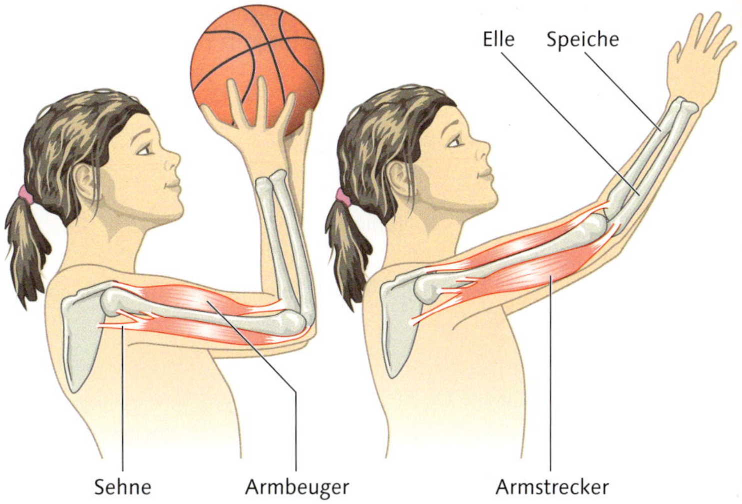

4 Armbeuger und Armstrecker als Gegenspieler

1. Setze dich auf die Kante eines Stuhls. Hebe und senke den Unterschenkel und ertaste, welche Muskeln angespannt werden. Benenne diese.

2. Ordne der auf dem Foto gezeigten Bewegung die passende Skizze begründet zu ▶ Bild 5.

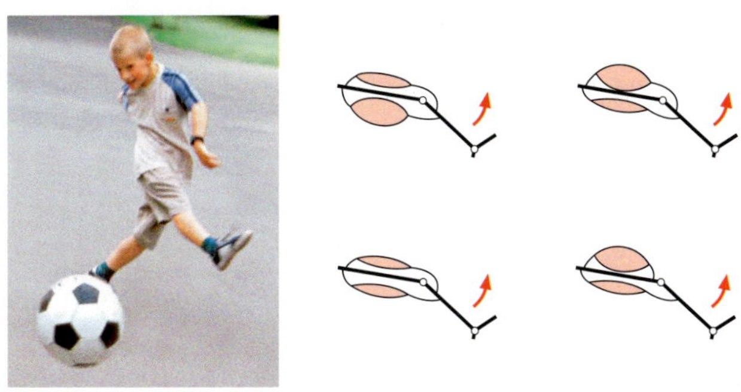

5 Welche Skizze passt zum Foto?

Bewegung und Gesundheit

Vielseitigkeit ist Trumpf

Sport, Spiel und Alltagsbewegungen können die Gesundheit und Entwicklung in positiver Weise beeinflussen ▶ Bild 1.

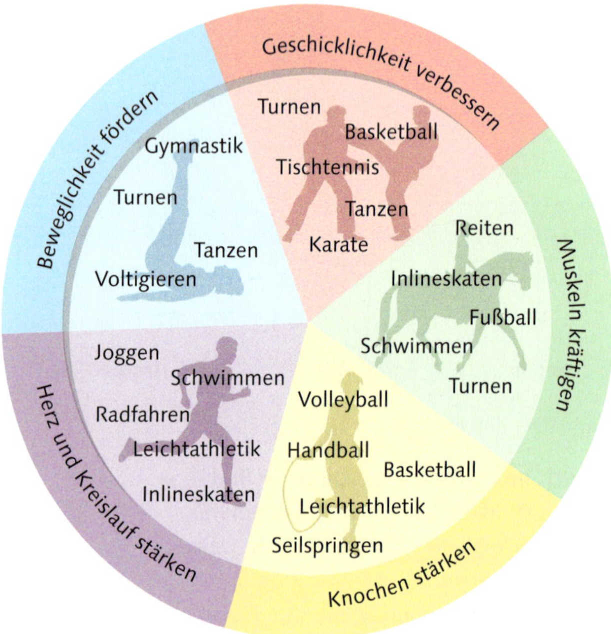

1 Sportarten und einige positive Wirkungen

1 Nenne weitere Sportarten und Alltagsbewegungen. Ordne sie in ▶ Bild 1 ein.

2 Begründe, warum vielfältige Bewegungsformen für die Gesunderhaltung des Körpers wichtig sind.

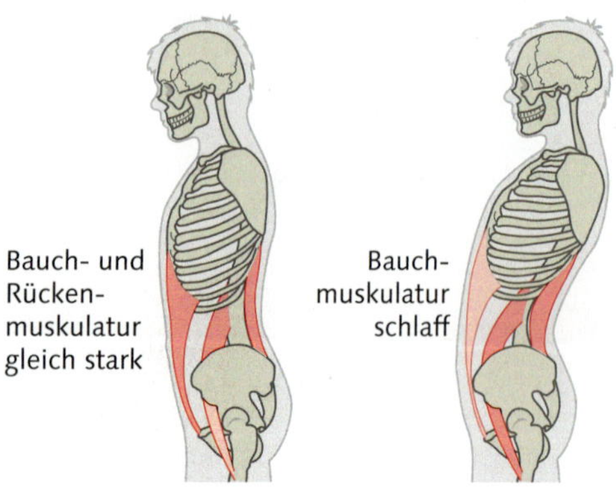

2 Rücken- und Bauchmuskulatur

3 **A** Protokolliere eine Woche lang deine sportlichen Aktivitäten.
B Beurteile dein Sportprogramm mithilfe von ▶ Bild 1.

Rückenproblemen kann man vorbeugen

Fast die Hälfte aller Erwachsenen klagt über Rückenbeschwerden. Wenn man sich auskennt, kann man diesen Problemen vorbeugen.

4 **A** Erläutere anhand von ▶ Bild 2, nach welchem Prinzip Rücken- und Bauchmuskulatur die Körperhaltung bestimmen.

B Begründe, warum es für einen gesunden Rücken notwendig ist, sowohl die Rücken- als auch die Bauchmuskulatur zu trainieren.

Rückenprobleme entstehen durch Fehlhaltungen und falsch durchgeführte Bewegungen.

5 **A** Nenne die Beispiele in ▶ Bild 3, die ungünstige Verhaltensweisen zeigen.
B Ordne ihnen die wirbelsäulenschonende Verhaltensweise zu. Begründe deine Zuordnung.

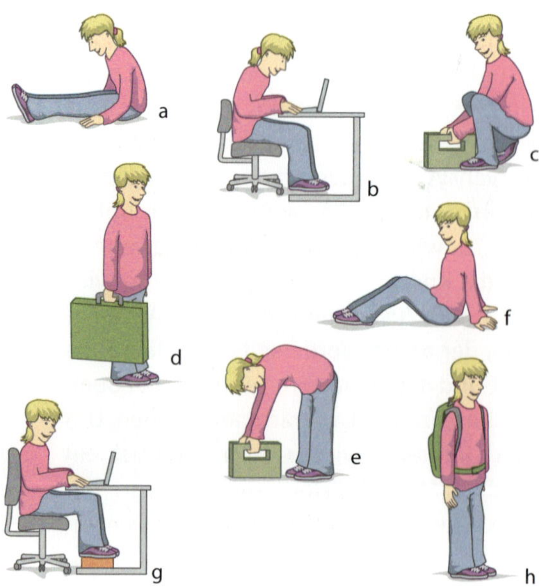

3 Haltungen und Bewegungen

Gesunde Füße

Neben der Wirbelsäule ist vor allem unser Fußskelett hohen Belastungen ausgesetzt. Schon im Kindesalter können krankhafte Veränderungen des Fußskeletts auftreten.

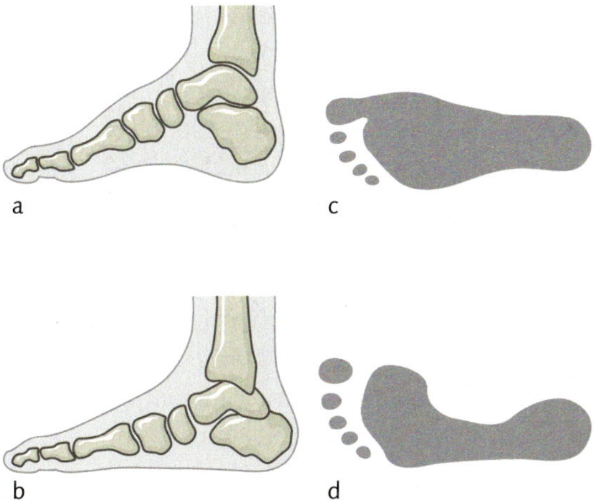

4 Fußskelett und Fußabdruck

6 Ordne den Fußskeletten a und b in ▶ Bild 4 die Fußabdrücke c und d zu.

7 Fertige einen Abdruck deines eigenen Fußes an. Tritt zunächst barfuß auf ein nasses Handtuch und dann auf ein Blatt Papier. Zeichne den Umriss des Abdrucks mit einem Stift nach. Vergleiche mit ▶ Bild 4.

5 Modellversuch

8 Führe den in ▶ Bild 5 dargestellten Versuch durch. Beobachte, wie sich der Zeichenkarton bei Belastung mit unterschiedlichen Gewichten verhält. Erkläre anhand des Versuchsergebnisses, welches Teilbild in ▶ Bild 4 den gesunden und welches den kranken Fuß zeigt.

9 Zur Gesunderhaltung des Fußskeletts wird häufiges Barfußlaufen im Sand und das Tragen geeigneter Schuhe empfohlen. Begründe diese Empfehlungen mithilfe von ▶ Bild 6.

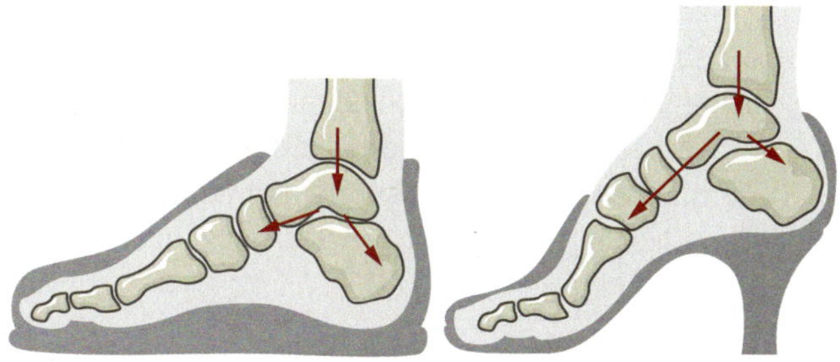

6 Druckverteilung in verschiedenen Schuhen

Verletzungen vermeiden

Inlineskaten ist bei Jugendlichen eine beliebte Freizeitbeschäftigung, die gleichzeitig ein gutes Konditionstraining darstellt ▶ Bild 3.
Inlineskater erreichen Geschwindigkeiten von bis zu 30 km/h und sind damit schneller als die meisten Radfahrer, können aber wesentlich schlechter bremsen. Es kommt nicht selten zu Unfällen, bei denen sich die Betroffenen oft erhebliche Verletzungen zuziehen ▶ Bild 7.

7 Verletzungen beim Inlineskaten

Körperteil	Anteil bei Verletzungen
Kopf, Hals	7 %
Unterarm, Handgelenk	24 %
Ellenbogen	12 %
Hand	10 %
Schulter	5 %
Gesäß	5 %
Hüfte	16 %
Knie	11 %
Sonstige	10 %

10 **A** Fertige zu den Daten der Tabelle (▶ Bild 7) ein Säulendiagramm an.
B Deute das Diagramm.
C Nenne Schutzmaßnahmen für Inlineskater.

Zusammenfassung

Struktur und Funktion

Bewegung ist ein Kennzeichen von Lebewesen. Der Bewegungsapparat des Menschen besteht aus Knochen, Knorpeln, Sehnen, Bändern und Muskeln. Diese sind jeweils unterschiedlich gebaut und können so bestimmte Funktionen erfüllen. Durch die besondere Anordnung der Knochenbälkchen ist beispielsweise jeder einzelne Knochen leicht und stabil.

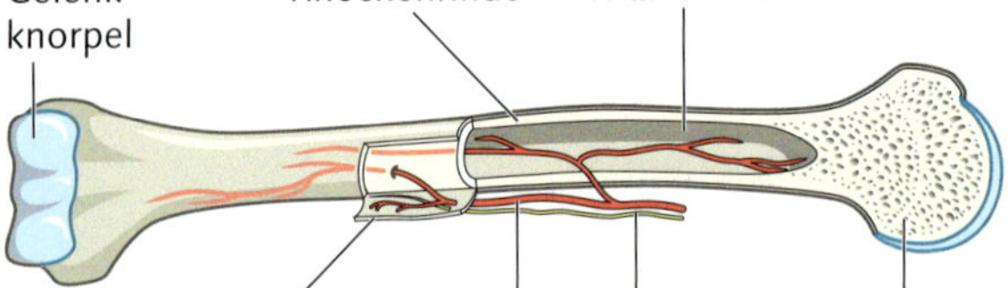

1 Bau des Knochens

Die Knochen sind durch Gelenke beweglich miteinander verbunden. Man unterscheidet verschiedene Gelenktypen, die jeweils bestimmte Bewegungen ermöglichen. Die Beweglichkeit der Gelenke wird auch durch Knorpel und Bänder gewährleistet.

Das Skelett umfasst die Gesamtheit der Knochen und Gelenke. Es wird in Kopf-, Rumpf- und Gliedmaßenskelett unterteilt. Das Skelett bestimmt nicht nur die Form des Körpers und ermöglicht Bewegungen, sondern es schützt auch die inneren Organe.

Die Wirbelsäule stellt die Hauptachse des Skeletts dar. Ihr Aufbau aus einzelnen Wirbeln mit dazwischenliegenden Bandscheiben sorgt einerseits für Stabilität und andererseits für Beweglichkeit. Der aufrechte Gang des Menschen ist durch die doppelte S-Form der Wirbelsäule möglich.

Mit Sehnen sind die Muskeln an den Knochen des Skeletts befestigt. Hierbei bestimmt die Form der Knochen, wie die Muskeln ansetzen können. Durch das Zusammenziehen der Muskeln wird die Stellung der Knochen zueinander verändert. Dies ist zusammen mit den Gelenken die Voraussetzung für Bewegungen, wobei die Muskeln stets paarweise arbeiten. Dabei folgen sie dem Gegenspielerprinzip.

All diese Zusammenhänge werden im Basiskonzept *Struktur und Funktion* beschrieben.

Variabilität und Angepasstheit

Der Bau des menschlichen Körpers ist auf Bewegung abgestimmt. Im Alltag bewegen sich Menschen aber oftmals zu wenig. Dies hat zur Folge, dass die Muskeln dünner und damit schwächer werden. Menschen, die Sport treiben, kommen nicht nur ihrem Bewegungsbedürfnis nach, sondern sie kräftigen auch ihre Muskeln. Die Muskeln werden dicker und passen sich der individuellen Beanspruchung an. Gerade für Kinder und Jugendliche sind vielfältige sportliche Aktivitäten zu empfehlen. Regelmäßiger Sport kräftigt nicht nur die Muskeln, sondern wirkt sich auch positiv auf die Haltung aus. Zudem wird die Entwicklung der Kinder gefördert. Vielen Erkrankungen, nicht nur solchen des Bewegungsapparats, wird vorgebeugt. Hier wird das Basiskonzept *Variabilität und Angepasstheit* deutlich.

2 Basketballspiel

Teste dich!

1 Das Skelett umfasst alle Knochen des menschlichen Körpers.
A Gib die Gliederung des menschlichen Skeletts an.
B Nenne die Aufgaben der verschiedenen Teile des Skeletts.

2 Das ▶ Bild 4 zeigt ein Modell der Wirbelsäule.
A Gib an, welchen Strukturen im menschlichen Körper die nummerierten Bauteile entsprechen.
B Stelle eine Vermutung auf, welche Funktion die Gummibänder im Modell haben könnten.

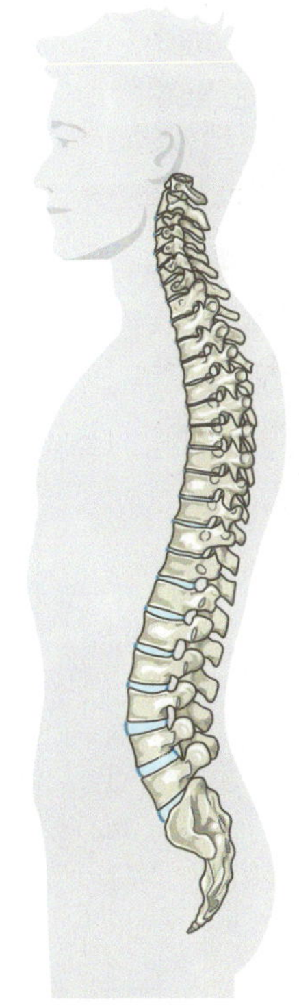

3 Menschliche Wirbelsäule

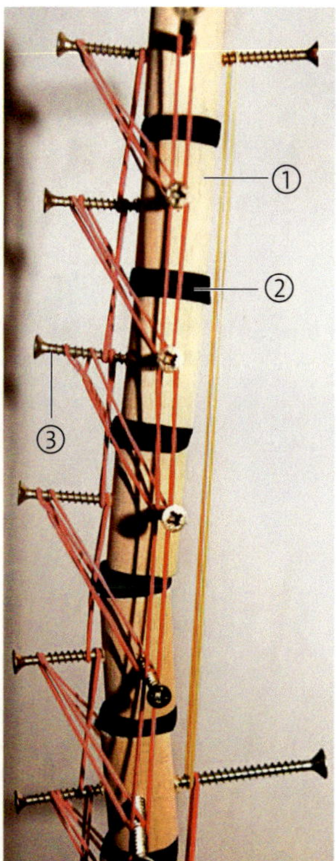

4 Wirbelsäulenmodell

3 In ▶ Bild 5 siehst du das Modell eines Kniegelenks.
A Nenne den Gelenktyp.
B Erläutere den Aufbau des abgebildeten Gelenks.

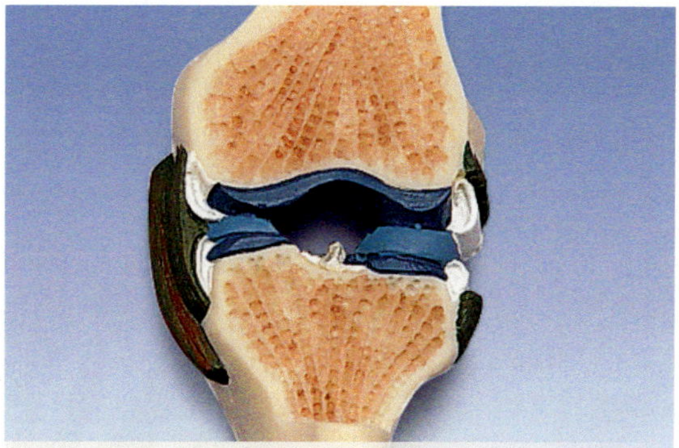

5 Modell eines Gelenks

4 Vor der Sportstunde der 5b unterhalten sich Niclas und Ayob:

A Beurteile diese Aussagen.
B Begründe, warum ein guter Sportler nicht nur eine Sportart betreiben sollte.

5 **A** Beschreibe, wie der Fuß des Menschen aufgebaut ist ▶ Bild 6.
B Angehörige von Naturvölkern, die ohne Schuhe laufen, haben in der Regel gesunde Füße. Erkläre den Zusammenhang.
C Nenne Beispiele für Bewegungsübungen, die zur Gesunderhaltung der Füße beitragen können.

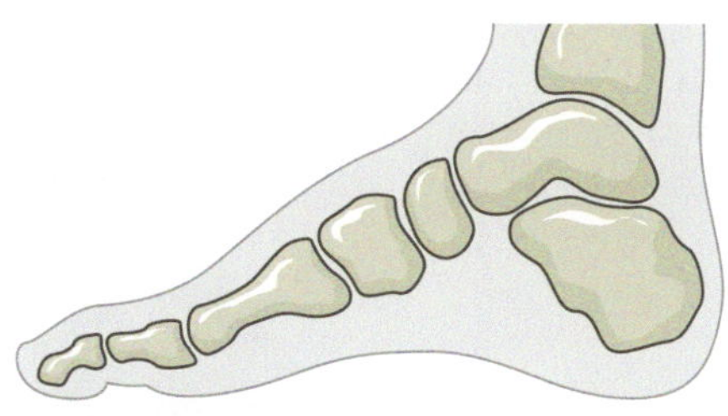

6 Fußskelett

▶ Die Lösungen zu den Aufgaben findest du im Anhang.

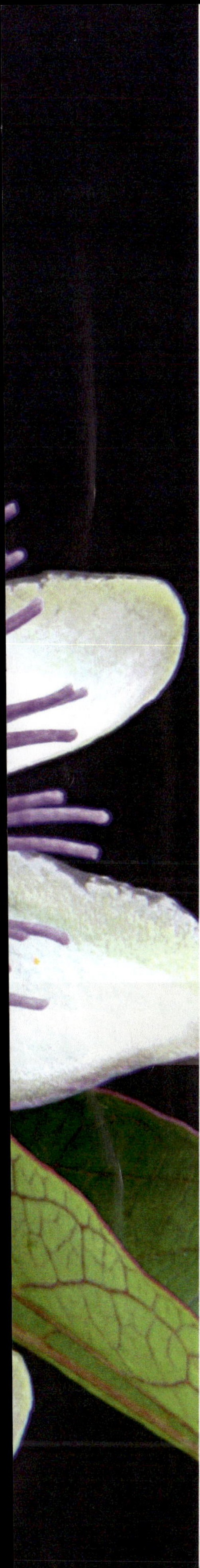

Blütenpflanzen

Blütenpflanzen sind sehr vielfältig und haben die unterschiedlichsten Lebensräume erobert. Ihr süßer Nektar, die leuchtenden Blütenfarben und besondere Blütenformen locken Bestäuber wie die Honigbiene und Schmetterlinge an. Sie sorgen dafür, dass durch die Befruchtung Samen und Früchte gebildet werden. Samen werden durch den Wind, das Wasser oder Tiere weit verbreitet. Gelangt ein Samen an eine geeignete Stelle, kann aus ihm eine neue Pflanze wachsen.

Blütenpflanzen – Bau und Funktion der Organe

1 Blumenwiese

Grundorgane der Blütenpflanzen Pflanzen begegnen uns in vielen verschiedenen Formen und Farben. Die Vielfalt reicht von Obstbäumen über Sträucher bis hin zu Kräutern. Trotz der Vielfalt haben Blütenpflanzen einen gemeinsamen Grundbauplan. Die Grundorgane sind: die *Wurzel*, die *Sprossachse* und das *Blatt*. Blätter unterteilt man in Laub- und Blütenblätter.
Anhand der Sprossachse unterscheidet man zwischen krautigen und holzigen Pflanzen. Krautige Pflanzen wie Wiesenblumen oder Gräser haben eine nicht verholzte Sprossachse. Man spricht auch vom Stängel, der die Blätter und Blüten trägt. Bäume und Sträucher bilden Holz aus, das ihnen Stabilität verleiht. Bäume erkennt man am nach oben wachsenden Stamm, der in die Krone mit kräftigen Ästen übergeht. Die Zweige, die den Ästen entspringen, entwickeln jedes Jahr neue Triebe, an denen sich Blätter und Blüten bilden. Über die Jahre hinweg werden Stamm und Äste immer dicker. Eichen können mehrere Hundert Jahre alt werden und erreichen einen Stammdurchmesser von über 1 m. Sträucher hingegen haben keinen Stamm als Hauptachse. Ihre Sprossachse verzweigt sich meist schon am Boden. Auch Sträucher bilden Blüten aus ▶ Bild 2.

Wurzel Die Wurzel verankert die Pflanze im Boden und gibt ihr Halt. Die feinen *Wurzelhaare* bilden oftmals ein weitverzweigtes Netz. Sie nehmen das im Boden gespeicherte Wasser sowie darin gelöste Mineralstoffe auf. *Mineralstoffe* können von der Pflanze nicht selbst hergestellt werden. Sie

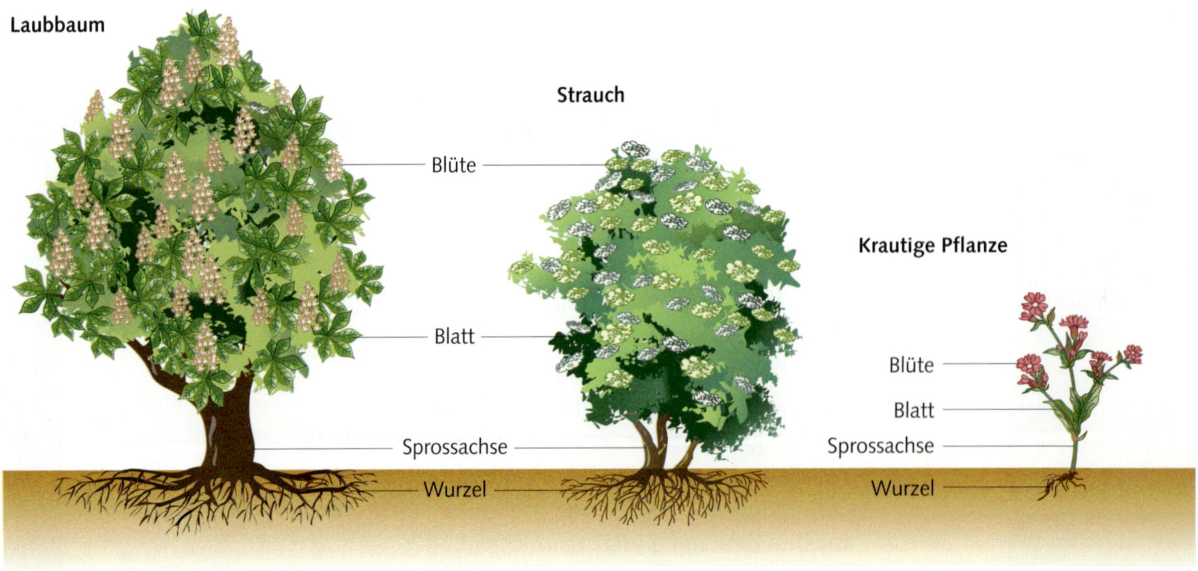

2 Grundbauplan von Blütenpflanzen

werden für normales Wachstum sowie Vermehrung benötigt.
Bei manchen Pflanzen dient die Wurzel auch als Speicher für *Nährstoffe*. Dies sind energiereiche Stoffe wie Traubenzucker oder Stärke, die Pflanzen selbst herstellen können. Pflanzen brauchen sie zum Aufbau des Pflanzenkörpers.

Sprossachse Die wesentliche Aufgabe der Sprossachse besteht neben der Stabilisierung der Pflanze in der Weiterleitung einerseits von Wasser und andererseits von Nährstoffen (Traubenzucker). Die Pflanze verfügt innerhalb der Sprossachse über besondere Strukturen, die *Leitbündel*. Dies sind Leitungsbahnen, die aus unterschiedlichen Röhren bestehen. Durch sie wird der Wasser- und Stofftransport von der Wurzel zu den Blättern möglich, ebenso der Transport von in den Blättern gebildeten Nährstoffen zur Wurzel ▶ Bild 3.

Laubblatt In den Laubblättern und anderen grünen Pflanzenteilen wird mithilfe von Sonnenlicht energiereicher Traubenzucker hergestellt. Bei diesem Stoffwechselprozess nehmen die Pflanzen Kohlenstoffdioxid aus der Luft auf und geben Sauerstoff ab. Dies geschieht über viele kleine Öffnungen an der Blattunterseite. Das für diesen Vorgang ebenfalls benötigte Wasser gelangt über die Leitungsbahnen in das Blatt. Sie sind im Laubblatt als Blattadern zu erkennen.

Blüte Die Blüte ist Teil des Sprosses. Sie setzt sich aus abgewandelten Blättern zusammen und dient der geschlechtlichen Fortpflanzung.

1. Nenne Gemeinsamkeiten und Unterschiede von Blütenpflanzen.
2. Ordne den einzelnen Pflanzenorganen ihre Funktion zu. Lege dazu eine Tabelle an.
3. Beschreibe die Transportvorgänge in einer Pflanze. Nimm ▶ Bild 3 zu Hilfe.

3 Bau einer Pflanze (Hahnenfuß)

Funktionen der Pflanzenorgane untersuchen

Wasserleitung im Spross

Forschungsfrage: Welche Aufgabe hat die Sprossachse?

Vermutung: In der Sprossachse wird Wasser bis zu den Blättern transportiert.

Material: Staudenselleriespross (etwas schlaff), 2 Bechergläser, Karminrot oder rote Tinte, Leitungswasser, Küchenbrettchen, Küchenmesser

Durchführung: Schlitze den unteren Teil des Selleriesprosses mit einem Schnitt genau durch die Mitte der Sprossachse ca. 10 cm auf. Fülle in das eine Becherglas Leitungswasser, in das andere gefärbtes Wasser. Die Gläser sollten ca. zu 2/3 gefüllt sein. Stelle die Gläser eng nebeneinander. Stecke den einen geschlitzten Sprossteil in das eine Glas und den anderen Sprossteil in das andere. Achte darauf, dass der Spross nicht nach hinten wegkippt. Eventuell musst du ihn etwas kürzen. Beobachte über mehrere Stunden, an welchen Teilen der Sprossachse Veränderungen auftreten. Miss stündlich, bis zu welcher Höhe sie auftreten. Notiere deine Beobachtungen in einer Tabelle.

1 Versuchsaufbau Wasserleitung im Spross

Zeit in Stunden	0	1	...
Stellen mit Verfärbungen	keine	linker Teil vom Stängel	
Höhe der Verfärbung in cm	–	2	

1. Führe den Versuch wie beschrieben durch und protokolliere ihn.
2. Deute die Beobachtungen mithilfe der Informationen im Grundwissen.

Funktion der Wurzel

Die folgenden Versuchsaufbauten müssen 3 Tage stehen bleiben. Erst dann kann man ein sicheres Ergebnis erzielen.

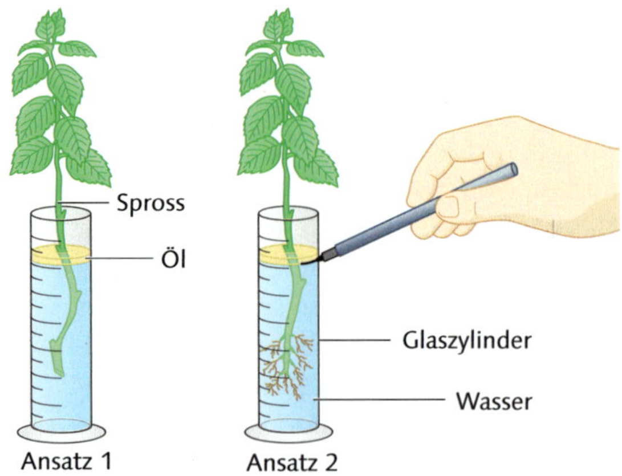

2 Versuchsaufbau Funktion der Wurzel

1. Beschreibe den abgebildeten Versuchsaufbau ▶ Bild 2.
2. Indem man Öl mithilfe einer Pipette auf das Wasser aufschichtet, verhindert man, dass das Wasser verdunstet. Erkläre, warum das hier von Bedeutung ist.
3. Formuliere eine Forschungsfrage und stelle Vermutungen auf, was passieren wird.
4. Führe den Versuch durch und vergleiche deine Vermutungen mit dem Ergebnis.
5. Fülle einen weiteren Glaszylinder bis zur Hälfte mit Wasser. Tauche einen weiteren Spross mit Blättern umgekehrt hinein ▶ Bild 3. Beobachte, was passiert, und ziehe Schlussfolgerungen daraus.

3 Versuchsaufbau mit umgekehrtem Spross

Skizzieren und Zeichnen

Biologen fertigen häufig Zeichnungen von biologischen Objekten an, um deren Aussehen genau darzustellen und festzuhalten. Zeichnen schult deine Beobachtungsgabe und das Vorstellungsvermögen. Skizzen und Zeichnungen bilden das Objekt nicht originalgetreu ab, sondern heben wichtige Merkmale hervor.

Material: weißes DIN-A4-Papier, spitzer, weicher Bleistift, Radiergummi, Buntstifte, Lupe
Vorbereitung: Lege das Zeichenmaterial bereit. Beschrifte das Blatt Papier mit deinem Namen und dem Datum. Notiere auch den Namen des Objekts.

Eine Skizze erstellen

Für einfache Skizzen eignen sich zum Beispiel frische Blätter von Laubbäumen.

Schritt 1 Lege das Objekt vor dich und skizziere dessen Umrisse mit dem Bleistift. Besonders wichtig ist es dabei, die unterschiedlichen Größen der Blätter sowie die Struktur der Blattränder zu erfassen.

Schritt 2 Zeichne die groben Strukturen ein, beispielsweise die Blattadern.

Schritt 3 Weitere Details wie die Verästelungen an den Blättern solltest du an einer ausgewählten Stelle schematisch ergänzen.

Schritt 4 Beschrifte zum Schluss die Skizze.

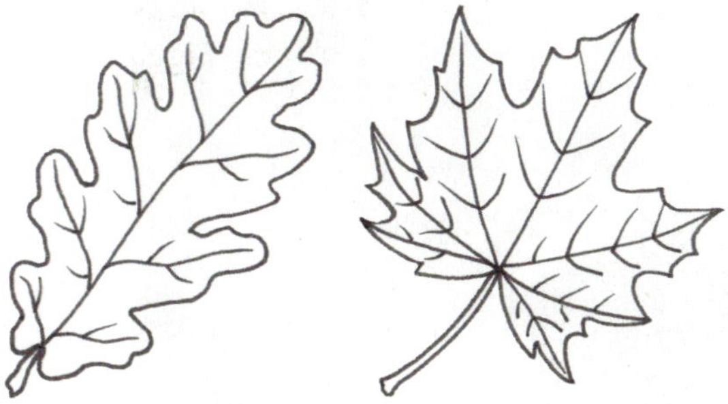

4 Skizzen von Eichen- und Ahornblatt

Eine Zeichnung erstellen

Als Übungsobjekt eignet sich beispielsweise eine krautige Pflanze. Lege sie auf ein saugfähiges Tuch und betrachte sie genau.

Schritt 1 Erfasse die Umrisse des Objekts, beispielsweise der Pflanze mit Wurzel. Die Linienführung sollte zart sein, damit du leicht korrigieren kannst.

Schritt 2 Sobald du mit der Skizze zufrieden bist, ziehst du die Linien nach.

Schritt 3 Im nächsten Schritt erfasst du die feineren Konturen, zum Beispiel die der Blätter und anderen Pflanzenteile. Nutze dabei eine Lupe. Es ist ratsam, Hilfslinien in den einzelnen Strukturen einzuzeichnen. Bei Bedarf kannst du Buntstifte zum Ausmalen verwenden.

Schritt 4 Abschließend solltest du die Zeichnung sorgfältig beschriften ▶ Bild 5.

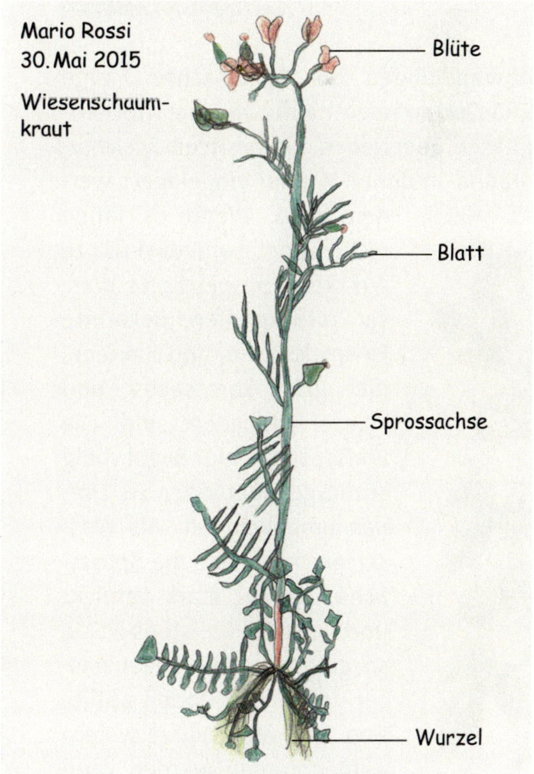

5 Zeichnung eines Wiesenschaumkrauts

Abwandlung von Pflanzenorganen

146-1

Manche Pflanzen zeigen außergewöhnliche Abwandlungen einzelner Pflanzenorgane, die zur besonderen Gestalt der Pflanze führen. Diese Abwandlungen verschaffen den Pflanzen einen Vorteil beim Wachstum, der Fortpflanzung oder der Abwehr von Fressfeinden.

1 Saguaro-Kaktus

Abwandlungen der Sprossachse Einige Pflanzen müssen häufig längere Trockenphasen überstehen. Sie besitzen *Speicherorgane*, in denen Wasser eingelagert werden kann. Wenn es lange nicht regnet, kann die Pflanze auf dieses gespeicherte Wasser zurückgreifen. Bekannte Beispiele dafür sind Kakteen, die nur in Sprossachse und Wurzel gegliedert sind. Die Blätter sind in der Regel völlig zurückgebildet oder zu *Dornen* umgewandelt. Als Wasserspeicher dient die Sprossachse. Sie ist stark verdickt und fleischig. Meistens ist sie so geformt, dass Regenwasser direkt zum Boden abfließen und vom Wurzelsystem aufgenommen werden kann ▶ Bild 1.

2 Hopfen

Eine andere Abwandlung der Sprossachse findet sich beim Hopfen ▶ Bild 2. Diese Kletterpflanze bildet *Sprossranken* aus, die ihr zum Verankern beim Klettern dienen.
Sprossknollen sind Speicherorgane für Nährstoffe. Die Kartoffel besitzt unterirdische Sprossknollen, der Kohlrabi oberirdische. Kartoffeln können sich mithilfe dieser Sprossknollen auch ungeschlechtlich vermehren.

Abwandlungen der Wurzel *Rüben* sind stark verdickte, fleischige Wurzeln, die als Speicherorgan dienen. Die Zuckerrübe stammt von der Gemeinen Rübe ab. Bei der Züchtung wurde sie so verändert, dass ihr Gehalt an Zucker in der Wurzel besonders hoch ist. So wurde diese Nutzpflanze zur bedeutendsten Zuckerpflanze in unseren Breiten ▶ Bild 3.
Eine weitere Abwandlung der Wurzel zeigt der Efeu. Er ist eine immergrüne Pflanze, die mit Hilfe von *Haftwurzeln* an Bäumen und Mauern emporklettert. Dabei erzielt er als einziger einheimischer Wurzelklette-

3 Zuckerrübe

rer Höhen von bis zu 20 Metern. Auf diese Weise verschafft sich der Efeu einen Vorteil gegenüber anderen Pflanzen im Wald, da er so schneller ans Licht gelangt.

Abwandlungen von Blättern Einige Blätter haben so umfassende Abwandlungen erfahren, dass sie nicht mehr als Blatt zu erkennen sind. Bei der Berberitze sind die Blätter teilweise zu *Blattdornen* umgewandelt. Diese schützen die Pflanze vor Fressfeinden. Berberitzen werden häufig an Wegrändern und in Gärten angepflanzt, manchmal wachsen sie auch an Waldrändern ▶ Bild 4.

4 Blattdornen der Berberitze

Bei Erbsen haben sich hingegen an der Blattspitze der gefiederten Blätter *Blattranken* ausgebildet, die eine gute Verankerung an Stangen, Pfählen und anderen Rankhilfen ermöglichen. Die Ranken umwinden alle erdenklichen Stützen und ermöglichen der Pflanze ein schnelles Emporwachsen. Sie geben ihr zugleich sicheren Halt, obwohl die Sprossachse nicht verholzt ist.
Manche Pflanzen bilden *Zwiebeln* aus. Bei der Küchenzwiebel entsprechen die fleischigen Zwiebelschalen den Laubblättern. Die Sprossachse ist extrem verkürzt. Die Blätter bestimmen bei der Zwiebel das Erscheinungsbild ▶ Bild 5.

5 Küchenzwiebel

1. Beschreibe die möglichen Abwandlungen von Sprossachsen. Erkläre deren Funktion.
2. Überlege, welches Organ bei den Pflanzen in den ▶ Bildern 6 und 7 jeweils abgewandelt ist. Begründe.
3. Beurteile, ob man die Küchenzwiebel als Knolle bezeichnen darf.
4. Unterschiedliche Organe können die gleiche Funktion übernehmen. Nenne Beispiele.

6 Kreuzkraut

7 Wicke mit abgewandeltem Organ

Krönung der Pflanze – die Blüte

Die Blüte schmückt die Pflanze Viele Blüten sind prächtig und außergewöhnlich gestaltet. Sie locken Insekten an. Diese bestäuben die Blüten und tragen so zur Fortpflanzung bei. Für uns Menschen stellt die Blütenpracht eine Augenweide dar.

Blüten sind sehr vielfältig in ihrem Aussehen, haben aber einen gemeinsamen Grundbauplan. Zu den Blütenbestandteilen zählen: Kelchblätter, Kronblätter, Staubblätter und Fruchtblätter.

Bau der Blüte Das Wiesenschaumkraut ist eine Wildpflanze mit einfachem Blütenaufbau, die auf Wiesen häufig wächst. Sie besitzt 4 Kelchblätter, 4 Kronblätter, 6 Staubbeutel und 1 Fruchtblatt.

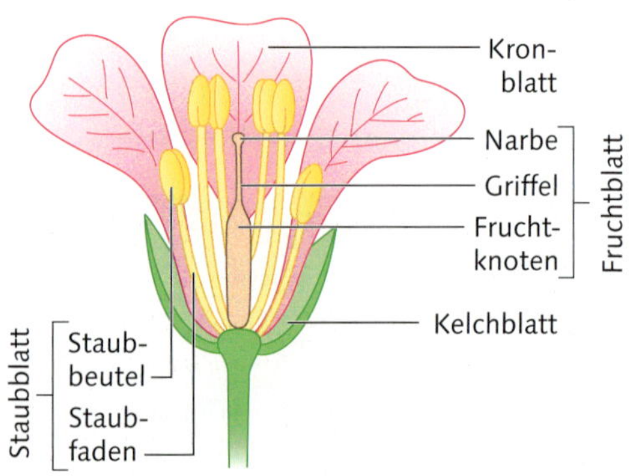

1 Blütenaufbau des Wiesenschaumkrauts (Längsschnitt)

Wenn man den Querschnitt einer geschlossenen Blüte schematisch zeichnet, erhält man ein dem Legebild (▶ Bild 5) ähnliches Bild, das Blütendiagramm ▶ Bild 2.

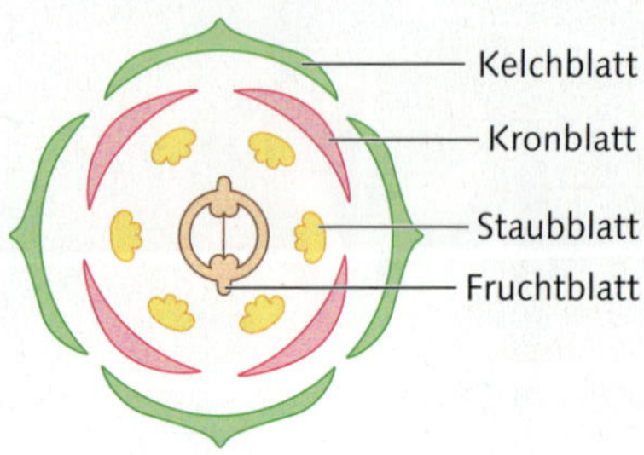

2 Blütendiagramm des Wiesenschaumkrauts

3 Blüten des Wiesenschaumkrauts

Blütenorgane Die *Kelchblätter* sind an ihrer grünen Farbe zu erkennen. Sie umhüllen die Blüte und schützen sie, bevor sie aufblüht. Nach dem Aufblühen stehen sie waagerecht ab. Nun beherrschen die weiß- bis fliederfarbenen *Kronblätter* des Wiesenschaumkrauts das Bild der Blüte. Die Kronblätter locken Insekten an. Weiter innen befinden sich die *Staubblätter*. Sie bestehen jeweils aus einem Staubfaden und einem Staubbeutel. Diese enthalten den *Pollen*, in dem sich die *männlichen Geschlechtszellen* entwickeln. Im Zentrum der Blüte findet man ein oder mehrere Fruchtblätter. Jedes *Fruchtblatt* besteht aus Fruchtknoten, Griffel und Narbe, die miteinander verwachsen sind. Der Fruchtknoten enthält die Samenanlage mit der *Eizelle*, der *weiblichen Geschlechtszelle*.

1. Benenne die Bestandteile der Blüte und gib deren wesentliche Funktionen an. Fertige dazu eine Tabelle an.

2. Fasse die Merkmale der Blüte des Wiesenschaumkrauts zusammen.

3. **A** Fertige eine Schemazeichnung einer Blüte deiner Wahl an und beschrifte sie.
   B Vergleiche sie mit der des Wiesenschaumkrauts.

Untersuchen

Häufig zerlegen Biologen Objekte, um sie genau zu untersuchen. Man bezeichnet dies als Präparieren. Blüten präpariert man, um ihren genauen Aufbau sowie die Zahl und Anordnung ihrer Bestandteile herauszufinden.

Präparation einer Kirschblüte

Material: Kirschblüte, Lupe, Pinzette, schwarzer Zeichenkarton oder schwarzer Stoff, Digitalkamera

Schritt 1 Betrachte zunächst den Bau der Kirschblüte mit der Lupe und ordne die einzelnen Blütenteile zu. Halte dafür die Lupe vor das Auge und schließe das andere. Führe nun die Lupe so lange an das Objekt heran, bis du es scharf siehst. Halte dabei das Präparat mit den Fingerspitzen leicht fest.

4 Kind betrachtet eine Blüte.

Schritt 2 Zupfe nun mit der Pinzette die einzelnen Blütenbestandteile der Blüte vorsichtig von außen nach innen ab.

Schritt 3 Beginne mit den Kelchblättern. Lege sie gemäß ihrer Anordnung an der Blüte ringförmig auf die Pappe oder den Stoff.

Schritt 4 Verfahre mit den Kronblättern, den Staubblättern und schließlich dem Fruchtblatt ebenso.

Schritt 5 Fotografiere oder zeichne das Legebild, nachdem du alles gemäß der ursprünglichen Anordnung behutsam zurechtgelegt hast.

1. Beschreibe die Anordnung der einzelnen Blütenteile der Kirschblüte und gib jeweils ihre Anzahl an.
2. Vergleiche das Legebild der Kirschblüte mit dem der Krokusblüte ▶ Bild 6.
3. Präpariere die Blüten von zwei bis drei anderen Pflanzen auf die gleiche Weise. Halte in einer Tabelle fest, wie viele Fruchtblätter, Staubblätter, Kronblätter und Kelchblätter du jeweils findest. Notiere zusätzlich Besonderheiten, die dir auffallen, in einer extra Spalte.
4. Fotografiere dein Legebild oder zeichne es.
5. Erstelle ein Blütendiagramm einer von dir präparierten Blüte.

5 Legebild einer Kirschblüte

6 Legebild einer Krokusblüte

Pflanzen ordnen und bestimmen

Ordnung in der Vielfalt Die Vielfalt bei den Pflanzen ist groß. Bis heute hat man über 400 000 verschiedene Pflanzen entdeckt. Beispielsweise weichen bei den unterschiedlichen Blütenpflanzen die Anzahl und Gestalt der Blütenorgane sowie die Anordnung der Laubblätter stark voneinander ab. Manchmal sind auch einzelne Blütenorgane umgebildet. Aufgrund der großen Vielfalt wollte man ein Ordnungssystem schaffen, an das sich jeder beim Bestimmen von Pflanzen halten kann. Das heute anerkannte Ordnungssystem geht auf den schwedischen Naturforscher Carl von Linné (1707 – 1778) zurück. Er gab allen Pflanzen einen zweiteiligen Namen. Der erste bezeichnet die Gattung einer Pflanze, der zweite die Art. Zu einer *Art* gehören alle Lebewesen, die unter natürlichen Bedingungen gemeinsam fruchtbare Nachkommen hervorbringen können. Man erkennt sie daran, dass sie meist in allen wesentlichen Merkmalen übereinstimmen.

Innerhalb des von Linné entwickelten Ordnungssystems werden Blütenpflanzen anhand typischer Merkmale eingeordnet. Dabei werden beispielsweise Pflanzen mit dem gleichen Blütenaufbau der gleichen Familie zugeordnet. Linné teilte die Pflanzen in Ähnlichkeitsgruppen ein. Dazu schuf er unter anderem folgende Ebenen: Klasse, Ordnung, Familie, Gattung und Art ▶ Bild 1.

Wissenschaftler verwenden bei der Benennung der Lebewesen nur lateinische Namen, zum Beispiel Taraxacum officinale (Gewöhnlicher Löwenzahn). Der Gewöhnliche Löwenzahn gehört zur Familie der Korbblütler und zur Gattung Löwenzahn. Die Bezeichnung „officinale“ steht für Pflanzen mit einer arzneilichen Wirkung. Zur genauen Bestimmung der Familie, Gattung und Art von Pflanzen zieht man Bestimmungsschlüssel zur Hilfe heran.

Verwandtschaft Generell weisen große Ähnlichkeiten in Merkmalen auf nahe Verwandtschaft hin. Eine nahe Verwandtschaft deutet wiederum auf eine vergleichbare Entwicklungsgeschichte ausgehend von gemeinsamen Vorfahren hin.

1 Ausschnitt aus einem Ordnungsschema für Korbblütler

1. Erkläre, warum die vier Arten in ▶ Bild 1 der Familie der Korbblütler zugeordnet werden können.
2. Begründe, ob sich die Pflanzen einer Gattung oder einer Familie ähnlicher sind.
3. Suche mehrere Pflanzen, die zu einer Familie gehören, und zeichne oder fotografiere sie.
4. Viele Kinder lieben Butterblumen und pflücken sie häufig. Doch den Namen Butterblume gibt es nur in der Alltagssprache. Stelle weitere Beispiele für alltagssprachliche Pflanzennamen zusammen. Finde deren wissenschaftlichen Namen heraus.

Pflanzenfamilien – Eleganz und Vielfalt

151-1

2 Rapsblüten

5 Blüten des Wiesensalbeis

Familie der Kreuzblütler Unverkennbares Merkmal der Blüte der Kreuzblütler sind die 4 einzelnen, unverwachsenen Kelchblätter sowie die 4 Kronblätter. Alle Blätter der Blüte sind kreuzförmig angeordnet. Dieses Merkmal gab der Familie ihren Namen. Im Innern der Blüte befinden sich 2 äußere kurze und 2 innere lange Staubblätter. Der Fruchtknoten besteht aus 2 Fruchtblättern, die durch eine Scheidewand getrennt sind. Darin liegen die Samenanlagen. Als Früchte werden ausschließlich Schoten und Schötchen ausgebildet ▶ Bild 4.

Neben dem Wiesenschaumkraut gehört auch der Raps zu den Kreuzblütlern. Das ist gut an der Anordnung der Kronblätter zu erkennen ▶ Bild 2. Raps wird als Nutzpflanze angebaut. Aus seinem Samen gewinnt man Speiseöl, aber auch Biodiesel.

3 Wirsing

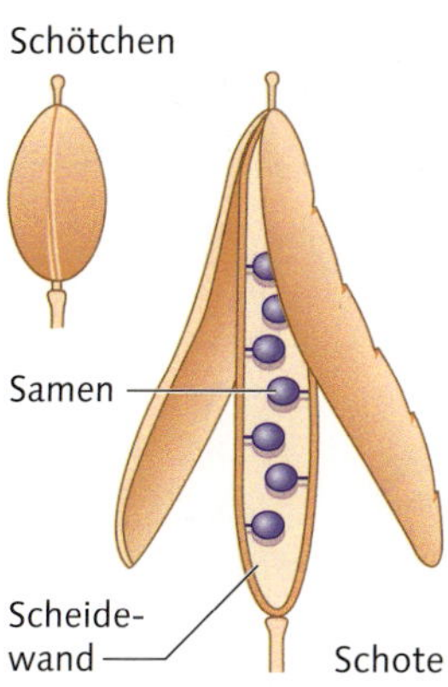

4 Früchte der Kreuzblütler

Bei Gemüsepflanzen zählen alle Kohlsorten zu den Kreuzblütlern, beispielsweise auch der Wirsing ▶ Bild 3.

Familie der Lippenblütler Lippenblütler gehören mit mehr als 7000 Arten zu einer der am weitesten verbreiteten Gattungen. Da sich in den Blättern der Pflanzen ätherische Öle befinden, werden sie häufig zur Gewinnung diverser Duftöle sowie als schmackhafte Küchenkräuter genutzt.

Lippenblütler können an dem grundsätzlich vierkantigen Spross sowie dem Bau der Blüte erkannt werden. Zwei obere Kronblätter sind zusammengewachsen und wölben sich als „Oberlippe" über 3 untere, ebenfalls verwachsene Kronblätter, die Unterlippe. Am Grund sind alle Kronblätter zu einer Röhre verwachsen, die in einem Kelch aus 5 Kelchblättern steckt.

Aus dem Fruchtknoten mit 2 Fruchtblättern entwickelt sich die Klausenfrucht, eine typisch geformte vierteilige Frucht. Sind die Samen reif, zerfällt die Frucht in vier einsamige Teile, die Klausen. Wichtige Vertreter der Lippenblütler sind: Salbei, Lavendel, Thymian, Basilikum, Pfefferminze und Taubnessel ▶ Bild 6.

6 Taubnessel

1 Blütenbau der Platterbse

3 Blüte der Kornblume

Familie der Schmetterlingsblütler Schmetterlingsblütler sind als bedeutende Kulturpflanzen weit verbreitet. Ihre Fruchtknoten bilden eine Hülse, in denen große Samen mit hohem Eiweißanteil heranreifen. Diese Hülsenfrüchte werden als Nahrungsmittel sehr geschätzt. Erbsen und Bohnen sind beispielsweise bedeutende Vertreter ▶ Bild 2. Zu den Futterpflanzen zählen hingegen der Klee und die Luzerne.

Die Schmetterlingsblüte ist außergewöhnlich gebaut: Sie besteht aus 5 Kelch- und Kronblättern. Das mittlere obere Kronblatt ist meistens stark vergrößert und nach oben gebogen, weshalb es auch „Fahne" genannt wird ▶ Bild 1. Die beiden unteren Kronblätter sind normalerweise miteinander verwachsen und bilden eine Röhre aus, die einem Kahn ähnlich und oftmals spitz nach oben gebogen ist, das „Schiffchen". Darin sind die Staubblätter und der Griffel verborgen. Die beiden seitlichen Kronblätter stehen etwas nach außen ab und werden daher „Flügel" genannt. Meistens umhüllen sie das Schiffchen.

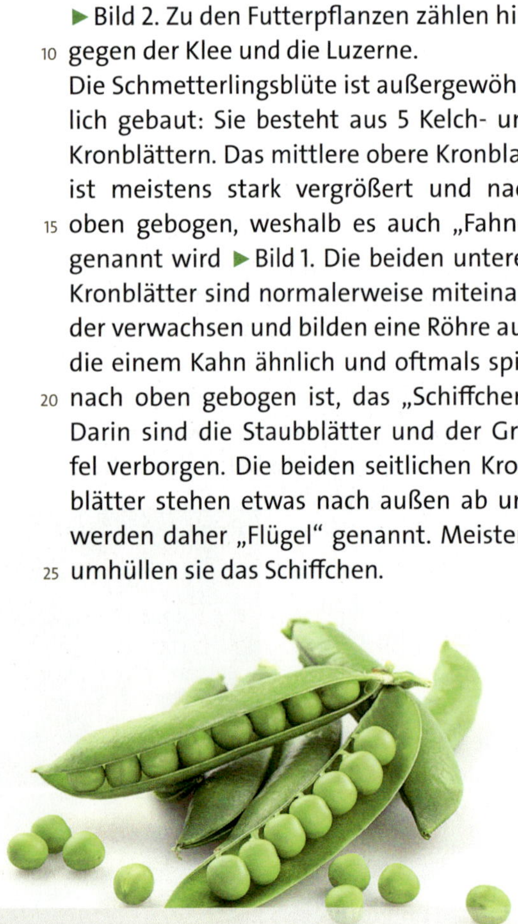

2 Hülsenfrüchte der Erbse

Familie der Korbblütler Die Korbblütler zeigen eine große Vielfalt. Der bekannteste Vertreter ist der Löwenzahn. Doch auch die Kornblume (▶ Bild 3), die Sonnenblume und die Kamille gehören zu den Korbblütlern. Auffallend ist, dass sich die oft großen Blumen aus vielen Einzelblüten zusammensetzen, die besonders geformt sind. Sie bilden in ihrer Gesamtheit einen Blütenstand, der von Hüllblättern umgeben ist. Die Form des Blütenstands erinnert an ein Körbchen, weshalb die Familie Korbblütler heißt. Es gibt in der Regel zwei Formen von Einzelblüten: Zungen- und Röhrenblüten. Bei manchen Arten tragen Zungenblüten keine Staub- und Fruchtblätter, sind also unfruchtbar. Hingegen tragen die Röhrenblüten im Innern des Korbs stets die Staubblätter sowie das Fruchtblatt mit Narbe, Griffel und Fruchtknoten ▶ Bild 4.

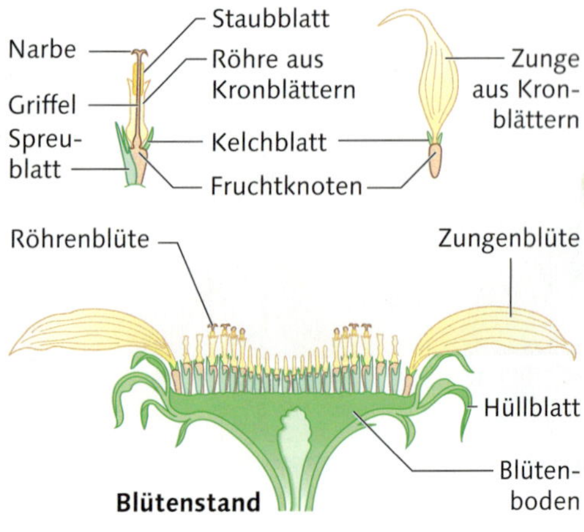

4 Bau einer Korbblüte

5 Blütenstand des Korianders

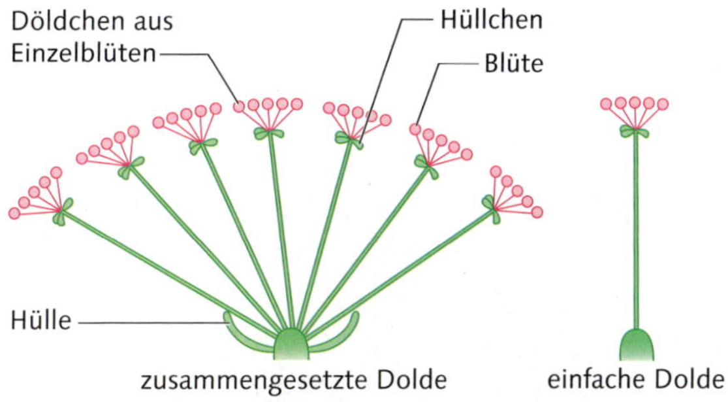

7 Bau einer Doldenblüte

Familie der Doldenblütler Die meisten Arten der Doldenblütler sind ausdauernde krautige Pflanzen mit mehrfach geteilten Blättern. Viele vertraute Gewürz-, Nahrungs- und Heilpflanzen wie der Koriander (▶ Bild 5), der Kümmel, der Fenchel (▶ Bild 6), die Möhre oder der Baldrian zählen zu ihnen. Doch auch einige der gefährlichsten Giftpflanzen wie der Schierling gehören in diese Pflanzenfamilie.
Doldenblütler haben keine Einzelblüten, sondern einen Blütenstand, der als Dolde ausgeprägt ist ▶ Bild 7. Bei der Dolde ist die Hauptachse der Blüte verkürzt. Die Einzelblüten tragenden Nebenachsen setzen gemeinsam an der Spitze der Sprossachse an. Die Einzelblüten befinden sich ungefähr auf gleicher Höhe, sodass sie zusammen einen gerundeten Blütenschirm bilden. Allerdings ist nicht jede Pflanze, die eine Dolde hat, gleichzeitig auch ein Doldenblütler.

6 Fenchel

1 Erstelle Steckbriefe mit Bildern zu Pflanzenfamilien. Gehe dabei folgendermaßen vor:
- **A** Bilde auf Grundlage der vorhandenen Texte Kategorien für Steckbriefe.
- **B** Lege zwei oder mehr Steckbriefe von den im Buch vorhandenen Pflanzenfamilien an und ergänze sie.
- **C** Lege einen Steckbrief für eine weitere Pflanzenfamilie an.

2 Kirsche und Heckenrose gehören zur Familie der Rosengewächse. Besorge dir einzelne Blüten einer Kirsche oder Heckenrose.
- **A** Vergleiche deren Aufbau mit dem der Blüten von Kreuzblütlern und Lippenblütlern.
- **B** Stelle die Blütenmerkmale zusammen.

3 Untersuche die Früchte eines Hirtentäschels ▶ Bild 8.
- **A** Zeichne die Frucht.
- **B** Öffne die Schote vorsichtig und zeichne sie erneut.
- **C** Vergleiche die Anordnung der Samen mit der in ▶ Bild 4, S. 151. Beschrifte deine Zeichnung.

8 Hirtentäschel

4 Präpariere eine Sonnenblumenblüte. Am besten schneidest du sie dafür längs durch. Zupfe einige Zungenblüten und Röhrenblüten aus dem Blütenboden heraus und betrachte sie mit einer Lupe oder dem Binokular. Vergleiche den Blütenaufbau mit ▶ Bild 4.

5 Sammle Früchte von Wiesenpflanzen und überlege dir, wie sie verbreitet werden. Erläutere deine Überlegungen.

Bäume – Riesen unter den Blütenpflanzen

154-1

1 Rotbuche, bis 50 m Wuchshöhe

3 Stieleiche, bis 45 m Wuchshöhe

Rotbuche Die Rotbuche ist in Mitteleuropa die am weitesten verbreitete Laubbaumart. Buchenwälder prägen unsere Landschaften. Stehen Buchen frei, bilden sie sehr große Kronen aus. Sie können mehrere Hundert Jahre alt werden. Ihre Blätter wachsen in alle Richtungen, sodass fast kein Licht mehr zum Boden durchdringt.
Nahezu gleichzeitig mit den austreibenden Blättern entwickeln sich im Frühjahr die Blütenstände. Da sich die weiblichen und männlichen Fortpflanzungsorgane auf unterschiedlichen Blüten befinden, spricht man von *getrenntgeschlechtigen* Blüten. Die Bestäubung erfolgt mithilfe des Windes. Die Früchte, die zu zweit in einem Fruchtbecher sitzen, nennt man Bucheckern. Sie sind ölhaltig und dienen vielen Tieren wie Eichhörnchen und Waldmäusen als Wintervorrat. Durch die Tiere werden die Samen weit verbreitet.

2 Blätter, Blüten und Früchte der Rotbuche

Stieleiche Eichen werden sehr alt. Ihre Wurzeln reichen als Pfahlwurzeln tief in den Boden hinein. Dies erleichtert die Wasserversorgung des Baums und gewährleistet eine gute Verankerung im Boden. Die Blüten der Stieleichen sind getrenntgeschlechtig. Ihre Samen, die Eicheln, sitzen in einem Becher. Sobald sie reif sind, fallen sie zu Boden. Einige Tiere, beispielsweise Wildschweine oder Eichelhäher, nutzen sie als Nahrung.
Trotz ihrer dichten Krone lassen Eichen so viel Licht auf den Boden fallen, dass Sträucher und Kräuter unter ihnen gedeihen können. Eichen bieten vielen Tieren einen Lebensraum. Mehrere Hundert Arten können in einer Eiche beherbergt sein.

4 Blätter, Blüten und Früchte der Stieleiche

5 Fichte, bis 35 m Wuchshöhe

7 Waldkiefer, bis 40 m Wuchshöhe

Fichte Heute ist die immergrüne Fichte der häufigste Nadelbaum Mitteleuropas. Sie hat einen geraden Stamm und eine rotbraune Borke, die in unregelmäßigen Schuppen abblättert. Die Nadeln umgeben die Zweige rundum. Durch die regelmäßige Anordnung der Äste wirkt der Bau der Fichten stockwerkartig. Fichten haben getrenntgeschlechtige Blüten. Männliche Blüten sind eiförmig und nur 1–2 cm lang. Zunächst sind sie purpurn, im reifen Zustand dann gelb gefärbt. Aus den weiblichen Blüten bilden sich Zapfen. Sie stehen zunächst aufrecht, krümmen sich jedoch nach der Befruchtung nach unten.
Während die ursprünglichen Wuchsgebiete der Fichte im Gebirge oberhalb von 900 m Höhe liegen, kommt sie heute in fast allen Wäldern vor. Dies liegt an ihren geringen Ansprüchen an Wärme und Bodenqualität. Sie ist zum wichtigsten Forstbaum geworden und wird vielfach angepflanzt.

6 Nadeln und Zapfen der Fichte

Waldkiefer Die immergrüne Waldkiefer ist schnellwüchsig. Die Äste haben keine regelmäßige Anordnung. Die unteren Äste sterben nach und nach ab, sodass der Stamm lang und kahl erscheint. Am Stamm hat die Borke tiefe Risse und besitzt grobe, braunrot gefärbte Schuppen. Die spitzen, langen Nadeln sitzen paarweise am Zweig. Die hängenden weiblichen Blütenstände, aus denen sich später die Zapfen bilden, stehen am Ende der Triebe. Die rotbraunen männlichen Blütenstände sind im unreifen Zustand gelb-grün. Ihre Schuppen sind dann noch ganz geschlossen.

8 Nadeln und Zapfen der Waldkiefer

1. Beschreibe, wie Stieleiche und Rotbuche sich verbreiten.

2. Nenne die wesentlichen Unterscheidungsmerkmale der beiden vorgestellten Nadelbäume.

Umgang mit einem Bestimmungsschlüssel

156-1

Anhand verschiedener Merkmale kann man Pflanzen unterscheiden. Mit einem Bestimmungsschlüssel kannst du durch Vergleichen von Merkmalen herausfinden, um welche Pflanze es sich handelt.

Bestimmungspfaden folgen

Schritt 1 Untersuche eine dir unbekannte Pflanze zunächst auf das erste im Bestimmungsschlüssel vorgegebene Merkmal. Prüfe durch genaues Betrachten, welche vorgegebene Ausprägung des Merkmals auf deine Pflanze zutrifft. Es gibt meistens nur zwei Wahlmöglichkeiten. *Entscheide zuerst – zum Beispiel bei einem dir unbekannten Blatt eines Laubbaums –, ob die Blätter zusammengesetzt sind oder einfach.*

Schritt 2 Je nachdem, was zutrifft, gehst du dem rechten oder linken Pfad nach und untersuchst, welches weitere aufgeführte Merkmal zutrifft.

Schritt 3 Verfahre mit allen weiteren ausgewiesenen Merkmalen in gleicher Weise, bis du im Bestimmungsschlüssel auf den Namen der untersuchten Pflanze triffst ▶ Bild 1.

Laubbäume bestimmen

Laubbäume unterscheiden sich eindeutig in der Gestalt ihrer Blätter. Die bedeutendsten Merkmale zur Unterscheidung von Laubblättern sind die Blattform, der Blattrand und die Blattadern.
Im Bild unten ist beispielhaft die Bestimmung eines Laubblattes veranschaulicht.

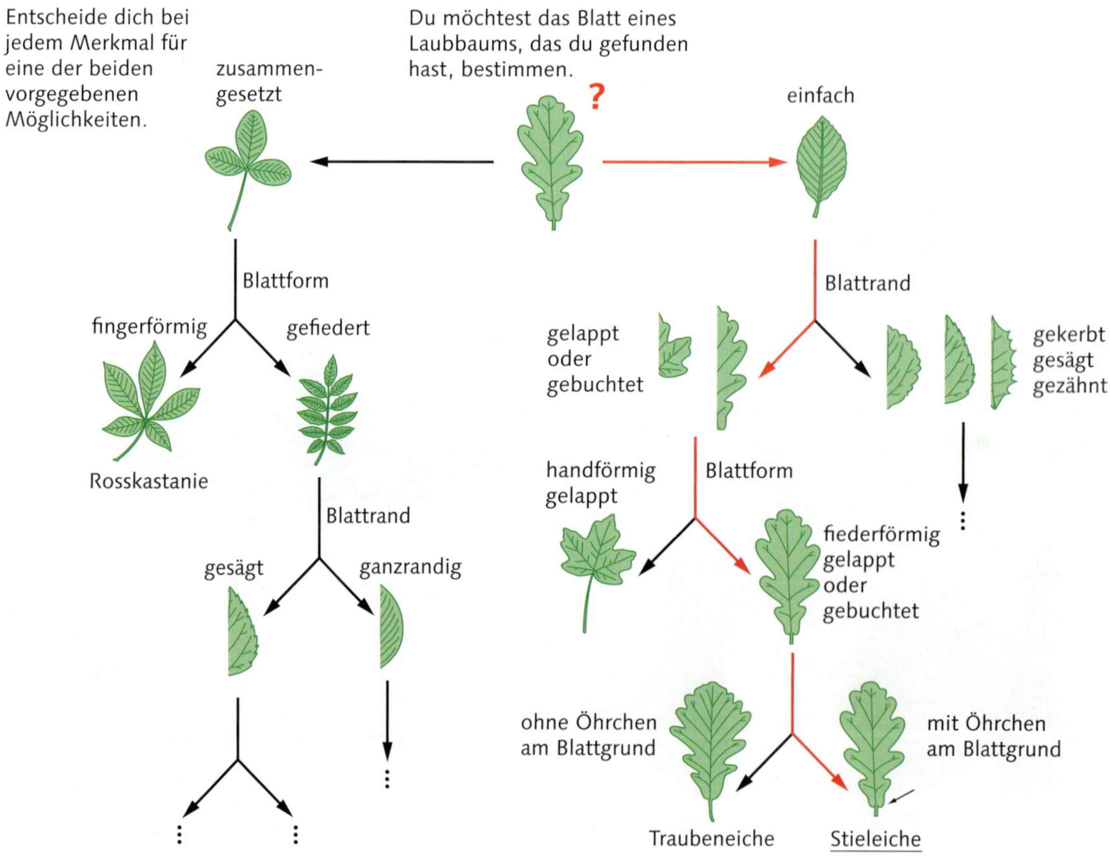

1 So arbeitest du mit einem Bestimmungsschlüssel

Anlegen eines Herbars

Gesammelte Pflanzen werden getrocknet und gepresst, um sie aufbewahren zu können. Eine Sammlung getrockneter und mit Namen versehener Pflanzen nennt man Herbarium, kurz auch Herbar.

Material: Bestimmungsbuch, Notizbuch, kleine Schaufel, Plastiktüte, alte Zeitungen, dicke Bücher, Zeichenblätter (DIN A4), Klebestreifen, Etiketten, Fotokarton oder Tonpapier, Ordner

Schritt 1 Pflanzen bestimmen und sammeln

Bestimme die Pflanzen für das Herbar mithilfe eines Bestimmungsbuchs direkt am Fundort.

- Notiere im Notizbuch Pflanzennamen, Pflanzenfamilie, Fundort und -datum jeder Pflanze.
- Sammle nur gut gewachsene und unverletzte Pflanzen. Lass geschützte Pflanzen unbedingt stehen! Sei vorsichtig beim Ausgraben, um Pflanze und Wurzel nicht zu verletzen.
- Säubere die Wurzel und stecke die Pflanzen für den Transport in eine Plastiktüte.

Schritt 2 Pflanzen pressen

Lege jede einzelne Pflanze vorsichtig zwischen Zeitungspapier. Achte darauf, dass die Pflanzenteile nicht zusammengedrückt, wohl aber etwas glatt gestrichen werden. Ihre natürliche Erscheinungsform sollte erhalten bleiben. Vergiss nicht, deinen Notizzettel hinzuzufügen.

- Lege das Zeitungspapier mit der enthaltenen Pflanze zwischen zwei dicke Bücher.
- Verfahre mit allen gesammelten Pflanzen in gleicher Weise.
- Beschwere alles zusätzlich mit weiteren Büchern und lagere es an einem trockenen Ort.
- Wechsle nach einigen Tagen die Zeitungsblätter aus, damit nichts schimmelt.

Schritt 3 Fixieren und Beschriften

- Lege jede getrocknete Pflanze auf einen weißen Fotokarton oder auf Tonpapier in der Größe eines DIN-A4-Blattes und befestige sie mit wenigen Klebestreifen. Achte darauf, dass die Klebestreifen fest sitzen.
- Beschrifte das Etikett mit den Angaben aus Schritt 1 und klebe es auf. Lass dabei etwas Abstand zur Pflanze.

Schritt 4 Anlegen eines Ordners oder Buches

Sortiere die einzelnen Bögen nach Familien und hefte sie in einen Ordner ein. Alternativ kannst du die Einzelseiten auch zu einem Buch binden lassen.

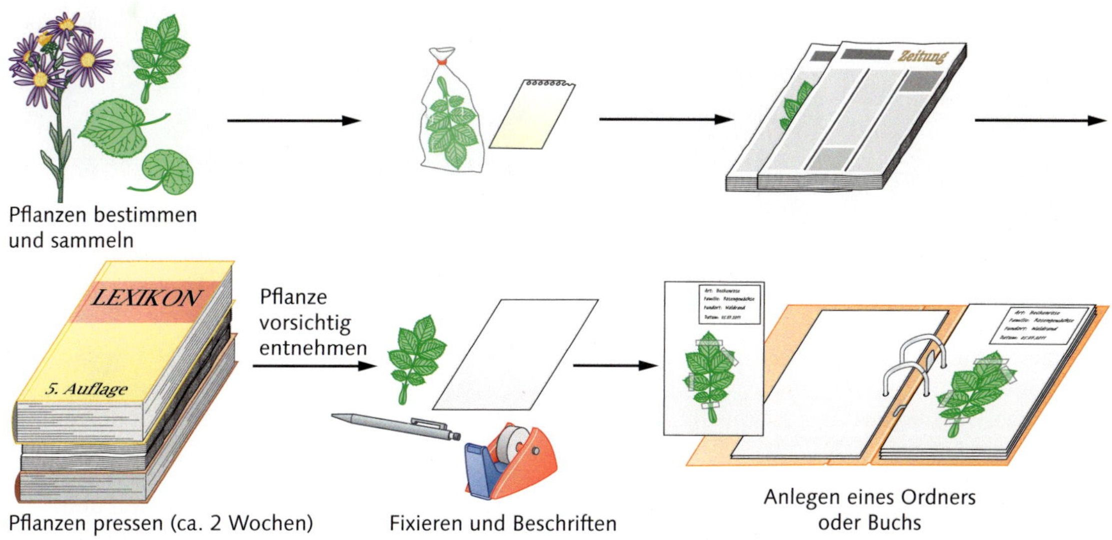

2 Arbeitsschritte beim Anlegen eines Herbars

Bäume und Sträucher bilden Hecken

158-1

Hecken Sträucher bilden zusammen mit kleineren Bäumen Hecken und dichte Gebüsche. Früher wurden Hecken vielfach genutzt: Sie grenzten Felder voneinander ab, lieferten Brennholz und Früchte. In Hecken können etwa 44 einheimische Baumarten und 100 Straucharten vorkommen. Vier davon werden auf dieser Seite vorgestellt.

Hecken bieten zahlreiche Lebensräume. Sie dienen Tieren in der Wiesen- und Ackerlandschaft als Rückzugsraum und Nahrung. Viele Heckensträucher tragen nährstoffreiche Früchte, von denen sich Tiere ernähren. Kleine Säugetiere, Vögel und Insekten nutzen Hecken wie ein Wegenetz und finden hier Schutz. Zahlreiche Vogelarten brüten in Hecken.

Steckbrief: Feldahorn

10–15 m hoher, reich verzweigter Laubbaum
Blätter: 5-lappig, untere Lappen klein
Blüten: gelbgrün, in 10- bis 20-blütiger Rispe
Früchte: 2,5–3,5 cm lang, mit 2 Flügeln, die sich waagerecht gegenüberstehen

Steckbrief: Eberesche

5–10 m hoher Laubbaum oder wenig verzweigter Strauch
Blätter: aus 11–15 gesägten Fiederblättchen
Blüten: weiß, in gewölbten schirmförmigen Rispen
Früchte: 8–10 mm groß, rot
Aufgrund ihrer Früchte wird die Eberesche auch Vogelbeere genannt.

Steckbrief: Pfaffenhütchen

2–6 m hoher, dicht verzweigter Strauch
Blätter: 3–8 cm lang, zugespitzt, lang gestielt
Blüten: gelbgrün
Früchte: 10–15 mm rote, hängende Kapseln
Alle Teile des Pfaffenhütchens sind giftig!

Steckbrief: Hartriegel

1,5–5 m hoher, reich verzweigter Strauch
Blätter: bis 10 cm lang, oval und zugespitzt
Blüten: weiß, in schirmförmigen Rispen
Früchte: 5–8 mm große Steinfrucht mit 2 Samen

1. Hecken werden heute oft aus Gründen des Naturschutzes angepflanzt. Begründe.
2. Bestimme Bäume und Sträucher auf dem Schulgelände oder in der Umgebung. Lege weitere Steckbriefe an.

Heckenpflanzen und ihre Früchte

1. Lies zunächst die Infotexte. Ordne die Texte den Bildern zu.
2. Überprüfe mithilfe eines Lexikons, welche Früchte giftig sind und welche genutzt werden können.
3. Stelle deine Ergebnisse in einem Kurzvortrag dar.

A Schlehen wachsen als dornige Sträucher bis zu 3 m hoch. Sie tragen weiße Blüten mit 5 Kronblättern. Die Früchte reifen im Herbst und sind blau bis schwarz.

B Die bei uns wachsenden Weißdornarten tragen Dornen und zahlreiche weiße Blüten. Die Blätter sind auffällig gesägt, tief eingeschnitten oder gebuchtet. Die Früchte sind rot und mehlig.

C Die Heckenrose ist ein stachliger Strauch und wird bis zu 3 m groß. Ihre Blüten sind weiß bis rosafarben und besitzen 5 Kronblätter. Die roten Früchte werden Hagebutten genannt. Die Laubblätter bestehen aus 5–7 Fiederblättchen.

D Der gewöhnliche Schneeball besitzt 3- bis 5-lappige Blätter. Die roten Früchte sind erbsengroß und fleischig. Sie stehen zahlreich in Dolden und reifen ab Anfang August.

E Der Schwarze Holunder trägt seine weißen, duftenden Blüten in schirmähnlichen Dolden. Die Früchte werden zur Reife schwarz und hängen deutlich über. Der Strauch hat eine rissige braungraue Borke.

F Der Haselnussstrauch wird vom Wind bestäubt. Die männlichen Blüten sind die hängenden Kätzchen. Die im Herbst reifenden Nussfrüchte verfärben sich mit der Reife von Grün zu Braun.

1

2

3

4

5

6

Blüten dienen der Fortpflanzung

160-1

1 Biene beim Besuch einer Kirschblüte

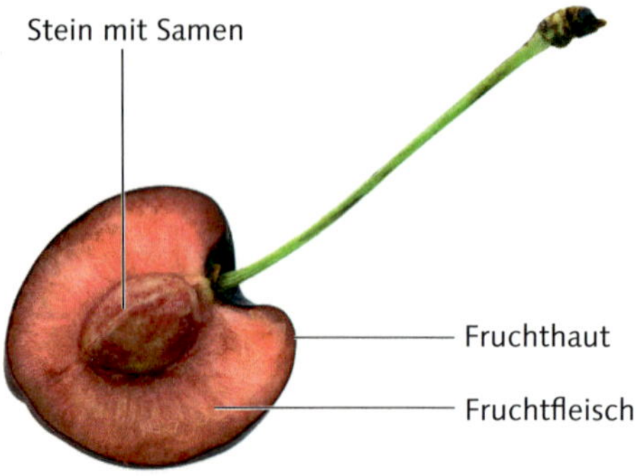

2 Längsschnitt durch die Steinfrucht der Kirsche

Insektenbestäubung Viele Blütenpflanzen wie Rosen, Kirschen oder Tulpen haben auffällige Blüten. Sie locken damit Bienen und andere Insekten an ▶ Bild 1. Die Insekten suchen in den Blüten nach Nahrung. Sie saugen mit ihrem Rüssel den *Nektar*, eine zuckerhaltige Flüssigkeit, auf und sammeln den Pollen. Den Nektar stellen die Pflanzen eigens für die Blütenbesucher her. Bienen können diesen zu Honig verarbeiten. Der Pollen dient der Fortpflanzung der Pflanze.
Bei ihrem Blütenbesuch stoßen die Insekten an die Staubbeutel. Dabei bleiben die leichten und klebrigen Pollenkörner an den Tieren hängen. Beim Besuch der nächsten Blüte gelangen einige von diesen Pollenkörnern auf die Narbe des Fruchtblatts. Diese Übertragung von Pollenkörnern auf die Narbe einer anderen Blüte nennt man *Bestäubung*.

Befruchtung Auf der Narbe bilden die Pollen kleine Schläuche aus. Diese Pollenschläuche wachsen durch die Narbe und den Griffel bis zum Fruchtknoten. Der Fruchtknoten enthält die *Samenanlage* mit der *Eizelle*, der weiblichen Geschlechtszelle. Die männliche Geschlechtszelle, die sich im Pollenschlauch befindet, verschmilzt mit der Eizelle, wenn er diese erreicht. Diesen Vorgang bezeichnet man als *Befruchtung* ▶ Bild 3. Bei der Befruchtung entsteht ein neues Lebewesen mit Eigenschaften von beiden Elternpflanzen. Pflanzen können sich also ebenso wie Tiere *geschlechtlich fortpflanzen*.

Samen und Früchte Nach der Befruchtung der Eizelle kann sich aus Teilen der Blüte eine Frucht entwickeln. Die Kelchblätter, die Kronblätter und die Staubblätter welken und fallen ab. Auch die Narbe vertrocknet. Die Blüte verblüht. Aus der befruchteten Eizelle entwickelt sich ein *Pflanzenembryo*. Er enthält die Anlagen für die Grundorgane der Pflanze: die Wurzel, die Sprossachse und die Blätter. Das Wachstum des Embryos stoppt zunächst, wenn er eine bestimmte Größe erreicht hat ▶ Bild 3. Erst während der Keimung wächst der Embryo weiter. Die dafür benötigten Nährstoffe werden ebenfalls in der Samenanlage gespeichert. Dieser Nährstoffspeicher und der Embryo sind von einer schützenden harten *Samenschale* umgeben. Sie entwickelt sich aus der Wand der Samenanlage. Der Embryo, der Nährstoffspeicher und die Samenschale bilden zusammen den *Samen*. Bei der Kirsche entstehen aus dem Fruchtknoten außerdem noch eine harte Schicht (Stein), das Fruchtfleisch und die Fruchthaut ▶ Bild 2. Sie bilden zusammen die Frucht, die den Samen umgibt.

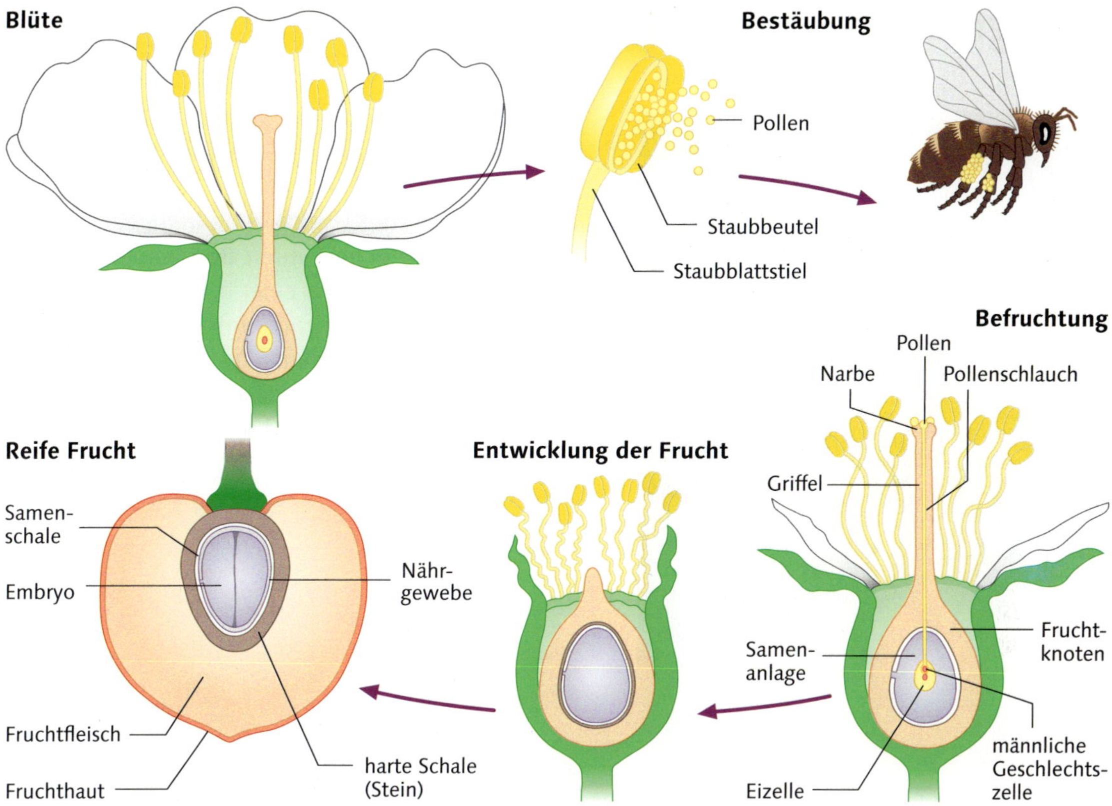

3 Entwicklung einer Kirsche – Bestäubung, Befruchtung und Bildung der Frucht

Windbestäubung Nicht alle Blüten werden durch Bienen oder andere Insekten bestäubt. Einige Bäume wie Kiefer, Birke oder Haselnuss und viele Gräser (▶ Bild 4) bilden riesige Mengen Pollen, die vom Wind mitgerissen und weit verteilt werden. Durch die große Menge an Pollen ist es sehr wahrscheinlich, dass die meisten Narben der weiblichen Blüten dieser Pflanzen bestäubt werden.

4 Gräser bilden großen Mengen Pollen.

1. Erkläre den Unterschied zwischen Bestäubung und Befruchtung.
2. Vergleiche die Blüten insektenbestäubter und windbestäubter Pflanzen ▶ Bilder 1 und 4.
3. Imker verleihen Bienenvölker an Gärtnereien und Obstbauern. Erkläre den Nutzen für diese und den Imker.
4. Insekten werden nicht nur durch den süßen Nektar zu den Blüten gelockt. Stelle Vermutungen auf, wie Pflanzen Insekten noch anlocken können.
5. Ordne den Teilen einer reifen Kirschfrucht (▶ Bild 2) die Teile der Blüte zu, aus denen sie entstanden sind ▶ Bild 3.
6. Für Pflanzen ist es günstiger, den Insekten Nektar statt Pollen als Nahrung anzubieten. Erkläre.
7. Vergleiche die geschlechtliche Fortpflanzung bei Pflanzen mit der geschlechtlichen Fortpflanzung bei Wirbeltieren.

Honigbienen – wichtige Bestäuber

1 Pollen im „Pelz" einer Arbeiterbiene

Honigbienen sind Pollenüberträger Viele Pflanzenarten sind auf Tiere als Pollenüberträger angewiesen, um sich fortpflanzen zu können. Die besondere Bedeutung der Honigbiene als Bestäuberin liegt in ihrer großen Anzahl und Verbreitung weltweit. Sie sammelt neben Nektar auch Pollen. Der Pflanzenpollen wird als hochwertige Nahrung für die Larven im Bienenstock verwendet. Das Sammeln übernehmen spezialisierte weibliche Honigbienen, die Arbeiterbienen. Bei der Nahrungssuche werden sie oft zu Pollenüberträgerinnen: Wenn die Arbeiterbienen an die tief in der Blüte liegenden Nektardrüsen gelangen wollen, müssen sie an Staubblättern und Griffel vorbei. Dabei kann sich klebriger Blütenpollen in ihrem „Pelz" verfangen ▶ Bild 1. Beim nächsten Blütenbesuch gelangt Pollen auf eine andere Blüte. Handelt es sich um eine Blüte derselben Art, kann die Narbe den Pollen aufnehmen und die Blüte kann befruchtet werden.

Pollentransport mit Pollenhöschen Bei Arbeiterbienen übernehmen die Beinpaare besondere Funktionen. Mit den Borsten am vorderen und mittleren Beinpaar kämmt die Honigbiene ihren Borstenpelz aus. Die Pollen werden in einer besonderen Struktur, dem Körbchen, am hinteren Beinpaar, den Sammelbeinen, festgedrückt. Dabei entsteht ein Pollenhöschen, das in den Stock transportiert wird ▶ Bild 2.

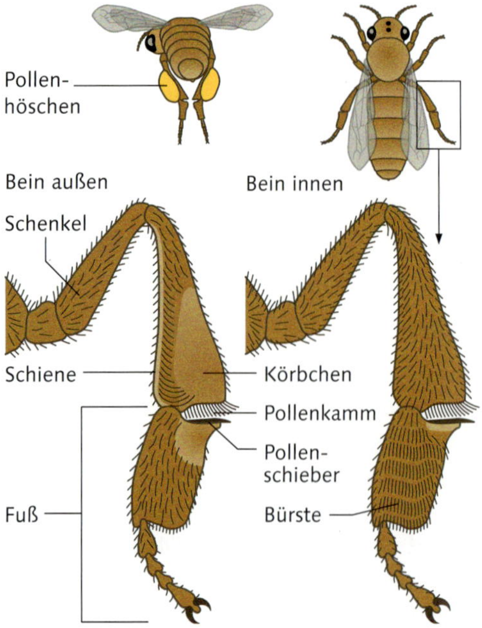

2 Sammelbein einer Arbeiterbiene

Die Honigbiene ist blütenstet. Das bedeutet, dass Arbeiterbienen so lange eine Blütensorte anfliegen, bis diese verblüht ist, zum Beispiel Apfel- oder Kirschblüten. Die Blütenstetigkeit führt zu einer besonders erfolgreichen Bestäubung der Pflanzen.

Körperbau der Honigbiene Honigbienen gehören zu den Insekten. Sie weisen die für diese Tiergruppe typische Gliederung in Kopf, Brust und Hinterleib auf ▶ Bild 3. Am Kopf befinden sich seitlich die Facettenaugen, im Stirnbereich die Punktaugen und ein Fühlerpaar. Die Mundwerkzeuge haben die Funktion eines Saugrüssels. Die Brust enthält die kräftige Flugmuskulatur. An der Brust setzen auch drei Beinpaare und zwei Flügelpaare an. Die Beinpaare sind unterschiedlich kräftig ausgebildet und beborstet. Im Hinterleib liegen fast alle Organe der Honigbiene. Dort befindet sich bei weiblichen Tieren auch der Stechapparat mit einer Giftdrüse.

Leben im Bienenstock In einem Bienenstock können ca. 40 000 bis 80 000 Tiere zusammenleben und einen Bienenstaat bilden. Es gibt drei Formen von erwachsenen Honigbienen in einem Bienenstock: die Königin, den Drohn und die Arbeiterbiene ▶ Bild 4.

Das Leben einer Honigbiene gliedert sich in vier Lebensabschnitte: Ei, Larve, Puppe und erwachsenes Insekt. Die vollständige Verwandlung der Larve über die Puppe zum erwachsenen Insekt dauert je nach Geschlecht des Tieres zwischen 16 und 24 Tagen.

Über 98 Prozent der Honigbienen in einem Stock sind unfruchtbare weibliche Arbeiterbienen. Sie sind die kleinste Form und werden etwa 50 bis 60 Tage alt. Im Laufe ihres Lebens übernehmen sie verschiedene Funktionen im Stock: Brutpflege, Wachsproduktion, Reinigung und Bewachung des Bienenstocks, Futtersuche sowie Produktion von Honig.

Männliche Honigbienen werden Drohnen genannt. Sie sind stachellos, etwas größer und breiter als die Arbeiterbienen. Sie haben größere Augen und kräftigere Flügel. Man findet sie nur im Frühjahr bis Anfang des Sommers in einer Anzahl von ca. 500 bis 1000 Tieren im Bienenstock. Ihre Aufgabe ist es, sich mit Jungköniginnen zu paaren. Danach werden sie von den Arbeiterbienen nicht mehr versorgt und aus dem Stock gedrängt oder getötet.

Das einzige fortpflanzungsfähige Weibchen im Bienenstock ist die Königin. Sie ist die größte Honigbiene und zeichnet sich durch einen langen, schlanken Hinterleib aus. Auch sie besitzt einen Stachel, mit dem sie Konkurrenzköniginnen bekämpfen kann. Sie lebt 4 bis 5 Jahre und kann bis zu 2 000 Eier am Tag legen.

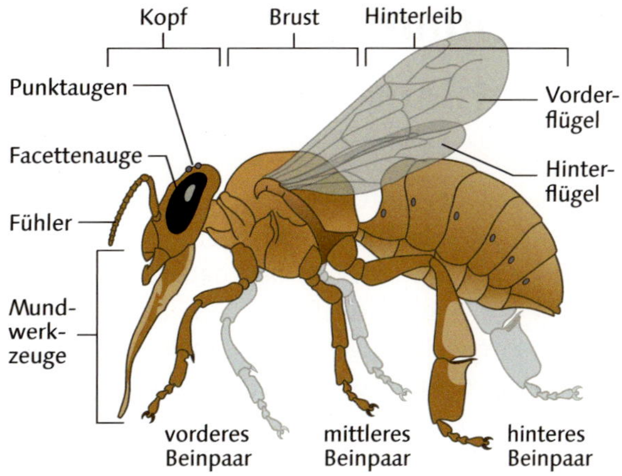

3 Körperbau einer Honigbiene (Arbeiterbiene)

1 Vergleiche die drei Formen der Honigbiene. Lege eine Tabelle an.

2 Bei einem Imker vor Ort kann man tote Honigbienen erhalten.
- **A** Untersuche mit einer Lupe das Sammelbein einer Arbeiterbiene und fertige eine Zeichnung an.
- **B** Zeichne den Bereich des Körbchens ein.

3 Erläutere die besondere Bedeutung der Honigbiene für den Menschen.

4 Formen der Honigbiene: Königin, Drohn, Arbeiterbiene

Kommunikation – die Tanzsprache der Honigbiene

164-1

Informationsübermittlung Wenn eine Honigbiene eine Blumenwiese oder einen blühenden Baum entdeckt hat, dauert es nicht lange und schon finden sich zahlreiche weitere Honigbienen ein, um Pollen oder Nektar zu sammeln. Sie müssen offensichtlich über die Futterquelle informiert worden sein. Wie können Honigbienen untereinander Informationen austauschen?
Nachdem eine Honigbiene eine Futterquelle gefunden hat, fliegt sie zurück in den Bienenstock. Dort führt sie auf der senkrechten Bienenwabe ganz bestimmte Bewegungsabläufe, die Tänze, aus. In dem dunklen Bienenstock können die anderen Honigbienen nur mit ihren empfindlichen Fühlern und Beinen einen Kontakt zur tanzenden Biene aufnehmen. So lernen sie, wo die Futterquelle zu finden ist. Über Geruch und Geschmack von Pollen- oder Nektarproben können die Arbeiterbienen weitere Informationen über die Futterquelle erlangen. Je nachdem, ob das Futter in Stocknähe oder weiter entfernt ist, werden unterschiedliche Tänze durchgeführt.

Rundtanz und Schwänzeltanz Am häufigsten werden zwei Bienentänze durchgeführt: Rundtanz und Schwänzeltanz. Der Rundtanz erfolgt, wenn die Futterquelle in der Nähe des Bienenstocks liegt. Dabei läuft die Honigbiene einen Kreis und wechselt dann die Laufrichtung ▶ Bild 2. Die Arbeiterbienen im Stock werden durch dieses Verhalten aufmerksam und finden durch Umherfliegen in verschiedenen Richtungen die Futterquelle.
Ist die Futterquelle über 100 m entfernt, führt die Biene einen Schwänzeltanz durch. Die Tanzfigur beschreibt zwei Halbkreise mit einer gemeinsamen Mittelachse und ähnelt einer Acht ▶ Bild 3.

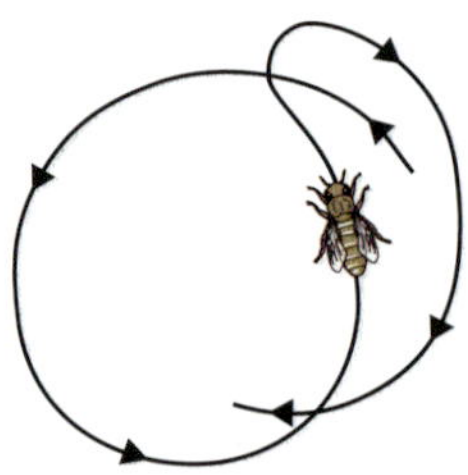

2 Rundtanz

3 Schwänzeltanz

1 Kontaktaufnahme im Bienenstock

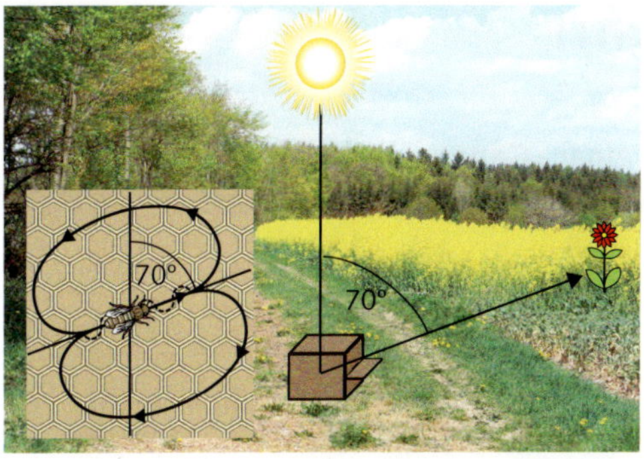

4 Schwänzeltanz und Lage der Futterquelle in Bezug zum Sonnenstand

Wenn die Futterquelle vom Stock aus betrachtet in derselben Himmelsrichtung wie die Sonne liegt, beschreibt der Weg der Honigbiene eine liegende Acht. Dabei läuft sie die Mittelachse mit wackelndem Hinterleib immer senkrecht nach oben ▶ Bild 3. Dies ist die entscheidende Richtungsinformation: Für die Honigbienen im dunklen Stock liegt die Sonne immer als Bezugspunkt oben, im Vergleich zum Zifferblatt einer Uhr bei 12 Uhr. Schwänzelt die Honigbiene senkrecht nach oben, müssen die Arbeiterbienen also in Richtung des Sonnenstands zur Futterquelle fliegen. Schwänzelt die Biene abweichend davon 70° nach rechts (nach dem Uhrbeispiel also Richtung 14 Uhr), müssen die Arbeiterbienen entsprechend in einem 70°-Winkel zur Sonne nach rechts fliegen ▶ Bild 4.

1 Gib an, wie Honigbienen kommunizieren. Übertrage dazu die Tabelle in dein Heft und ergänze sie.

	Wie werden die Stockbienen informiert über ...	**Mit welchem Sinn erfassen die Stockbienen ...**
... die Entfernung zur Futterquelle?		
... die Art der Futterquelle?		
... die Richtung der Futterquelle?		

Bienentänze

2 **A** Ordne den abgebildeten Bienentanzfiguren (▶ Bild 5 und 6) die Futterquellen A und B in ▶ Bild 7 zu. Begründe deine Zuordnung.

B Zeichne eine Bienentanzfigur für die Futterquelle C.

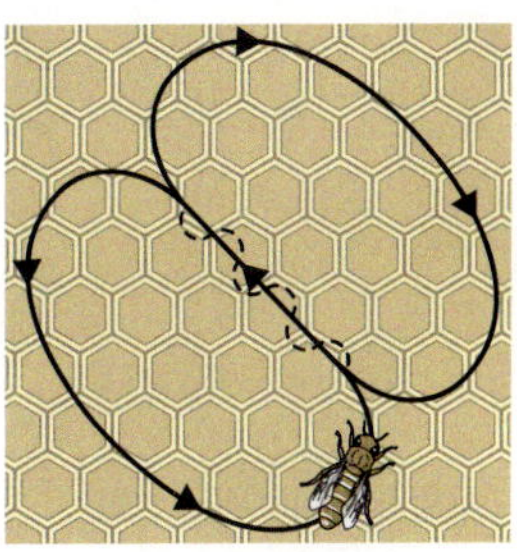

5

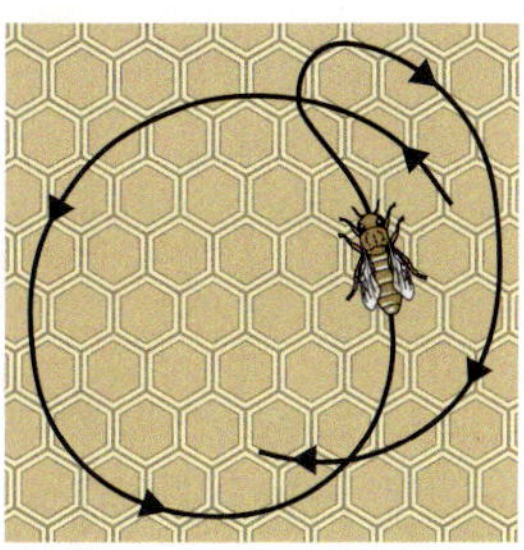

6

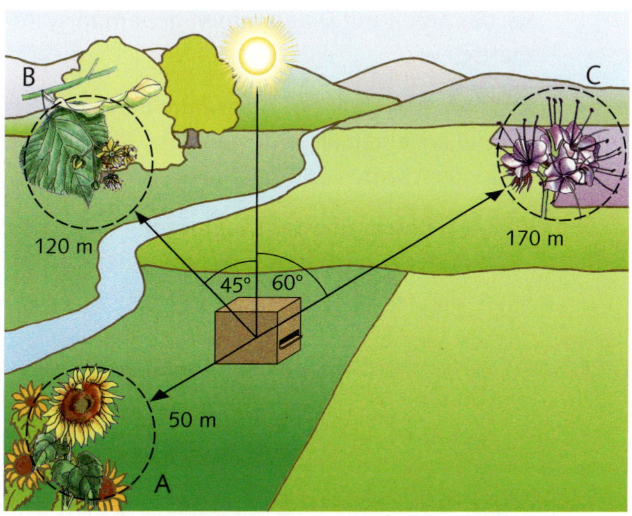

7 Verschiedene Futterquellen

METHODE

Arbeit mit einem Kreisdiagramm

Ein Kreisdiagramm fertigt man an, wenn man Anteile an einem Ganzen darstellen will. Teilt man zum Beispiel eine Torte in vier gleich große Stücke, so entspricht jedes Stück einem Viertel der ganzen Torte oder 25 Prozent des Ganzen.

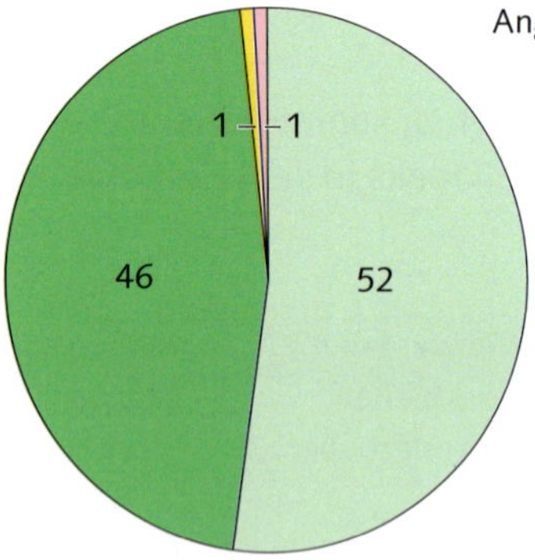

1 Prozentualer Anteil der Pflanzenarten auf einer festgelegten Fläche eines Rasens

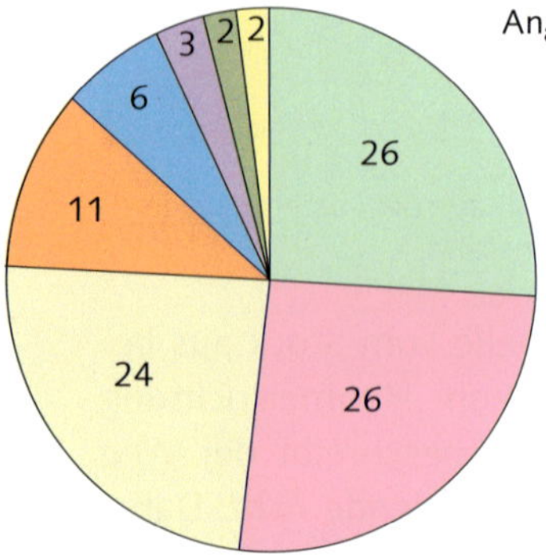

2 Prozentualer Anteil der Pflanzenarten auf einer festgelegten Fläche einer Wildblumenwiese

Die ► Bilder 1 und 2 zeigen Kreisdiagramme, die Schüler zur Auswertung eines Freilandversuchs erstellt haben. Sie wollten herausfinden, ob und wie sich die Pflanzenvielfalt eines Rasens von der einer Wiese unterscheidet. Zunächst bestimmten die Schüler alle Pflanzenarten auf einer festgelegten Fläche. Dann zählten sie alle Pflanzen einer Art. Anschließend ermittelten sie die prozentualen Anteile der einzelnen Pflanzenarten an der Gesamtzahl.

Bei der Arbeit mit Diagrammen geht man systematisch vor:

Schritt 1 Was stellt das Diagramm dar?
Formuliere einen allgemeinen Satz. Beachte die Bildunterschrift.

Schritt 2 Beschreibe das Diagramm.
Welche genauen Daten kann man dem jeweiligen Diagramm entnehmen? Beachte: Neben der Nennung der Zahlen kann auch „die Hälfte" oder „ein Viertel" als Größenangabe gelten.

Schritt 3 Deute das Diagramm.
Welche Schlussfolgerung kannst du aus den im Diagramm dargestellten Daten ziehen?

1. Werte beide Diagramme (► Bild 1 und 2) nach den vorgegebenen drei Schritten aus.
2. Vergleiche die Diagramme. Beachte die zugrunde liegende Forschungsfrage.
3. Eine Wildblumenwiese wird auch als „Insektenweide" bezeichnet. Erkläre diesen Begriff unter Berücksichtigung der Diagramme.

3 Artenvielfalt eines Rasens und einer Wildblumenwiese

Eine Nisthilfe für Insekten

Insekten ernähren sich von anderen Kleininsekten sowie vom Nektar und Pollen der Blüten. Für die Fortpflanzung der Blütenpflanzen sind Insekten unerlässliche Helfer. Menschen können helfen, den Insekten geeignete Räume zur Eiablage und Aufzucht ihrer Larven zu schaffen. Auch du kannst zu Hause oder im Schulgarten mit dem Bau einer Nisthilfe für Insekten einen wichtigen Beitrag leisten!

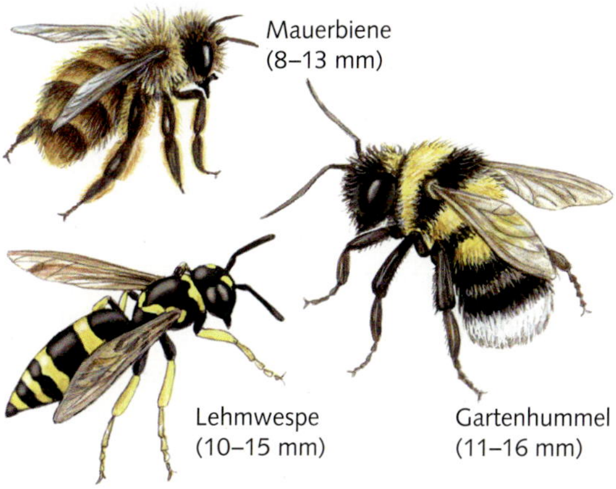

4 Häufige Gäste der Insektennisthilfe

5 Materialien

6 Fertige Nisthilfe

Material:

leere Konservendose mit Boden, Frühstücksbrett aus Holz, 2 Holzschrauben, 1 Haken
Als Füllmaterialien eignen sich hohle Stängel von Bambus, Holunder, Stroh, Brombeere, Schilf, Königskerze sowie Astabschnitte von Obstbäumen.
Beachte: Die Stängel sollten einen Hohlraum im Durchmesser von 2 bis 10 mm haben!

Bau- und Montageanleitung:

1. Verschraube die Blechdose mit Holzschrauben durch den Boden mit dem hölzernen Frühstücksbrett.
2. Verschnüre das Füllmaterial zu einem Bündel und stecke es in die Dose.
3. Wer den Fortschritt in einer Brutröhre beobachten möchte, bindet ein oder zwei durchsichtige Aquariumsschläuche mit ein – diese lassen sich dann leicht herausziehen und nach der Beobachtung wieder in das Bündel zurückstecken.
4. Hänge die Nisthilfe an einer windgeschützten, der Sonne zugewandten Stelle auf dem Balkon oder im Garten auf.

Eine solche Insektennisthilfe bietet einzeln lebenden Wildbienen und Wespen (▶ Bild 4) eine Vielzahl von Hohlräumen. In diese Röhren legt das Insektenweibchen jeweils ein befruchtetes Ei ab, füllt die Brutröhre mit Nahrungsvorräten und verschließt die jeweilige Zelle. Von nun an ist das sich zur Larve entwickelnde Ei sich selbst überlassen.

1 Beobachte an einem sonnigen Tag das Insektenhotel für 30 min. Protokolliere deine Beobachtungen. Fertige eventuell Fotos an. Wiederhole die Beobachtung 3-mal im Abstand von 2 Wochen. Notiere die Veränderungen.

Wichtig:

Die Bienen und Hummeln stehen unter Naturschutz und dürfen nicht gefangen werden!
Die Besucher des Insektenhotels stechen nicht!

Bestäubungsspezialisten

Insekten besuchen die Blüten vor allem, weil sie dort nahrhaften Nektar und Pollen vorfinden. Dabei transportieren sie die Pollenkörner von Blüte zu Blüte und sorgen so für die Bestäubung und die Fortpflanzung. Zwischen den Blütenpflanzen und den Insekten besteht also eine Wechselbeziehung, die beiden Partnern nützt.
Der Bau der Blüten und der Körperbau der bestäubenden Insekten sind wechselseitig aneinander angepasst. Ihre Strukturen und Funktionen passen also besonders gut zusammen.
Die Blüten mancher Pflanzen haben sogar besondere Strukturen, die dabei helfen, den Pollen auf den Bestäuber zu übertragen. So sind in den jungen Blüten des Wiesensalbeis die Staubblätter lang und haben ein Gelenk ▶ Bild 1. Wenn eine Hummel in die Blüte kriecht, um an den Nektar zu gelangen, wird ihr der Pollen auf den Hinterleib getupft. Die Narbe des langen Griffels ist dabei geschlossen. In den älteren Blüten des Wiesensalbeis sind die beiden Staubblätter vertrocknet und die Narbe ist geöffnet.

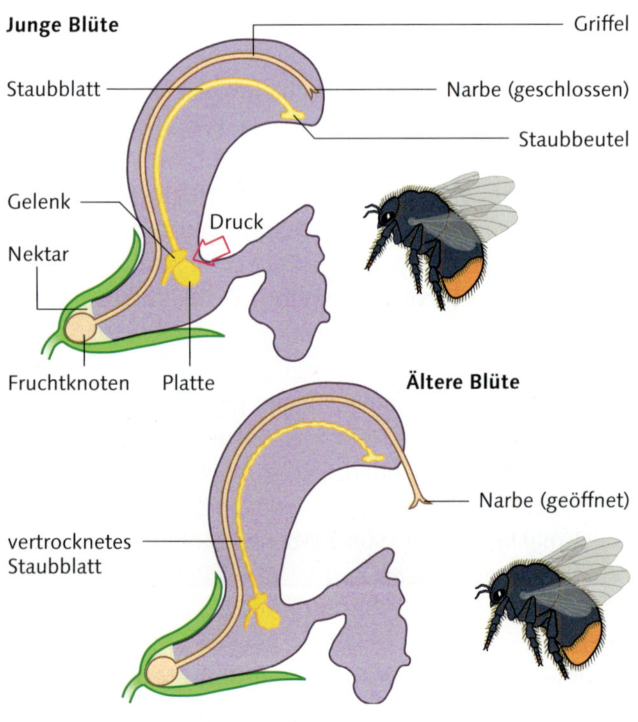

1 Verschieden alte Blüten des Wiesensalbeis mit Hummel

2 Angepasstheit zwischen Blüten und Bestäuber: Schmetterling (links) und Kolibri (rechts)

1. Beschreibe mithilfe von ▶ Bild 1 den Bestäubungsmechanismus beim Wiesensalbei.

2. Untersuche selbst den Bestäubungsmechanismus an einer Blüte des Wiesen- oder Klebrigen Salbeis. Verwende einen spitzen Bleistift, um zu zeigen, was passiert, wenn eine Hummel in die Blüte hineinkriecht.
   A Untersuche alte und junge Blüten.
   B Beschreibe deine Beobachtungen.

3. **A** Erkläre, welchen Vorteil der Bestäubungsmechanismus beim jungen Wiesensalbei hat.
   B Erkläre, welchen Vorteil der unterschiedliche Bau von jungen und alten Blüten des Wiesensalbeis hat.

4. In einigen Fällen sind der Bau der Blüte und der Körperbau der Bestäuber besonders stark aneinander angepasst.
   A Beschreibe die Bestäubung durch Schmetterlinge und Kolibris ▶ Bild 2.
   B Nenne die Vor- und Nachteile einer solchen Angepasstheit.

5. Viele Blütenpflanzen werden wegen ihres schönen Aussehens aus der ganzen Welt nach Deutschland gebracht. Erkläre, warum viele dieser nicht einheimischen Pflanzen hier keine Früchte tragen.

Ausbreitung von Pflanzen durch Samen

169-1

3 Wie kommt die Birke dort hin?

4 Löwenzahn wächst auf einer Mauer.

Samen machen Pflanzen beweglich Ab und zu kann man Pflanzen an Stellen entdecken, an denen man sie kaum vermutet hätte. Sogar zwischen den Pflastersteinen auf dem Schulhof kann man winzige Pflänzchen finden, in der Dachrinne wächst eine kleine Birke (▶ Bild 3) und auf der Friedhofsmauer stehen Löwenzahnpflanzen ▶ Bild 4. Da niemand die Pflanzen dort absichtlich eingepflanzt hat, müssen sie auf anderem Weg an diesen Ort gelangt sein.

Samen und Früchte Nach der Befruchtung entwickelt sich im Fruchtknoten ein Samen. Er besteht aus dem Embryo, dem Nährstoffspeicher und der schützenden Samenschale. Bei den Blütenpflanzen entwickelt sich außerdem noch eine Frucht, die den Samen umgibt. Sie entsteht meist aus den Fruchtblättern, kann aber auch noch aus anderen Blütenteilen gebildet werden. Jede Frucht enthält mindestens einen Samen, wie zum Beispiel die Steinfrucht der Kirsche. Bei anderen Pflanzen können es auch viele Hundert Samen sein wie in der Kapsel des Klatschmohns.
Die reifen Früchte fallen häufig einfach auf den Boden. Unter oder direkt neben der Mutterpflanze sind aber nicht die bestmöglichen Bedingungen zum Keimen und Wachsen. Da die Samen sich nicht selbst fortbewegen können, müssen sie transportiert werden. Es gibt verschiedene Möglichkeiten, wie Samen ausgebreitet werden.

Windausbreitung Die Samen und Früchte vieler Pflanzen sind sehr klein und leicht, sodass sie vom Wind fortgetragen und so verbreitet werden. Manche haben zusätzlich kleine Propeller. Dadurch kommen sie beim Herabfallen ins Trudeln und können vom Wind weitergetragen werden. Andere Pflanzen haben Schirmchen, mit denen sie leichter durch die Luft getragen werden können. Die Frucht der Zanonia sieht sogar fast aus wie ein kleines Gleitflugzeug ▶ Bild 5.

Wasserausbreitung Die Frucht der Kokospalme wird durch das Wasser verbreitet. Mit den Meeresströmungen kann die schwimmfähige Frucht weite Strecken zurücklegen. Wird sie an einer geeigneten Stelle angespült, keimt sie und kann zu einer großen Kokospalme heranwachsen.

5 Frucht der Zanonia

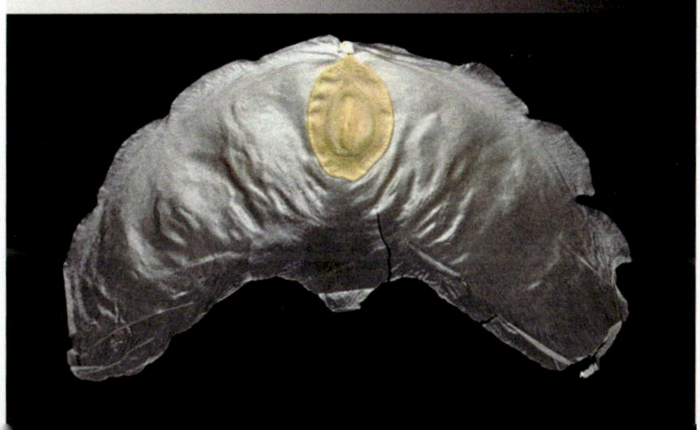

Tierausbreitung Die Samen vieler Pflanzen sind von intensiv gefärbten und schmackhaften Früchten umgeben. Dadurch werden Vögel und Säugetiere (z. B. Haselmäuse) angelockt, welche die Früchte dann fressen. Man nennt sie daher auch *Lockfrüchte*. Die unverdauten Samen werden von den Tieren wieder ausgeschieden und so verbreitet.

1 Waldmaus mit Haselnuss

Andere Tiere wie Waldmäuse (▶ Bild 1) oder Eichhörnchen sammeln Samen und Früchte als Wintervorrat, die *Trockenfrüchte*. Da nicht alle Samen und Früchte gefressen werden und manche verloren gehen, werden sie auf diese Weise auch verbreitet.

Einige Pflanzen haben Früchte mit klebrigen Anhängen oder Widerhaken. Diese nennt man *Klettfrüchte*. Sie bleiben an Tieren oder an der Kleidung von Menschen hängen. Beispielsweise werden die Samen des Breitwegerichs wie eine Briefmarke klebrig, wenn sie nass werden, und bleiben so auch gut an Schuhen oder Reifen hängen. Wenn sie wieder abfallen, können sie schon über weite Strecken transportiert worden sein.

Selbstverbreitung Es gibt auch einige Pflanzen, die ihre Samen und Früchte selbst verbreiten. Die Samen des Mohns werden einfach verstreut, wenn seine Samenkapsel vom Wind bewegt wird. Andere Pflanzen nutzen den Druck in den saftigen Früchten oder die Kräfte, die beim Austrocknen entstehen, um die Samen davonzuschleudern. Das Springkraut schießt seine Samen mit einem Katapultmechanismus weg ▶ Bild 6. Bei vielen Hülsenfrüchten reißen hingegen die beiden Hälften der Hülsen beim Trocknen auf, sodass die Samen fortgeschleudert werden.

2 Mohnkapsel mit ausgestreutem Mohn

3 Samen und Früchte einiger einheimischer Pflanzen

1 Ordne die Samen bzw. Früchte in ▶ Bild 3 den verschiedenen Ausbreitungsformen zu. Begründe deine Entscheidung.

2 Nenne weitere Samen und Früchte, die durch Tiere verbreitet werden. Beschreibe die Strukturen, die eine Ausbreitung begünstigen.

3 Wenn ein Eichhörnchen eine Haselnuss frisst, frisst es auch den Embryo auf. Beurteile, ob es für die Pflanze nicht günstiger wäre, wenn die Nussschale so hart wäre, dass sie vom Eichhörnchen nicht mehr geöffnet werden könnte.

4 Die Mohnkapsel (▶ Bild 2) diente dem Botaniker R. H. Francé als Vorbild für den Salzstreuer.
- **A** Erkläre, wie er auf die Idee gekommen sein könnte.
- **B** Auch andere Früchte könnten Menschen bei technischen Entwicklungen als Vorbild gedient haben. Nenne und begründe zwei Beispiele.

5 Erkläre, warum die Keimungs- und Wachstumsbedingungen für einen Samen unter oder neben der Mutterpflanze nicht so gut sind wie in größerer Entfernung.

Modelle zur Samenausbreitung

Um komplizierte Dinge besser zeigen und verstehen zu können oder unter kontrollierten Bedingungen Versuche durchzuführen, werden oft Modelle verwendet. So werden zum Beispiel vor dem Bau von Flugzeugen kleine Modelle angefertigt. Auf diese Weise können die Ingenieure die Eigenschaften des Flugzeugs am Modell untersuchen, ohne ein echtes, teures Flugzeug zu benutzen. Dabei muss man beachten, dass alle Modelle Vereinfachungen der Wirklichkeit sind und nie vollständig mit ihr übereinstimmen.

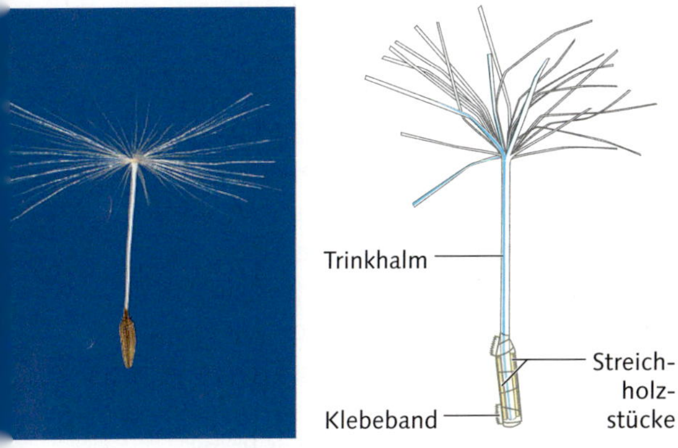

4 Löwenzahnfrucht und Modell

Modellbauwettbewerb

Bastelt in einer Kleingruppe das Modell einer Frucht, die durch den Wind ausgebreitet wird. Dabei dient eine Erbse als Samen.

Material: Erbsensamen, Papier, Pappe, Klebstoff, Servietten, Büroklammer, Heftzwecke, Strohhalme, Bindfaden, Luftballons usw.

Durchführung: Um zu überprüfen, ob das Modell gut fliegt, solltet ihr es ausgiebig testen.

Auswertung: Am Schluss werden die Modelle aller Gruppen miteinander verglichen. Dazu wird die Zeit gestoppt, die die verschiedenen Modelle in der Luft bleiben. Alternativ kann auch die Entfernung gemessen werden, die die Modellfrucht zurückgelegt hat. Ein Föhn oder Ventilator kann dabei als Wind dienen.

1 Nenne Pflanzen, deren Samen oder Früchte durch den Wind verbreitet werden.

2 Es gibt verschiedene Möglichkeiten, dafür zu sorgen, dass windverbreitete Samen möglichst lange und weit fliegen. Nenne besondere Strukturen, die dabei helfen.

3 Ordne diese Strukturen euren Modellen und einigen windverbreiteten Samen zu. Gib den verschiedenen „Fliegern" Namen.

4 Vergleiche die Flugfrucht des Löwenzahns mit dem Modell ▶ Bild 4. Nenne Vor- und Nachteile des Modells.

5 **A** Beschreibe den Ausbreitungsmechanismus des Springkrauts ▶ Bild 6.
B Stelle eine Vermutung auf, warum das Waldspringkraut im Volksmund auch „Rührmichnichtan" genannt wird.

5 Springkraut: Blüten und Früchte

6 Ausbreitungsmechanismus des Springkrauts

Ungeschlechtliche Fortpflanzung

Vermehrung ohne Samen Nicht alle Pflanzen sind darauf angewiesen, dass ihre Blüten bestäubt und ihre Samen ausgebreitet werden, um sich fortzupflanzen. Erdbeerpflanzen bilden Seitentriebe, die *Ausläufer*. An mehreren Stellen der oberirdischen Seitentriebe bilden sich Wurzeln und entwickeln sich zu kleinen Erdbeerpflanzen. Dann stirbt die Verbindung zur Mutterpflanze ab und sie wachsen zu eigenständigen Pflanzen heran ▶ Bild 1. Die Tochterpflanzen haben die gleichen Eigenschaften wie die Mutterpflanze. Diese Fortpflanzung wird als *ungeschlechtliche Fortpflanzung* bezeichnet, weil dabei keine Befruchtung der Eizelle im Fruchtknoten durch die männliche Geschlechtszelle stattfindet. Im Allgemeinen kommt es durch die Fortpflanzung auch zur *Vermehrung*.

1 Erdbeerpflanze mit Ausläufer

Ableger, Knollen und Zwiebeln In der Natur haben sich verschiedene Möglichkeiten entwickelt, wie sich Pflanzen ungeschlechtlich vermehren. Bei der Grünlilie wachsen an der Mutterpflanze vollständige Tochterpflanzen, sogenannte Ableger. Wenn sie in die Erde gelangen, wachsen sie zu neuen Pflanzen heran. Kartoffelpflanzen bilden wie Erdbeerpflanzen Ausläufer. Ihre Sprossachsen wachsen unterirdisch und sind am Ende zu *Knollen* verdickt. In den Knollen sind Nährstoffe gespeichert, sodass sie austreiben und neue Pflanzen bilden können. Tulpen vermehren sich mithilfe ihrer *Zwiebeln* ungeschlechtlich. Die unterirdischen Zwiebeln dienen als Nährstoffspeicher beim Überwintern. Nach der Überwinterung wächst nicht nur eine neue Tulpenpflanze, sondern es entstehen auch Tochterzwiebeln.

Nutzung der ungeschlechtlichen Vermehrung Bei manchen Pflanzen können sich aus abgetrennten Teilen vollständig neue Pflanzen entwickeln, die *Stecklinge*. Gärtnereien vermehren so zum Beispiel Usambaraveilchen, indem sie deren Blätter in Wasser legen. Wenn sich Wurzeln gebildet haben, werden sie eingepflanzt und neue Pflanzen entwickeln sich. Manche Pflanzen kann man auch einfach in der Mitte teilen. Pflanzt man beide Teile ein, wachsen daraus zwei eigenständige Pflanzen heran. Auf diese Weise werden viele Zierpflanzen, wie beispielsweise Rittersporn oder Phlox, vermehrt.

Bewährte Obstbaumsorten können durch *Veredeln* ungeschlechtlich vermehrt werden. Dazu werden Zweige der gewünschten Sorte abgeschnitten und auf einen jungen Stamm aufgesetzt ▶ Bild 2. Sie wachsen dann zusammen, wobei jeder Teil seine Eigenschaften behält.

2 Veredlung von Obstbäumen

1. Vergleiche die ungeschlechtliche mit der geschlechtlichen Fortpflanzung bei Pflanzen.

2. Erkläre, warum es für eine Gärtnerei nützlich sein kann, die Pflanzen ungeschlechtlich statt mit Samen zu vermehren.

3. Nenne Möglichkeiten, um Pflanzen ungeschlechtlich zu vermehren. Gib jeweils ein Beispiel an.

4. Weidenbäume wachsen insbesondere an Flussufern und ragen weit in den Fluss hinein. Erkläre, warum es für die Weiden vorteilhaft ist, dass ihre abgebrochenen Zweige auch als Stecklinge dienen können.

5. In Lebensmittelgeschäften kann man kernlose Weintrauben oder Apfelsinen kaufen. Erkläre, wie diese Pflanzen vermehrt werden können.

Material Methode Praxis

Pflanzenzucht auf der Fensterbank

Einige Pflanzen lassen sich auch leicht im Klassenraum ungeschlechtlich vermehren und beobachten.

Material: Brutblatt (Bryophyllum), Grünlilie, Usambaraveilchen, Begonie, Blumenerde, Töpfe, Messer, Glas, Büroklammern

3 Brutblatt mit Ablegern

Durchführung:

1. Fülle einen Topf zu etwa drei Vierteln mit Blumenerde. Löse nun vorsichtig möglichst große Tochterpflänzchen vom Brutblatt (▶ Bild 3) oder der Grünlilie. Pflanze 2 oder 3 Pflänzchen in den vorbereiteten Topf. Achte darauf, dass die Erde immer etwas feucht, aber nicht nass ist. Das kannst du daran erkennen, dass etwas Erde am Finger hängen bleibt, wenn du auf die Erde gedrückt hast.
2. Schneide einige Blätter mit Stiel vom Usambaraveilchen ab. Stecke sie mit dem Stiel voran in die feuchte Erde ▶ Bild 4.

4 Steckling des Usambaraveilchens

3. Schneide ein Begonienblatt an den Gabelungen der Blattrippen ein. Lege das Blatt auf die feuchte Erde in einen Topf. Befestige das Blatt mit den aufgebogenen Büroklammern so, dass es eng an der Erde aufliegt. Stülpe ein Glas über das Blatt ▶ Bild 5.

Beobachtung und Protokoll: Beobachte die Pflanzen während der nächsten Wochen. Dokumentiere alle Veränderungen. Fertige dazu in bestimmten Abständen Skizzen an oder mache Fotos. Erstelle ein Protokoll mit den Ergebnissen der Untersuchung.

5 Vermehrung von Begonien

Keimung und Wachstum

Die Samen und Früchte der Pflanzen werden auf unterschiedliche Weise weit verbreitet. Aber nur aus wenigen der kleinen Samen entstehen große Pflanzen.

1 Aus kleinen Buchensamen entstehen Jungpflanzen (links) und später große Bäume (rechts).

Quellung und Keimung Damit dies möglich ist, müssen bestimmte Bedingungen erfüllt sein. Für die *Keimung* benötigt der Samen Wasser, Sauerstoff und eine geeignete Temperatur. Zunächst nimmt der Samen Wasser auf. Bei diesem Vorgang, der *Quellung*, dehnt sich der Samen aus und die Samenschale platzt auf. Dann schiebt sich die *Keimwurzel* aus dem keimenden Samen heraus. Sie wächst in den Boden und wird später zur Wurzel ▶ Bild 2. Der Keimwurzel folgt die Sprossachse. Sie wächst durch die Erdoberfläche. Bei vielen Pflanzen ist die Sprossachse zunächst hakenförmig gebogen. Dadurch wird ihre empfindliche Spitze beim Durchstoßen der Erdoberfläche geschützt. Wenn die Sprossachse die Erdoberfläche durchbrochen hat, richtet sie sich gerade auf und die Laubblätter entfalten sich.

Spezielle Keimungsbedingungen Die genauen Bedingungen für die Keimung unterscheiden sich bei den verschiedenen Pflanzen. Einige Pflanzen benötigen beispielsweise eine Zeit mit Frost, bevor sie keimen können. Andere Pflanzensamen keimen erst nach einem Waldbrand oder nachdem die Frucht von einem Tier verdaut und der Samen wieder ausgeschieden wurde. Manche Samen können nur bei Licht, andere nur im Dunkeln keimen.

Nährstoffspeicher Damit die Keimwurzel und die Sprossachse wachsen können, benötigt der Samen Nährstoffe. Der Samen bringt diese im Nährstoffspeicher, zum Beispiel den *Keimblättern*, selbst mit ▶ Bild 3. Sie stammen also von der Mutterpflanze und werden für das Wachstum in Baustoffe und Energie umgewandelt. Dafür benötigt der Samen außerdem Sauerstoff.

2 Keimung bei der Feuerbohne

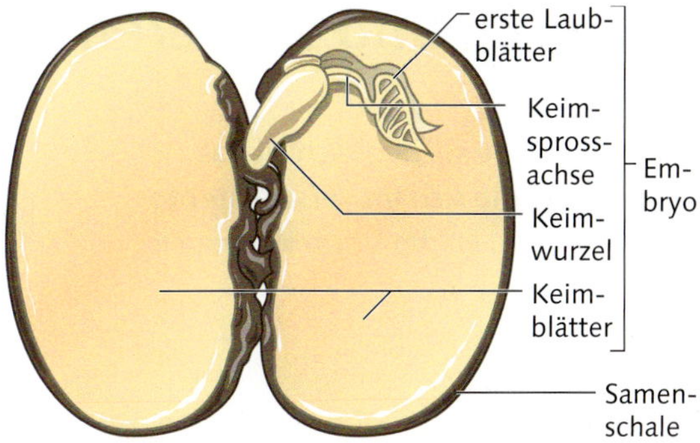

3 Längsschnitt durch einen Bohnensamen

1 Beschreibe die Schritte der Keimung der Feuerbohne ▶ Bild 2. Verwende dabei alle Fachbegriffe.

2 Viele Samen keimen im Frühling aus. Erkläre, warum dies von Vorteil ist.

3 Erkläre, welche Vorteile es für die Himbeere hat, dass ihre Samen erst keimen, nachdem die Früchte gefressen und die Samen wieder ausgeschieden wurden.

4 Die Früchte mancher Eukalyptus-Pflanzen öffnen sich erst nach einem Waldbrand. Erkläre, welche Vorteile es hat, wenn die Samen direkt nach einem Waldbrand keimen.

5 Stelle eine begründete Vermutung auf, was geschieht, wenn man bei einem keimenden Bohnensamen die Keimblätter entfernt.

Material Methode Praxis

Quellung und Keimung

Quellung

Die Entwicklung der Bohne beginnt mit der Quellung. Untersuche die damit verbundenen Veränderungen. Dokumentiere mithilfe eines Protokolls.

Versuch 1
Material: Bohnensamen, 2 Bechergläser, Wasser, Filzstift
Durchführung: Gib in beide Bechergläser gleich viele Bohnensamen. Markiere die Füllhöhe. Gieße in ein Becherglas so viel Wasser, bis alle Samen bedeckt sind. Beobachte mehrere Tage.
Auswertung: Erkläre auf Grundlage des Protokolls, was bei der Quellung geschieht.

Versuch 2
Material: Bohnensamen, Gipspulver, Wasser, 2 kleine Joghurtbecher, Rührstab, große Schale
Durchführung: Rühre in beiden Bechern so viel Gips an, dass sie jeweils halb gefüllt sind. Stecke in einem Becher 5 Bohnensamen in den Gips. Gieße den Gips aus dem zweiten Becher auf die Bohnen. Rühre in dem leeren Becher so viel Gips an, dass er so hoch gefüllt ist wie der andere Becher. Sobald beide Gipsklötze hart sind, nimm sie aus den Bechern und lege sie für 2 Tage in die mit Wasser gefüllte Schale.
Auswertung: Vergleiche die beiden Gipsklötze. Erkläre, wozu der Gipsklotz ohne Bohnensamen dient.

4 Bohnensamen

Keimung

Bei der Keimung werden aus den gespeicherten Nährstoffen Energie und Baustoffe für das Wachstum gewonnen.

Material: gequollene Erbsensamen, Thermosflasche, durchbohrter Korkstopfen, Thermometer
Durchführung: Fülle die Thermosflasche zu etwa 1/3 mit den gequollenen Erbsensamen. Verschließe die Flasche mit dem Stopfen und schiebe das Thermometer durch das Loch bis zu den Erbsensamen. Protokolliere alle 10 min die Temperatur in einer Tabelle. Erstelle eine Skizze des Versuchsaufbaus und ein Diagramm für die gemessene Temperatur.
Auswertung: Erkläre auf Grundlage des Protokolls, was bei der Keimung geschieht.

Versuchsbedingungen kontrollieren und variieren

Mithilfe von Versuchen wollen Naturwissenschaftler Vorgänge, die sie beobachtet haben, erklären. Ein Versuch besteht immer aus bestimmten Schritten, die sich im Versuchsprotokoll wiederfinden. Ein wichtiger Schritt, den du hier kennenlernst, ist der Kontrollversuch.

Die Planung eines Versuchs ergibt sich aus der aufgestellten Vermutung. Für die Samenkeimung könnte eine Vermutung lauten: Bohnensamen benötigen zum Keimen Licht. Oder: Bohnensamen brauchen zum Keimen Wasser.

Kontrollversuch

Um die Vermutung, dass Licht zum Keimen benötigt wird, zu prüfen, könnte man einen Blumentopf mit der feuchten Erde und dem Samen unter einen Karton stellen, sodass kein Licht hineinkommt ▶ Bild 1. Allerdings ist dieser Versuch nicht ausreichend. Bei einem wissenschaftlichen Versuch wird auch immer ein Kontrollversuch gemacht. Damit wird überprüft, ob der Versuch überhaupt funktioniert. Als Kontrollversuch zum Keimen im Dunkeln muss auch ein Samen bei Licht aufbewahrt werden. Alle anderen Bedingungen bleiben gleich. Erst wenn der Samen im Licht keimt und im Dunkeln nicht, kann man schlussfolgern, dass Samen nur bei Licht keimen.

Versuchsbedingungen variieren

Um weitere Vermutungen zu überprüfen, werden die Versuchsbedingungen variiert. Dabei ist es sehr wichtig, dass immer nur eine Bedingung verändert wird. Um zu prüfen, ob Samen auch Wasser zum Keimen brauchen, könnte man einen Samen ohne Wasser in die Erde geben. Es wäre aber falsch, den Samen ohne Wasser in die Dunkelheit zu stellen. Dann könnte man nämlich hinterher nicht entscheiden, ob das fehlende Wasser oder das fehlende Licht für das Ergebnis verantwortlich ist.

1 Mögliche Versuchsanordnung

1 Beschreibe den Kontrollversuch für den Versuch zur Keimung ohne Wasser. Erkläre.

2 **A** Stelle Vermutungen auf, unter welchen Bedingungen Pflanzensamen keimen.
B Plane entsprechende Versuche ▶ Bild 2.
C Führe die Versuche mit Bohnensamen durch und protokolliere sie.

3 Die Bedingungen für die Keimung und das Wachstum von Pflanzen unterscheiden sich. Plane nun Versuche zum Wachstum von Pflanzen.

Versuch Nr.	Zu verändernde Bedingung	Vermutung (Hypothese)	Versuchsanordnung	Kontrollversuch	Beobachtung
1		keimt ohne Licht nicht	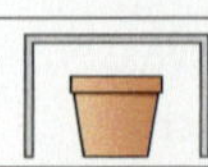		
2					
3					

2 Versuchsplan (Muster)

Versuche zu Keimung und Wachstum

Untersuchung von Bohnensamen

Material: Bohnensamen, Schale, Präpariernadel, Lupe, Wasser

Durchführung: Lass die Bohnensamen einen Tag im Wasser quellen. Entferne mit leichtem Druck die Samenschale. Trenne die beiden Keimblätter mithilfe der Präpariernadel voneinander. Untersuche den Samen mit der Lupe und fertige eine beschriftete Zeichnung an.

Sprossachsenwachstum

Material: Bohnensamen, Blumentopf oder Joghurtbecher, Erde, dünner, wasserfester Filzstift, Lineal

Durchführung: Ziehe im Topf eine Bohnenpflanze heran, bis der Spross etwa 2 cm lang ist. Markiere die Sprossachse im Abstand von 1 mm ▶ Bild 3. Beobachte das Längenwachstum des Sprosses.

Auswertung: Beschreibe und erkläre die Beobachtungen.

3 Versuchsanordnung für das Sprossenwachstum

Wachstumsrichtung

Material: Bohnensamen, Erde, 3 Blumentöpfe oder Joghurtbecher, 2 Pappschachteln, schwarze Pappe, Papprohr

Durchführung: Ziehe in den 3 Töpfen Bohnenkeimlinge heran. Ein Topf wird im Licht aufgestellt.

Über den zweiten Topf wird eine mit schwarzer Pappe ausgekleidete Pappschachtel gestellt.

Der dritte Topf (▶ Bild 4) wird ebenfalls mit einer ausgekleideten Pappschachtel zugedeckt. Diese Schachtel erhält an der Seite eine Öffnung, an der das Papprohr befestigt wird. Das Licht sollte auf die Spitze der Keimlinge fallen.

Halte die Erde feucht und protokolliere deine Beobachtungen nach 2 Wochen.

Auswertung: Vergleiche das Aussehen der Keimlinge. Erkläre die Bedeutung der Keimlinge, die nicht unter einer Schachtel aufbewahrt wurden.

4 Versuchsanordnung für den dritten Topf

Entwicklung und Wachstum der Bohne

Material: Bohnensamen, Blumentopf oder Joghurtbecher, Erde

Durchführung: Lasse die Bohnensamen quellen, bis die Keimwurzel herausbricht. Stecke die Bohnen etwa 3 cm tief in den mit Erde gefüllten Topf. Drücke die Erde etwas an. Stelle den Topf an einen warmen, hellen Ort. Gieße regelmäßig, sodass die Erde leicht feucht, aber nicht nass ist. Beobachte den Bohnenkeimling. Dokumentiere seine Entwicklung mit Zeichnungen oder Fotos. Miss täglich die Höhe der Pflanze.

Auswertung: Erstelle aus den Messwerten ein Diagramm. Beschreibe den Wachstumsverlauf.

5 Feuerbohne

Pflanzen wechseln ihre Kleider

1 Blühende Schneeglöckchen

Frühblüher und einjährige Pflanzen Je nach Licht- und Temperaturverhältnissen verändert sich das Erscheinungsbild der Pflanzen im Jahresverlauf beträchtlich. Frühblüher wie Buschwindröschen und Schneeglöckchen wachsen schon im zeitigen Frühjahr aus dem Boden heraus. Die dafür nötige Energie ziehen sie aus den Nährstoffen ihrer unterirdischen Speicherorgane. *Speicherorgane* sind Pflanzenteile, die den Winter überdauern und in denen Nährstoffe gespeichert sind. Deren Einlagerung erfolgt immer im Vorjahr, sobald die Pflanze ergrünt ist. Als Speicherorgane dienen entweder Zwiebeln (z.B. bei Tulpen), Erdsprosse (z.B. bei Buschwindröschen), Wurzelknollen (z.B. beim Sonnenhut) oder Sprossknollen (z.B. beim Krokus).

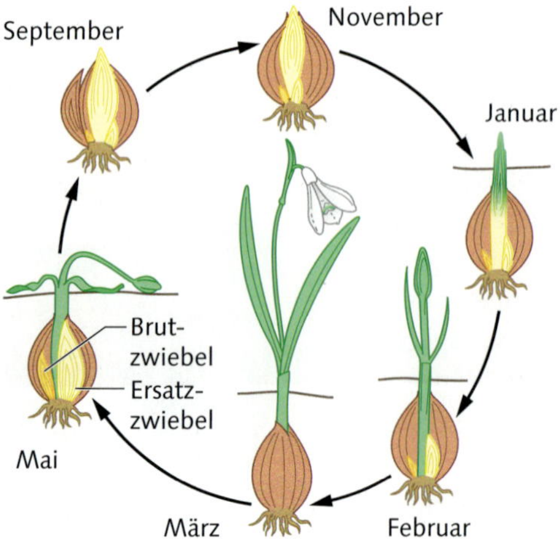

2 Schneeglöckchen im Jahresverlauf

Einjährige krautige Pflanzen sterben im Herbst ab, doch ihre Samen überdauern den Winter im Boden (z.B. Sonnenblume, Mohn). Aus ihnen keimen im nächsten Frühjahr wieder neue Pflanzen.

Bäume und Sträucher Während der kalten und kurzen Herbsttage verfärben sich die Blätter der Laubbäume und Sträucher. Schließlich werfen Laubbäume im Gegensatz zu den Nadelbäumen ihre Blätter ab. So wird verhindert, dass sie austrocknen. Zuvor werden die in den Blättern enthaltenen Nährstoffe in den Stamm, die Äste und Wurzeln befördert und eingelagert. Das erleichtert das Austreiben der Knospen im nächsten Frühjahr. In den Knospen befinden sich vollständige Blüten- und Blattanlagen ▶ Bild 3. Die Knospen sind meistens von harten Knospenschuppen umhüllt, die durch eine Harzschicht miteinander verklebt sind. Diese schützen die Knospen vor Tierfraß, Kälte und Austrocknung.

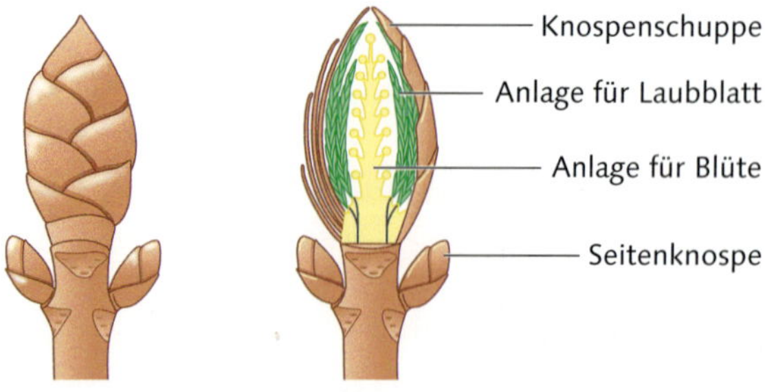

3 Knospen in der Aufsicht und im Längsschnitt

1 **A** Beschreibe den Jahreslauf des Schneeglöckchens ▶ Bild 2.
B Erkläre, wie es dem Schneeglöckchen gelingt, so früh auszutreiben.

2 Beschreibe die Überwinterungsstrategie der Laubbäume.

3 Auch einjährige Pflanzen sorgen für Nachkommen im Folgejahr. Erkläre, wie ihnen das möglich ist.

Überwinterungsorgane untersuchen

Pflanzen haben zum erfolgreichen Überwintern unterschiedliche Strategien entwickelt. Besondere Bedeutung haben dabei unterirdische Knospen und Speicherorgane. Sie können gut untersucht werden.

Knospen untersuchen

Material: Endknospen einer Rosskastanie (zuvor von der Lehrkraft 2–3 Tage lang in verdünntem Spiritus eingelegt), Pinzette, Lupe, Papiertuch, Wasser

Hinweis zum Untersuchungsmaterial: Da Endknospen groß sind, eignen sie sich besonders gut für Untersuchungen.

Durchführung:

1. Betrachte zunächst die Knospe von außen. Achte besonders auf die Größe und Anordnung der Schuppen.
2. Entferne mit der Pinzette die äußeren Schuppen. Lege sie auf das Tuch. Vergleiche sie nun mit den freigelegten inneren Schuppen.
3. Ziehe danach die inneren Schuppen ab. Betrachte mit der Lupe die nun zu Tage tretende Blütenanlage.

Versuch zur Schutzfunktion von Knospenschuppen

Forscherfrage: Welche Funktion haben die Knospenschuppen?

Durchführung: Bearbeite dazu die Aufgaben 1 A–C. Ziehe zur Planung die Methodenseite „Experimentieren und Protokollieren" zur Hilfe heran ▶ S. 64. Denke bei deinen Planungen immer auch an den Kontrollversuch. Schlage hierzu noch einmal auf der Methodenseite „Versuchsbedingungen kontrollieren und variieren" (▶ S. 176) nach. Dort findest du Erklärungen dazu. Diskutiere deine Planungen mit anderen. Dokumentiere und protokolliere schließlich dein Vorgehen beim Experimentieren.

1 **A** Stelle begründete Vermutungen auf, die Antwort auf die Forscherfrage geben könnten.

B Entwickle daran anknüpfend ein Experiment. Ahme dabei die natürlichen Bedingungen mit einfachen Mitteln nach.

C **Auswertung:** Finde auf Grundlage deiner Beobachtungen eine Antwort auf die Forscherfrage. Notiere sie.

Speicherorgane untersuchen

Material: Gartenschaufel, Plastikschüsseln, Wasser, DIN-A4-Zeichenpapier, weicher Bleistift, Küchenbrett und scharfes Küchenmesser

1. Grabe im Frühjahr folgende Pflanzen vorsichtig mit der Schaufel aus: Schneeglöckchen, Löwenzahn, Gartenprimel oder andere Frühblüher. Nutze nur Gartenpflanzen, denn es stehen viele Frühblüher unter Naturschutz.
2. Befreie die Pflanzen von Erde.

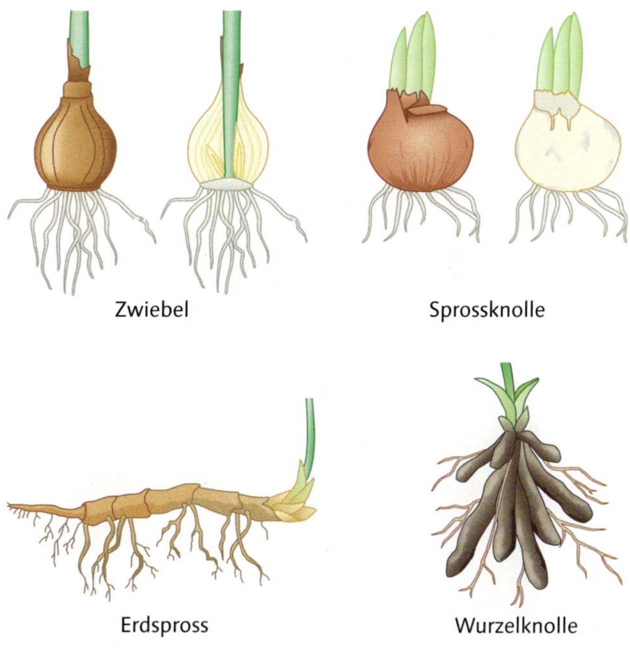

4 Speicherorgane

3. Skizziere eine Pflanze samt den unterirdischen Organen.
   Benenne die ober- und unterirdischen Organe mit Hilfe von ▶ Bild 4.
4. Fertige Längsschnitte der Organe an und vergleiche den Bau der Organe.

Bionik – Ideengeber Natur

Was heißt Bionik? Das Wort Bionik ist eine Worterfindung und setzt sich aus den Begriffen Biologie und Technik zusammen. Bioniker versuchen, geniale „Ideen der Natur" auf technische Produkte zu übertragen. Sie schauen sich zum Beispiel von Vögeln ab, wie sie Flugzeuge noch besser konstruieren können. Im Vordergrund stehen immer Struktur-Funktions-Prinzipien der Natur. Diese werden nachgeahmt und in Form von Bauprinzipien umgesetzt. In der bionischen Forschung arbeiten häufig Ingenieure, Verfahrenstechniker, Biologen und Chemiker im Team zusammen.

2 Biberzähne und bionische Säge

Pflanzen – natürliche Baumeister Die Sprossachsen von Bäumen sind biegeelastisch, aber zugleich stabil. Diese Bauweise versuchen Entwickler nachzuahmen. Vorbilder der Natur finden sich so für Brückenkonstruktionen, Kirchen, Hochhäuser und Sportstadien. Meist will man dabei große Spannweiten erzielen. Der Materialaufwand soll aber gering bleiben. Weltbekannt ist die von Antonio Gaudi (1852–1925) geschaffene Kathedrale der „Sagrada Familia" in Barcelona. Hervorstechend sind hier die sich baumartig verzweigenden Pfeiler ▶ Bild 1.

Der richtige Schliff durch sicheren Biss Beim Holzzuschnitt passiert es öfter, dass Holzfasern knicken oder zerreißen. Dieses Problem möchte man vermeiden. Die den Biberzähnen nachgeahmte bionische Säge schafft das. Ihre Sägeblätter haben zwei Typen von Zähnen, die sich deutlich unterscheiden ▶ Bild 2. Der scharfkantige Zahn ermöglicht es, die Holzfaser beim Sägen durchzuschneiden, der abgeflachte Zahn sie abzuheben und abzutransportieren. Die Schnittkante wird glatt. Es kann mit geringer Abnutzung und mit geringem Energieaufwand gearbeitet werden.

1 Stützpfeiler der Sagrada Familia und Baumverzweigung

Energiesparender, lautloser Flug Im Gegensatz zu Vogelflügeln sind Fledermausflügel mit einer dünnen Haut überspannt. Sie ermöglicht den Tieren, besonders schwierige Flugmanöver auszuführen. Die Fledermäuse können die Krümmung der Flügel verändern und damit den Erfordernissen beim Flug anpassen. Je nach Krümmungsgrad wird der Auftrieb größer oder kleiner, was den Flug stark beeinflusst. Dieses erfolgreiche Konstruktionsprinzip der Fledermausflügel wurde beim Bau von Paraglidern und Drachen berücksichtigt ▶ Bild 3. Die Erkenntnisse sind auch für den Flugzeugbau von Interesse.

3 Drachenflieger und Fledermaus

Der optimale Halt Man staunt, wie Geckos selbst an glatten Oberflächen Halt finden. Sogar große und schwere Tiere können an senkrechten Flächen problemlos sitzen, ohne abzustürzen. Auch eine Fortbewegung über Kopf ist ihnen möglich. Diese Fähigkeit verdanken Geckos winzigen, am Ende verzweigten Härchen auf ihren Fußsohlen ▶ Bild 4.

Diese vergrößern die Oberfläche des Fußes sehr stark und schmiegen sich an feinste Unebenheiten des Untergrunds an. Jedes einzelne Härchen sorgt für „Haftung“ am Untergrund. Doch erst durch das Zusammenwirken aller Härchen wird das „Kleben an der Decke“ möglich. Auf diesem Prinzip der Oberflächenvergrößerung beruht auch die Entwicklung moderner Haftfolien. Verschiedenste haarige, noppige und pilzförmige Kontaktstrukturen sorgen hier für optimalen Halt ▶ Bild 5.

4 Geckofuß und Härchen am Geckofuß (400-mal dünner als menschliches Haar)

5 Haftfolie „Gecko Nanoplast“

1 Erkläre den Begriff Bionik.

2 Beschreibe die Prinzipien, die Bioniker erforschen.

3 In ▶ Bild 6 ist die Frucht einer Pflanze dargestellt. Sie war das Vorbild für eine technische Entwicklung. Stelle eine begründete Vermutung auf, wofür die Frucht Vorbild war.

6

Zusammenfassung

Fortpflanzung

Die Blüten der Pflanzen locken Insekten an, die den zuckerhaltigen Nektar sowie Pollen als Nahrungsquelle nutzen. Insekten bestäuben die Blüten. Manche Pflanzen sind windbestäubt.

Auf die Bestäubung folgt die Befruchtung, also die Verschmelzung der männlichen und weiblichen Geschlechtszellen. Es findet wie bei den Tieren eine geschlechtliche Fortpflanzung statt. In der weiteren Entwicklung entsteht eine Frucht, die den Samen enthält. Aus ihm kann wiederum eine neue Pflanze wachsen. Darüber hinaus können sich einige Pflanzen auch ungeschlechtlich, zum Beispiel durch Ableger, fortpflanzen. Diese Vorgänge beschreibt das Basiskonzept *Fortpflanzung (Reproduktion)*.

1 Honigbiene an Rapsblüte

Variabilität und Angepasstheit

Alle Pflanzen haben die gleichen Grundorgane, nämlich Wurzel, Sprossachse und Blätter. Diese Organe können aber abgewandelt, also variabel sein. Auf solche verschiedenartigen Erscheinungsbilder bezieht sich der Begriff Variabilität.

Die Abwandlungen der Grundorgane stellen Angepasstheiten an den Standort dar. Sie verschaffen der Pflanze Vorteile im Hinblick auf Wachstum, Fortpflanzung oder Abwehr von Fressfeinden. So sind die Sprossachsen vieler Kakteen verdickt.

2 Kakteen mit verdickter Sprossachse

Diese verdickten Sprossachsen dienen als Wasserspeicher. Dadurch sind Kakteen an trockene Lebensräume angepasst. Das Basiskonzept *Variabilität und Angepasstheit* bezieht sich auf diese Zusammenhänge.

Struktur und Funktion

Die Struktur jedes Grundorgans der Pflanze weist auf seine Funktion hin. So verankert beispielsweise die Wurzel die Pflanze im Boden und ermöglicht zudem durch ihr weitverzweigtes Netz von Wurzelhaaren die Mineralstoff- und Wasseraufnahme. Die übrigen Organe übernehmen andere überlebenswichtige Aufgaben. Derartige Zusammenhänge werden im Basiskonzept *Struktur und Funktion* beschrieben.

Stoff- und Energieumwandlung

Für das Wachstum nutzen Pflanzen bei der Fotosynthese Energie aus Sonnenlicht. Sie nehmen Stoffe auf und wandeln sie mithilfe der Sonnenenergie in Zucker und später in andere Nährstoffe um. Winterharte Pflanzen speichern die Nährstoffe zum Beispiel in Knollen und Zwiebeln. Sie können so im Frühjahr zeitig wachsen. Derartige Vorgänge werden im Basiskonzept *Stoff- und Energieumwandlung* erfasst.

Teste dich!

1 **A** Nenne die Grundorgane einer Blütenpflanze und gib deren Funktionen an.
B Beschreibe die Abwandlung der Grundorgane bei der Wasserlinse ▶ Bild 3.
C Erläutere die Angepasstheiten der Wasserlinse.

3 Wasserlinsen

2 Ein Landwirt beklagt, dieses Jahr weniger Früchte geerntet zu haben, obwohl seine Obstbäume im Herbst fachgerecht ausgeschnitten worden seien.
A Beschreibe, was alles passieren muss, bis am Apfelbaum die Äpfel geerntet werden können.
B Erkläre, welche Ursachen es für die geringe Ernte geben könnte.
C Erläutere, welche Maßnahmen der Landwirt ergreifen könnte, um den Ertrag wieder zu steigern.

3 Die Schlüsselblume und die Narzisse wachsen im zeitigen Frühjahr. Sie teilen nicht nur diese Gemeinsamkeit.
A Vergleiche anhand von ▶ Bild 4 und 5 weitere Merkmale beider Pflanzen.
B Stelle begründete Vermutungen auf, ob sie zur gleichen Pflanzenfamilie gehören.
C Erläutere die Funktion der unterirdischen Organe.

4 Schlüsselblume

5 Narzisse

4 Die Kinder im Kindergarten sind dabei, mit ihrer Erzieherin ein Gemüsebeet anzulegen. Allerlei Samen werden in die vorbereiteten Furchen gestreut. Dabei sagt Luca zu Sinan: „Weißt du, in dem winzigen Samen hier steckt eine fertige kleine Pflanze drin."
A Zeichne den Bohnensamen ab und beschrifte ihn.
B Beurteile, ob Luca recht hat. Nimm dazu auch ▶ Bild 6 zu Hilfe.

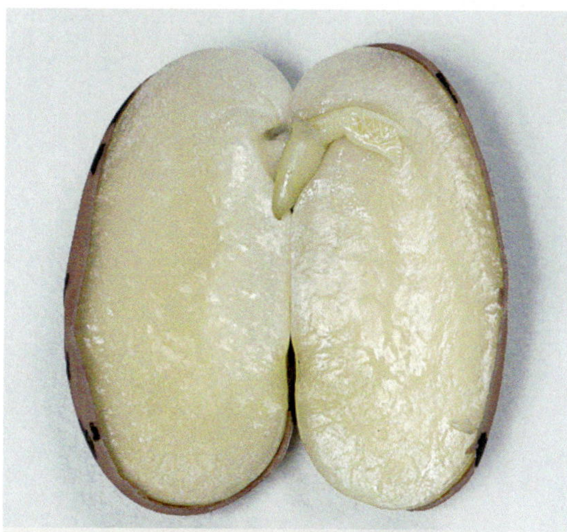

6 Gespaltener Bohnensamen

▶ Die Lösungen zu den Aufgaben findest du im Anhang.

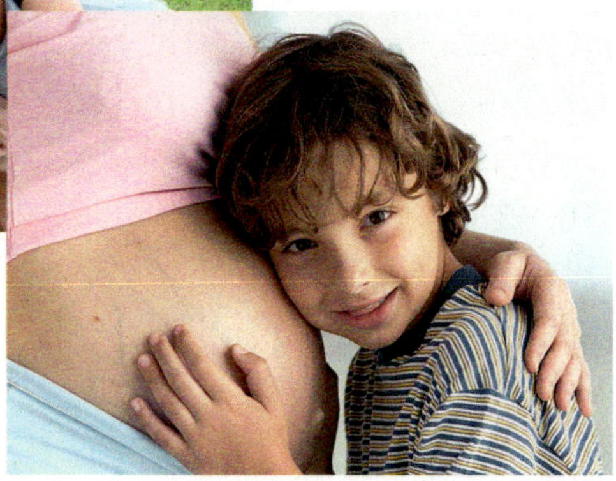

Entwicklung des Menschen

Erwachsene betrachten Fotos aus ihrer Kindheit und Jugend oft mit einem Lächeln, weil sie sich kaum wiedererkennen. Menschen verändern sich, sie entwickeln sich. Jeder Mensch durchläuft unterschiedliche Lebensabschnitte. Aus Säuglingen werden Kleinkinder, aus Kindern werden junge Erwachsene. Viele Veränderungen finden während der Pubertät statt. In dieser Zeit werden Jugendliche geschlechtsreif. Als Erwachsene gründen sie vielleicht auch eine eigene Familie.

Die Pubertät – Zeit großer Veränderungen

186-1

1 Kleinkinder

2 Mädchen und Jungen auf dem Schulhof

Plötzlich ist alles anders Anna und Tarek kennen sich schon seit dem Kindergarten und waren auch in der Grundschule die besten Freunde. Fast jeden Tag trafen sie sich, um gemeinsam Hausaufgaben zu machen oder zu spielen. Als sie beide auf das Gymnasium kamen, war ihre Freude groß. Doch nach ein paar Monaten ist plötzlich alles anders. Tarek verbringt die große Pause lieber mit anderen Jungen als mit Anna. „Mädchen sind doof und zickig!", hat er einmal zu ihr gesagt. Auch Anna trifft sich in ihren Pausen jetzt lieber mit ihren Freundinnen. Sie sind der Meinung, dass die Jungen in ihrer Klasse nur Fußball und Prügeleien im Kopf haben. „Die finden sich ganz schön cool!", meint Anna. Sie schwärmt seit einiger Zeit für einen zwei Jahre älteren Jungen. Sie findet, dass dieser viel reifer ist als Tarek.

Veränderungen in der Pubertät Viele Jugendliche machen Erfahrungen wie Anna und Tarek. Auch wenn Beschreibungen wie „Mädchen sind zickig" oder „Jungen finden sich cool" meistens Vorurteile sind, gibt es tatsächlich Charaktereigenschaften, die man dem einen Geschlecht mehr zuschreibt als dem anderen. Man sagt dann oft „typisch Junge" oder „typisch Mädchen". Das heißt allerdings nicht, dass alle Mädchen zickig sind oder alle Jungs nur Fußball spielen wollen.

Allerdings unterscheiden sich die Interessen und Einstellungen von Jungen und Mädchen mit dem Beginn der Pubertät meist deutlich. In dieser Zeit bilden sich oft neue Freundschaften und manchmal gehen alte Freundschaften auseinander – wie die von Anna und Tarek.

Die *Pubertät*, die auch als Reifezeit bezeichnet wird, ist die Zeit, in der Mädchen und Jungen *geschlechtsreif* werden. Das bedeutet, der Körper entwickelt sich zur Frau bzw. zum Mann. Wenn Frauen geschlechtsreif sind, können sie Kinder bekommen, Männer können dann Kinder zeugen. Der Beginn der Pubertät kann ganz unterschiedlich sein. Bei einigen beginnt sie vielleicht bereits mit 9 Jahren, bei anderen erst mit 13. Das ist ganz normal, da jeder Mensch verschieden ist. Daher ist auch der Verlauf der Pubertät ganz unterschiedlich, für jeden ist sie jedoch eine Zeit großer Veränderungen. Jetzt verändern sich sowohl der Körper als auch die Einstellungen und Gefühle. Das ist für viele Jugendliche eine stressige, aber auch aufregende und spannende Zeit. Sie verlieben sich in dieser Zeit vielleicht das erste Mal und es gibt Herzklopfen und Kribbeln im Bauch. Viele Jugendliche achten nun auch verstärkt auf ihr Aussehen und verbringen mehr Zeit im Badezimmer als früher.

Manchmal sind Heranwachsende in der Pubertät schnell reizbar und genervt, wenn etwas nicht so läuft, wie sie es sich vorstellen. Oft gibt es Ärger mit den Eltern oder in der Schule: Die Jugendlichen möchten ihre eigenen Vorstellungen durchsetzen, einige entwickeln auch eine „Null-Bock-Einstellung“. Diese Zeit ist daher für Eltern und Jugendliche nicht immer leicht.

3 Verliebtes Paar

Einige Jugendliche suchen sich nun bewusst gleichgeschlechtliche Freunde, mit denen sie ihre Träume und Gefühle teilen können. Andere ziehen sich gerne zurück und brauchen viel Zeit für sich. Es gibt zahlreiche Möglichkeiten, wie die Pubertät durchlebt wird, und kein Schema, nach dem man sich richten muss.

Es liegt an den Hormonen Warum verändert sich das Verhalten? Warum hat man plötzlich keine Lust mehr auf bestimmte Dinge?

Verantwortlich dafür sind Botenstoffe, die *Hormone*. Hormone werden in den Hormondrüsen im Körper gebildet und über das Blut im ganzen Körper verteilt. Dort steuern sie viele Vorgänge, wie zum Beispiel das Wachstum. Während der Pubertät werden besonders viele *Sexualhormone* gebildet. Dies sind alle Hormone, die etwas mit Sexualität und Fortpflanzung zu tun haben. Diese Hormone sorgen dafür, dass man gelegentlich schnell reizbar ist, sie sind aber auch für schöne Gefühle verantwortlich.

1. Beschreibe 4 Veränderungen in der Pubertät.

2. **A** Nenne 5 Verhaltensweisen, die für dich typisch männlich bzw. typisch weiblich sind.
   B Stellt in einer Collage für euch typische Verhaltensweisen des anderen Geschlechts dar.
   C Nimm Stellung zu den Ergebnissen deiner Mitschüler.
   D Ergänze den folgenden Satz: „Wenn ich ein Junge/Mädchen wäre, dann dürfte ich ... und dann müsste ich ...“

3. Schreibe eine Geschichte zu einem der beiden Fotos unten ▶ Bild 4.
   Beschreibe dabei jeweils auch die Gefühle der beteiligten Personen.

4

Dein Körper verändert sich

Körperliche Veränderungen in der Pubertät

Bei Säuglingen fällt es oft schwer, das Geschlecht des Kindes eindeutig zu bestimmen. Erst die Betrachtung der *primären Geschlechtsmerkmale* ermöglicht eine Unterscheidung. Beim Mädchen ist das die Scheide und beim Jungen der Penis. Die Bezeichnung primär bedeutet, dass diese Merkmale bereits von Geburt an vorhanden sind.

Mit dem Beginn der Pubertät entwickeln sich die *sekundären Geschlechtsmerkmale*. Anhand dieser Merkmale können Männer und Frauen in der Regel deutlich unterschieden werden. Bei beiden Geschlechtern beginnt die Pubertät meist mit einem Wachstumsschub. Die Achsel- und Schambehaarung erscheint. Bei den Jungen bildet sich eine kräftige Muskulatur und die Schultern verbreitern sich. Der Bartwuchs beginnt und die Stimme verändert sich langsam, sie wird tiefer. Bei den Mädchen verbreitern sich die Hüften, die Schultern bleiben vergleichsweise schmal und die Brüste beginnen zu wachsen. Das Brustwachstum ist für die Mädchen oft ein Zeichen dafür, dass die Pubertät beginnt.

Pickelfrust Viele Jugendliche leiden in der Pubertät verstärkt unter Pickeln. Pickel entstehen, weil Drüsen in der Haut verstopfen und dann eine bestimmte Form des Hautfetts, den Talg, nicht mehr nach außen transportieren können. Die erhöhte Hormonproduktion in der Pubertät führt dazu, dass vermehrt Talg gebildet wird. Dieser reichert sich unter der Haut an und es kann zu Entzündungen kommen. Im Verlauf der Pubertät nimmt die Bildung von Pickeln in der Regel wieder ab. Durch tägliches Reinigen der Haut kann die Pickelbildung oft reduziert oder ganz vermieden werden.

1. Beschreibe die körperlichen Veränderungen in der Pubertät. Nutze dazu auch ▶ Bild 1.
2. Erkläre die Begriffe primäre und sekundäre Geschlechtsmerkmale.

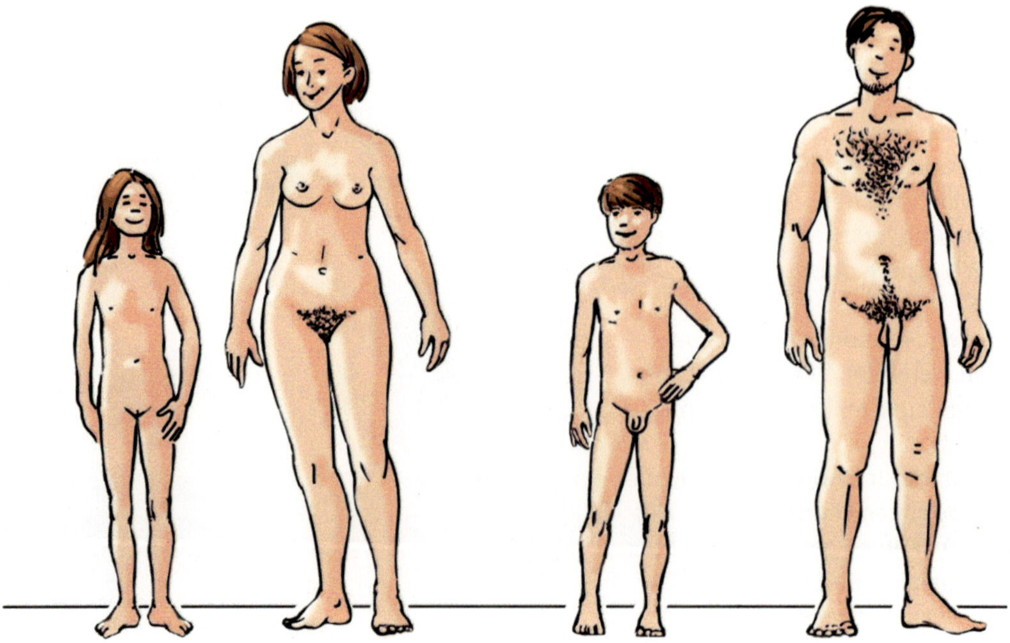

1 Vom Kind zum Erwachsenen

Veränderungen beschreiben

2 Jungen und Mädchen

Junge oder Mädchen?

Jungen und Mädchen sind nicht immer eindeutig zu unterscheiden. Auf ▶ Bild 2 a–d sind jeweils ein Junge und ein Mädchen abgebildet.

1 Beschreibe die Bilder und ordne jeweils Mädchen und Junge zu.

2 Erkläre, warum die Zuordnung bei einigen Bildern einfacher ist als bei anderen.

Wann beginnt die Pubertät?

Friederike ist 13 Jahre alt und ging immer gerne zum Sport. Seit einiger Zeit jedoch hat sie keine Lust mehr auf den Sportunterricht. Sich vor ihren Mitschülerinnen an- und auszuziehen bereitet ihr Bauchschmerzen und an gemeinsames Duschen ist überhaupt nicht zu denken. Friederike schämt sich, weil sie im Gegensatz zu ihren Mitschülerinnen noch keine Brüste hat. Auch ihre Mutter macht sich Sorgen und geht mit Friederike zu einer Frauenärztin.

Die Ärztin untersucht Friederike gründlich und zeigt ihr dann ▶ Bild 3. Sie erklärt …

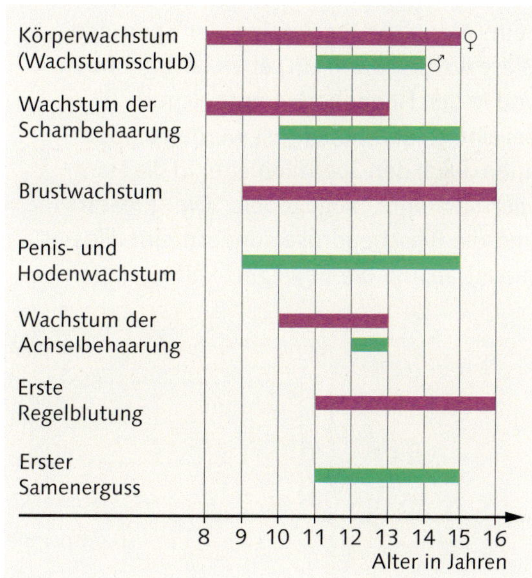

3 Möglicher Beginn von Veränderungen in der Pubertät

3 Beschreibe Friederikes Ängste.

4 Beschreibe das Diagramm ▶ Bild 3.

5 Deute das Diagramm und vervollständige die Antwort der Ärztin.

Die Geschlechtsorgane von Mann und Frau

Die männlichen Geschlechtsorgane Alle Organe, die der Fortpflanzung dienen, bezeichnet man als *Geschlechtsorgane*. Bei dem Mann sind *Penis* und *Hodensack* von außen sichtbar, sie bilden die äußeren Geschlechtsorgane. Am Ende des Penis sitzt die Eichel, die von einer verschiebbaren Vorhaut bedeckt ist. Der Hodensack schützt die *Hoden*. Diese sind von außen nicht zu erkennen und zählen daher zu den inneren Geschlechtsorganen.

In den Hoden entstehen die männlichen Geschlechtszellen, die *Spermien*. Diese etwa 0,06 mm langen Zellen besitzen ein Schwanzstück, mit dem sie sich fortbewegen können ▶ Bild 1. Mit der Pubertät beginnt beim Mann die Produktion der Spermien. Diese werden dann ein Leben lang gebildet und in den Nebenhoden gespeichert.

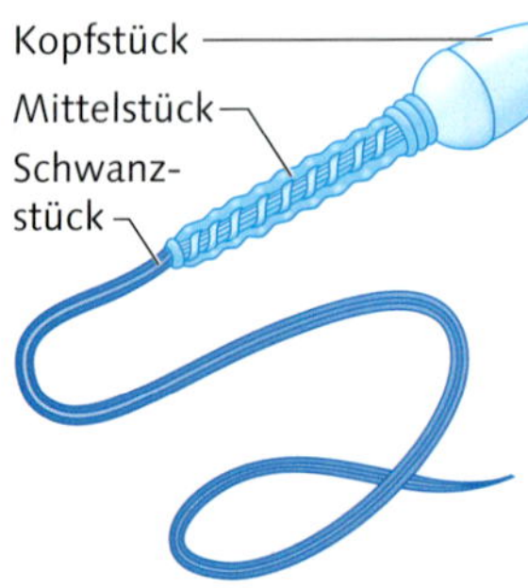

1 Bau eines Spermiums

Bei einem Spermienerguss werden die Spermien durch den Spermienleiter in die Harnspermienröhre abgegeben. Die Prostata und die Bläschendrüse sondern eine Flüssigkeit ab, die die Beweglichkeit der Spermien ermöglicht. Die Drüsenflüssigkeit zusammen mit den Spermien bildet das *Sperma*.

Den ersten Spermienerguss haben Jungen mit Beginn der Pubertät. Das passiert häufig unbewusst im Schlaf und ist ein Zeichen dafür, dass der Junge jetzt geschlechtsreif ist.

Der Penis ist von Blutgefäßen, den Schwellkörpern, umgeben. Bevor es zu einem Spermienerguss kommt, füllen sich die Schwellkörper mit Blut, der Penis wird größer und versteift sich. Das nennt man *Erektion*. Auch die Eichel vergrößert sich dabei, sodass die Vorhaut hinter die Eichel gezogen wird.

Zwischen Vorhaut und Eichel ist eine Falte, in der sich leicht Bakterien ansammeln können. Daher ist es wichtig, den Bereich unter der Eichel täglich zu reinigen. Bei einigen Jungen kann die Vorhaut nicht über die Eichel gezogen werden, da sie zu eng ist. Bei solch einer Vorhautverengung wird ein Teil der Vorhaut in einer einfachen Operation entfernt, der Junge wird beschnitten. In einigen Kulturen werden alle Jungen beschnitten.

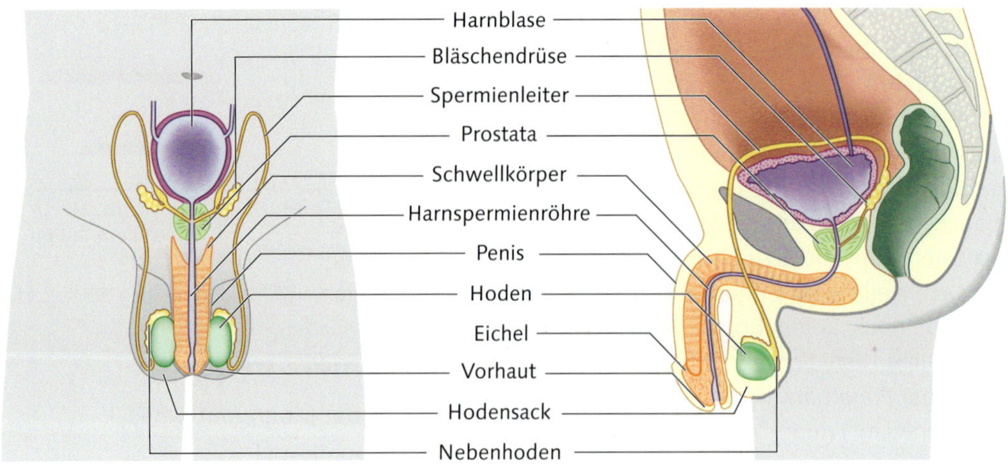

2 Die männlichen Geschlechtsorgane

Die weiblichen Geschlechtsorgane Die weiblichen Geschlechtsorgane liegen zum Großteil im Innern des Körpers. Von außen sichtbar sind nur die großen und kleinen Schamlippen, der Schamhügel und der Kitzler. Der Schamhügel ist eine Erhebung oberhalb der großen Schamlippen, der nach der Pubertät von Schamhaaren bedeckt ist.

Die Schamlippen umschließen die Scheide und die Harnröhrenöffnung. Die *Scheide* ist ein dehnbarer Schlauch, der in der *Gebärmutter* endet. Dieser große, hohlförmige Muskel ist von innen mit der Gebärmutterschleimhaut besetzt. Von der Gebärmutter führen zwei Eileiter zu den Eierstöcken. In den paarig angelegten *Eierstöcken* befinden sich die *Eizellen*, die weiblichen Geschlechtszellen.

3 Eizelle (Durchmesser ca. 0,2 mm) und Spermium im Größenvergleich

Mädchen besitzen von Geburt an etwa 200 000 Eizellen, die im Gegensatz zu den Spermien nicht mehr neu gebildet werden. Sie sind mit einem Durchmesser von 0,2 mm wesentlich größer als Spermien ▶ Bild 3.

Mit Beginn der Pubertät reift jeden Monat eine Eizelle in einem der Eierstöcke heran und wird in den Eileiter abgegeben. Diesen Vorgang bezeichnet man als *Eisprung*. Die Eizelle kann sich im Gegensatz zu den Spermien nicht selbstständig fortbewegen. Sie wird mithilfe kleiner Härchen an der Innenwand der Eileiter weitertransportiert.

Bei Mädchen ist der Scheideneingang von Geburt an durch das Jungfernhäutchen oder Hymen teilweise verschlossen. Dieses dünne Häutchen schützt die inneren Teile der Scheide vor Krankheitserregern. Es kann jedoch beim ersten Geschlechtsverkehr oder bei intensivem Sport reißen. Das passiert oft unbemerkt. Auch die Schleimhaut in der Scheide kann Krankheitserreger abhalten. Dennoch ist täglich eine gründliche Reinigung der äußeren Geschlechtsorgane wichtig.

1 Nenne die Geschlechtsorgane von Mann und Frau. Unterscheide dabei zwischen inneren und äußeren Geschlechtsorganen.

2 Stelle die männlichen Geschlechtsorgane und ihre Aufgaben tabellarisch gegenüber.

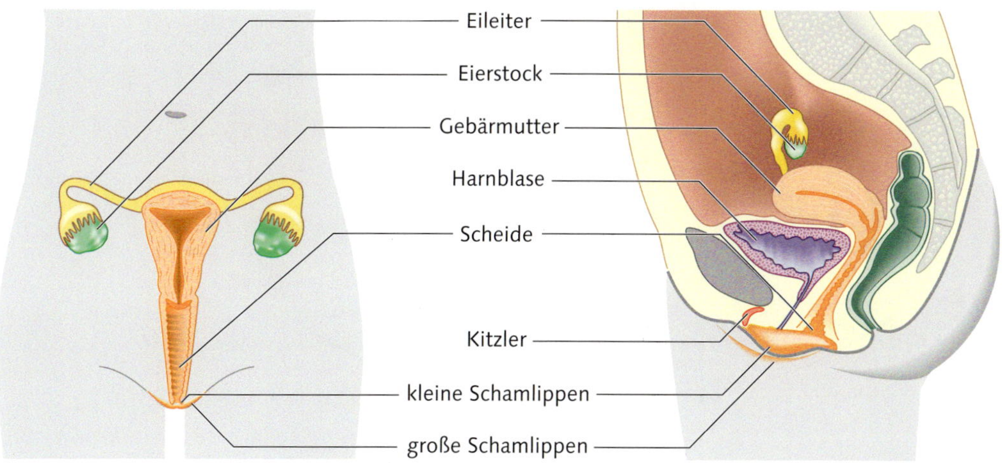

4 Die weiblichen Geschlechtsorgane

Der Menstruationszyklus

192-1

Pubertät und Regelblutung In der Pubertät werden Mädchen geschlechtsreif. Während dieser Zeit kommt es auch zur ersten Regelblutung. Meistens setzt diese zwischen dem 11. und 16. Lebensjahr ein. Wie alle Veränderungen in der Pubertät kann der Zeitpunkt auch hier sehr unterschiedlich sein. Einige Mädchen warten gespannt auf ihre erste Regelblutung, die auch Menstruation oder Periode genannt wird. Für manche Kulturen ist die Tatsache, dass das Mädchen nun Kinder bekommen kann, sogar ein Grund zum Feiern. Wie aber kommt es zur Regelblutung?

Der weibliche Zyklus Die Regelblutung ist Bestandteil eines komplexen Vorgangs, dem weiblichen Zyklus. In ▶ Bild 1 ist ein Menstruationszyklus von 28 Tagen dargestellt. Bei vielen Frauen weicht die Zykluslänge, vor allem in den ersten Jahren, allerdings deutlich von diesen 28 Tagen ab. Jeder Zyklus, ob regelmäßig oder nicht, beginnt mit dem ersten Tag einer Menstruation ▶ Bild 1A. In einem der beiden Eierstöcke reift eine Eizelle heran. Jede Frau besitzt von Geburt an etwa 200 000 unreife Eizellen in ihren Eierstöcken. Eine Eizellreifung dauert ungefähr 14 Tage, dann findet der Eisprung statt ▶ Bild 1C. Die Eizelle wird dabei in den Eileiter abgegeben und von dort in Richtung Gebärmutter transportiert. Während dieser Zeit hat sich die Gebärmutterschleimhaut aufgebaut ▶ Bild 1B–D. Wenn die Eizelle nicht befruchtet wird, stirbt die Gebärmutterschleimhaut ungefähr 14 Tage nach dem Eisprung ab. Sie wird daraufhin zusammen mit etwas Blut durch die Scheide ausgeschieden – das ist die *Regelblutung*.
Mit dem ersten Tag einer Regelblutung beginnt ein neuer Menstruationszyklus und eine weitere Eizelle reift heran. Diese Periode wiederholt sich etwa alle 4 Wochen.
Wenn die Frau etwa zwischen dem 45. und 55. Lebensjahr in die Wechseljahre kommt, dann endet die monatliche Eizellreifung. Die Frau hat keine Regelblutung mehr und kann keine Kinder mehr bekommen.

Was noch dazugehört Die Regelblutung dauert im Durchschnitt 4–5 Tage, wobei die Stärke der Blutung sehr unterschiedlich

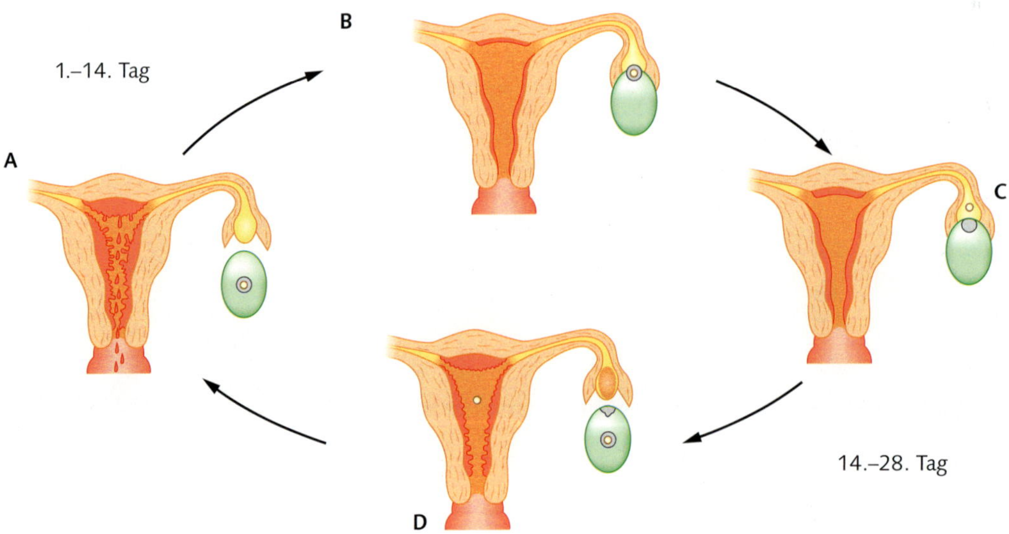

1 Menstruationszyklus von 28 Tagen

sein kann. Es werden etwa 65 ml Blut ausgeschieden. Das entspricht ungefähr einer halben Tasse voll. Da sich die Gebärmutter beim Abbau der Schleimhaut zusammenzieht, haben einige Mädchen und Frauen Schmerzen im Unterleib, die als Menstruationsbeschwerden bezeichnet werden.
Während der Periode ist die tägliche Hygiene besonders wichtig. Das Menstruationsblut kann mit Binden oder Tampons aufgefangen werden. Bei den ersten Blutungen verwenden viele Mädchen lieber Binden, die das Blut außerhalb des Körpers auffangen. Später benutzen junge Frauen oft Tampons. Der Tampon wird in den Scheideneingang eingeführt. Bei richtiger Verwendung wird er nicht gespürt. Da er das Blut innerhalb des Körpers auffängt, können Frauen auch während der Menstruation zum Beispiel schwimmen gehen.

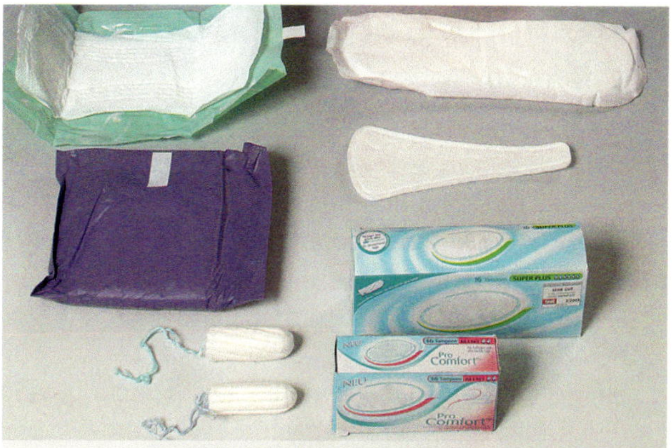

2 Binden und Tampons

1 Stelle den weiblichen Zyklus in Form eines Fließschemas dar. Ersetze dabei die Teilbilder A–D in ▶ Bild 1 durch kurze Textteile.

2 Mädchen können bereits kurz vor ihrer ersten Regelblutung schwanger werden. Erkläre.

Material Methode Praxis

Menstruationskalender

Damit sie einen Überblick über ihren Zyklus haben, führen viele Frauen einen Menstruationskalender, in dem sie die Tage ihrer Regelblutung kennzeichnen. Im Folgenden sind die Kalender zweier Frauen abgebildet.

3 Kennzeichne in beiden Zyklen jeweils den voraussichtlichen Zeitpunkt des Eisprungs in den Monaten März bis Mai.

4 Gib für beide Frauen die Dauer der Zyklen an.

5 Berechne, wann Maria voraussichtlich ihre nächste Regelblutung bekommen wird.

6 Nicole ist der Meinung, ihre nächste Regelblutung müsste am 4. Juni beginnen. Nimm Stellung zu dieser Aussage.

Maria

	1	2	3	4	5	6	7	8	9	10	11	12	13	14	15	16	17	18	19	20	21	22	23	24	25	26	27	28	29	30	31
März										X	X	X	X	X																	
April							X	X	X	X	X																				
Mai					X	X	X	X	X																						

Nicole

	1	2	3	4	5	6	7	8	9	10	11	12	13	14	15	16	17	18	19	20	21	22	23	24	25	26	27	28	29	30	31
März											X	X	X	X	X	X															
April													X	X	X	X															
Mai							X	X	X	X	X																				

3 Ausschnitte aus zwei Menstruationskalendern

Dein Körper gehört dir

Höre auf deine Gefühle Der Vater geht mit seinen Kindern gemeinsam in die Badewanne, zwei Freundinnen umarmen sich, eine Familie kuschelt sonntagmorgens im Bett. Das sind alltägliche und völlig normale Situationen. Menschen, die man mag, berührt man gerne.

Einige Körperstellen reagieren besonders empfindlich auf Berührungen. Bei Jungen sind das Penis und die Hoden, bei den Mädchen die Brüste und die Scheide. Auch Po, Lippen und Zunge zählen zu den intimen Körperstellen. Jeder sollte selbst entscheiden, von wem er oder sie dort angefasst werden möchte.

Manchmal rufen Körperkontakte oder Situationen auch ein ungutes Gefühl hervor. Das können sowohl kurze intime Berührungen oder lange und innige Umarmungen sein als auch unangenehme Blicke und Kommentare. In solchen Situationen ist es besonders wichtig, auf seine Gefühle zu hören. Wenn die innere Stimme „Nein" zu etwas sagt, dann sollte man selbst auch „Nein" sagen. Niemand muss sich auf etwas einlassen, was er oder sie nicht möchte. Jeder Mensch hat das Recht zu bestimmen, wer ihn wann, wo und wie anfassen darf. Dabei macht es keinen Unterschied, ob die Berührung von einem Fremden ausgeht oder von jemandem aus dem Familien- oder Bekanntenkreis.

Sexueller Missbrauch Wenn Erwachsene Jungen oder Mädchen für ihr eigenes Vergnügen an intimen Körperstellen anfassen oder sich selbst von ihnen anfassen lassen, dann spricht man von sexuellem Missbrauch. Sexueller Missbrauch ist strafbar. Falls man selbst in solch eine Situation gerät oder der Verdacht eines Missbrauchs besteht, sollte man sich daher sofort an eine vertraute Person oder an eine der zahlreichen Beratungsstellen wenden. Da Kinder selbst niemals Schuld am Missbrauch haben, müssen sie auch keine Angst vor einer Bestrafung haben.

1. Es gibt zahlreiche Adressen, an die man sich im Fall eines Missbrauchs wenden kann.
   - **A** Suche in deiner Schule nach einem Aushang solcher Adressen.
   - **B** Eine Institution für viele Fragen über Sexualität ist *pro familia*. Erkundige dich nach Einrichtungen von *pro familia* in deiner Nähe.

2. Wenn du in eine Situation gerätst, die dir merkwürdig vorkommt, solltest du dir selbst 3 Fragen stellen ▶ Bild 1. Erläutere diese Vorsichtsmaßnahme.

1 Wie verhalte ich mich richtig?

Situationen beurteilen

1 Versetze dich in die Lage des Jungen und schätze ein, ob er sich in den jeweiligen Situationen wohlfühlt oder eher „Nein“ sagen sollte. Diskutiert Möglichkeiten des Neinsagens für die jeweiligen Beispiele.

2 Neinsagen?

Zwei Geschichten

Marco ist ein leidenschaftlicher und guter Turner. Zweimal in der Woche geht er abends zum Training. Zu Hause erzählt Marco, dass er seit einigen Wochen einen neuen Trainer hat und nun den Verein wechseln möchte. Der Trainer fasse ihn immer besonders lange an, um ihm Hilfestellung beim Geräteturnen zu geben. Er habe das Gefühl, dass der Trainer dabei seine Hand auch absichtlich an seinen Po legt.

3

4

Sina ist 14 und zum ersten Mal verliebt – in Timm. Auch für Timm ist Sina die erste Freundin, er ist drei Jahre älter. Timms Freunde hatten bereits Freundinnen und Timm findet, dass er nun viel nachholen muss. Als sie sich drei Monate kennen, ist Timm bei Sina zu Hause und die beiden kuscheln auf Sinas Sofa. Timm fängt an, Sinas Pullover auszuziehen. Sina fühlt sich dabei nicht wohl, sie kennt Timm doch kaum. Da sie aber Angst hat, dass er sie für kindisch halten könnte, sagt sie nichts.

2 Vergleiche die beiden beschriebenen Situationen.

3 **A** Beurteile das Verhalten von Marco und von Sina. Haben sie deiner Meinung nach richtig gehandelt?

B Was würdest du Marco beziehungsweise Sina raten?

4 Schreibe einen Dialog zwischen Sina und Timm.

Liebe und Sexualität

Erste Liebe Wenn wir von Liebe sprechen, bezeichnen wir damit immer eine besonders große Zuneigung zu einem anderen Menschen. Eine Mutter liebt ihr Kind, ein Kind liebt seine Großmutter, ein Mädchen liebt ihren Bruder. Liebe kann auch zwischen einem Jungen und einem Mädchen beziehungsweise einem Mann und einer Frau entstehen.

1 Junges Paar

Wenn Jungen und Mädchen in die Pubertät kommen, dann entwickelt sich meist ein Interesse am anderen Geschlecht. Jugendliche verlieben sich jetzt vielleicht zum ersten Mal, erste enge Freundschaften und Liebesbeziehungen entwickeln sich. Es gibt Herzklopfen und Schmetterlinge im Bauch. Dabei entsteht oft der Wunsch nach körperlicher Nähe sowie eine sexuelle Neugier auf den anderen Körper. Der Unterschied zur Liebe etwa zwischen Eltern und Kind ist also das Hinzutreten der Sexualität.
Beim ersten Verliebtsein ist die Neugier auf den Körper des anderen oft besonders groß. Viele neue Gefühle und Sehnsüchte sorgen dafür, dass man dem Menschen, den man mag, besonders nah sein möchte. Neben Händchenhalten und Küssen besteht oft das Bedürfnis, auch miteinander zu schlafen. Dafür sollten sich jedoch beide Partner bereitfühlen und einander vertrauen.

Ein Kind entsteht Begriffe wie miteinander schlafen, sich lieben, Sex haben umschreiben den *Geschlechtsverkehr*. Darunter versteht man die körperliche Vereinigung von Mann und Frau. Der Mann führt seinen versteiften Penis in die Scheide der Frau ein. Dies erzeugt für beide meist ein angenehmes Gefühl und kann beim Mann zu einem Spermienerguss führen. Etwa 200 Millionen Spermienzellen werden so in die Scheide der Frau abgegeben.

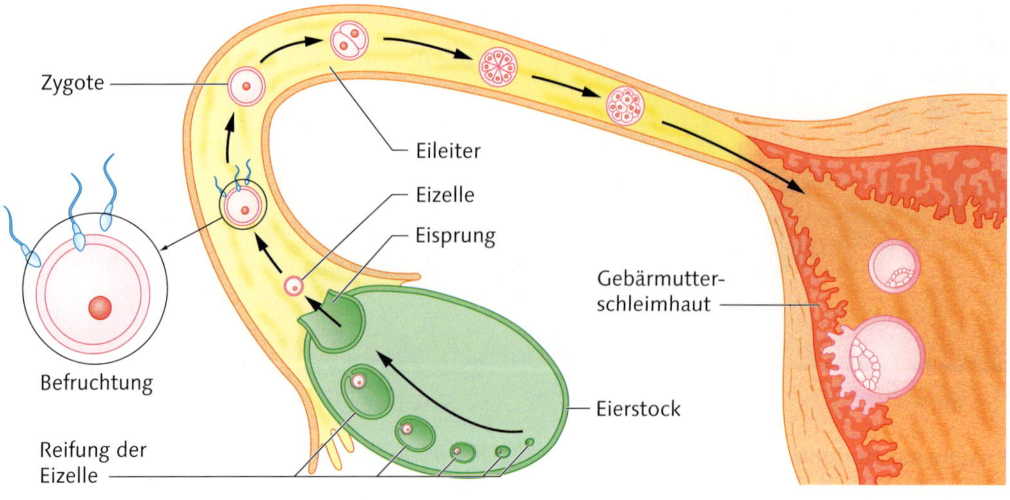

2 Von der Reifung der Eizelle über die Befruchtung bis zur Einnistung

Da sich die Spermienzellen mithilfe ihres Schwanzstücks selbstständig fortbewegen können, gelangen sie durch die Scheide der Frau in Richtung Gebärmutter und von dort in die beiden Eileiter.

Wenn die Spermienzellen auf ihrem Weg in die Eileiter auf eine reife Eizelle treffen, kann es zur *Befruchtung* kommen. Dabei dringt eine Spermienzelle in die Eizelle ein. Ei- und Spermienzelle verschmelzen, es entsteht eine *Zygote* ▶ Bild 2.

In der Eizelle der Mutter und der Spermienzelle des Vaters sind Informationen für Merkmale enthalten. Diese Erbanlagen werden bei der Verschmelzung von Ei- und Spermienzelle an das Kind weitergegeben. Somit können Kinder ihren Eltern äußerlich sehr ähnlich sein, gleichen ihnen aber niemals völlig.

Die entstandene Zygote wird mithilfe der Flimmerhärchen im Eileiter in Richtung Gebärmutter transportiert. Bereits auf dem Weg dorthin beginnt sie sich zu teilen. Bei jeder Teilung verdoppelt sich die Anzahl der Zellen. So wird aus der Zygote ein kugeliger Zellhaufen, der sich in der Gebärmutterschleimhaut einnistet. In der Gebärmutter findet nun in den nächsten 9 Monaten die Entwicklung zu einem neuen Menschen statt.

Da die Eizelle nur wenige Stunden nach dem Eisprung befruchtet werden kann, kommt es nicht bei jedem Geschlechtsverkehr auch zu einer Befruchtung.

Wenn Befruchtung verhindert werden soll

Um einer ungewollten Schwangerschaft vorzubeugen, gibt es verschiedene Möglichkeiten der *Empfängnisverhütung*. Verhütungsmittel verhindern das Zusammentreffen von Ei- und Spermienzelle, sodass keine Befruchtung stattfinden kann. Beide Partner sollten sich zusammen über verschiedene Methoden der Empfängnisverhütung informieren und sich für eine geeignete entscheiden. Das Kondom und die Pille sind bei richtiger Anwendung sichere Verhütungsmittel für Jugendliche.

1. Beschreibe den Vorgang von der Befruchtung der Eizelle bis zu ihrem Einnisten in der Gebärmutterschleimhaut.
2. Berechne, wie oft sich die Zygote teilt, bis ein Zellhaufen von 32 Zellen entstanden ist.
3. Vergleiche mithilfe der Texte unten die Verhütung mit dem Kondom und mit der Pille.

Das Kondom

Das Kondom ist ein dünnes Häutchen, das über den versteiften Penis gestreift wird. Beim Spermienerguss fängt es das Sperma auf und verhindert so, dass es in die Scheide der Frau gelangt. Bei richtiger Anwendung ist das Kondom ein sicherer Schutz vor ungewollter Schwangerschaft. Es ist das einzige Verhütungsmittel, das auch vor sexuell übertragbaren Krankheiten wie Aids schützt.

Die Pille

Die Antibabypille, kurz Pille, ist ein hormonelles Verhütungsmittel. Sie verhindert, dass eine befruchtungsfähige Eizelle heranwächst. Die Pille gehört bei richtiger Anwendung zu den sichersten Verhütungsmitteln. Sie wird ärztlich verschrieben und muss von der Frau täglich etwa zur gleichen Zeit eingenommen werden.

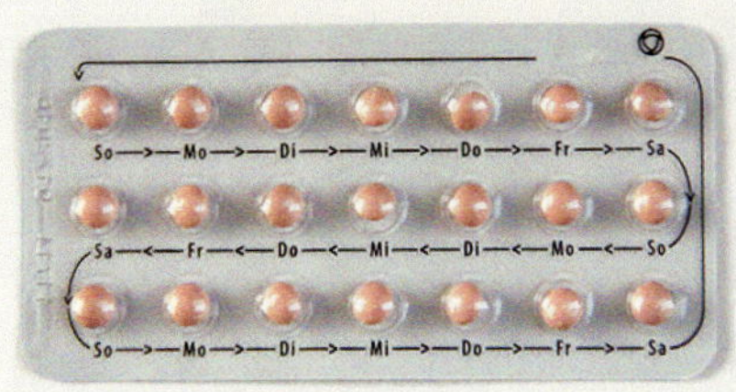

Die Schwangerschaft

198-1

9 Monate im Mutterleib Wenn Ei- und Spermienzelle verschmelzen, entsteht die Zygote, die mit dem bloßen Auge gerade noch zu erkennen wäre. Ungefähr 9 Monate später kommt ein etwa 50 cm großer Säugling auf die Welt – was passiert in dieser Zeit der Schwangerschaft?

Entwicklung von Embryo und Fetus Nach der Befruchtung beginnt sich die Zygote zu teilen. Nach der ersten Teilung spricht man von einem *Embryo*. Dieser nistet sich in der Gebärmutterschleimhaut ein. Dort bildet die äußere Schicht des Embryos zusammen mit der Gebärmutterschleimhaut den Mutterkuchen, die Plazenta. Der Embryo wächst in der Gebärmutter in der mit Fruchtwasser gefüllten Fruchtblase heran. So ist der Embryo geschützt ▶ Bild 1. Über die Nabelschnur wird das Ungeborene bis zu seiner Geburt mit Nährstoffen versorgt. Nach vier Wochen ist der Embryo schon so groß wie ein Apfelkern und sein Herz schlägt bereits. Innerhalb der nächsten Wochen entwickeln sich die Anlagen für Arme, Beine und Ohren und die Geschlechtsorgane werden ausgebildet.

Nach ungefähr zweieinhalb Monaten kann sich der Embryo schon selbstständig bewegen. Wenn die inneren Organe ausgebildet sind, spricht man vom *Fetus*. Dies ist ab dem Ende des 3. Schwangerschaftsmonats der Fall. Jetzt sind auch die Ohren, Augen und Augenlider vollständig entwickelt.
Der Fetus wächst nun besonders schnell. Am Ende des 6. Monats hat er bereits eine Größe von etwa 20 bis 30 cm erreicht. Er nimmt die Außenwelt nun stärker wahr und reagiert manchmal mit Bewegungen auf Lärm, Musik und die Stimmen der Eltern. Die Mutter fühlt, wenn sich das Ungeborene bewegt, mit den Füßen tritt oder auch Schluckauf hat. Nach weiteren drei Monaten kann der Fetus fühlen, sehen und schmecken und ist bereit für ein Leben außerhalb des Mutterleibs.

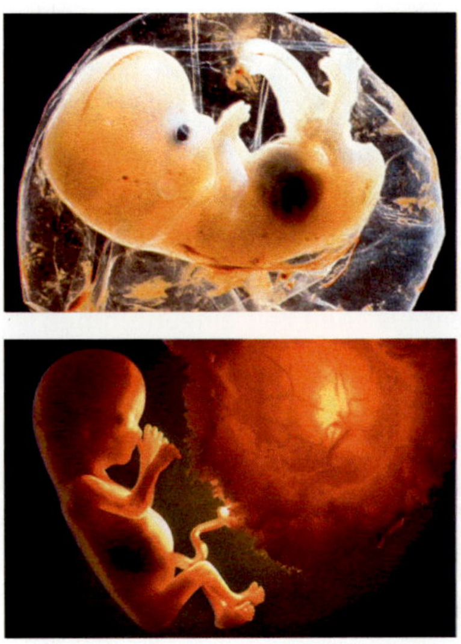

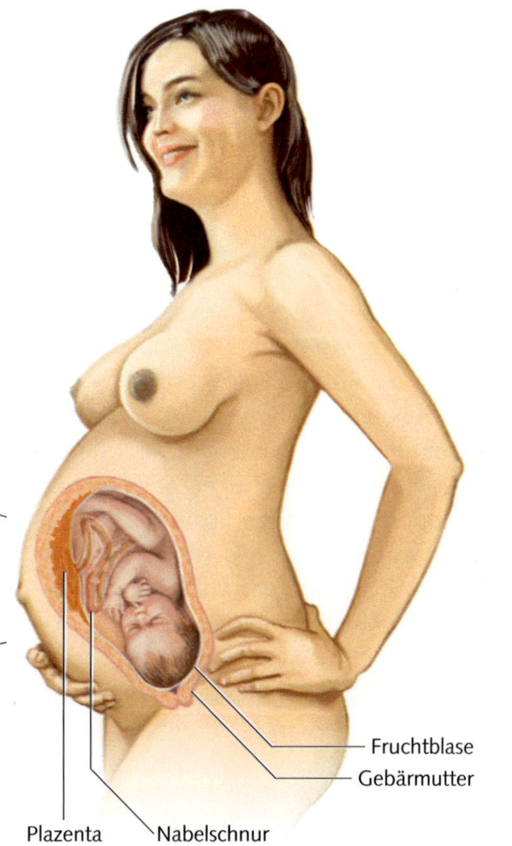

1 Stadien der Schwangerschaft (rechts: 9. Monat)

Vorsorge Das erste Anzeichen einer Schwangerschaft ist für die werdende Mutter meist das Ausbleiben der Regelblutung. Mit einem Schwangerschaftstest kann die Schwangerschaft bestätigt werden.

Um die Entwicklung und die Gesundheit von Embryo und Fetus zu kontrollieren, gehen schwangere Frauen in regelmäßigen Abständen zur Vorsorgeuntersuchung. Dabei kann im Ultraschallbild (▶ Bild 2) ab dem 4. Monat unter anderem häufig auch das Geschlecht des Kindes erkannt werden. Da Mutter und Kind über die Nabelschnur miteinander verbunden sind, sollte die Mutter auf Rauchen und Alkohol verzichten. Auch die Einnahme bestimmter Medikamente kann das Ungeborene schädigen.

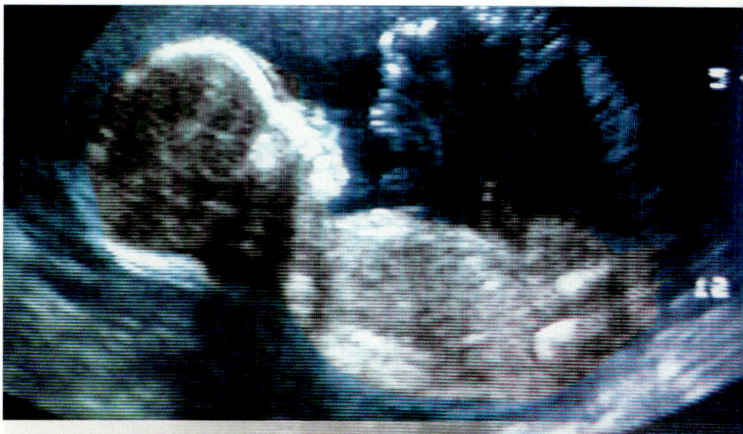

2 Ultraschallaufnahme

1 Die Schwangerschaft beginnt mit der Einnistung des Embryos in die Gebärmutterschleimhaut. Stelle die Entwicklung in der Schwangerschaft mithilfe eines Zeitstrahls dar.

Zwillinge

Gelegentlich kommt es vor, dass in einer Gebärmutter zwei Kinder gleichzeitig heranwachsen. Die Frau bekommt Zwillinge, die eineiig oder zweieiig sein können.

2 Beschreibe die Entstehung von eineiigen und zweieiigen Zwillingen mithilfe von ▶ Bild 3.

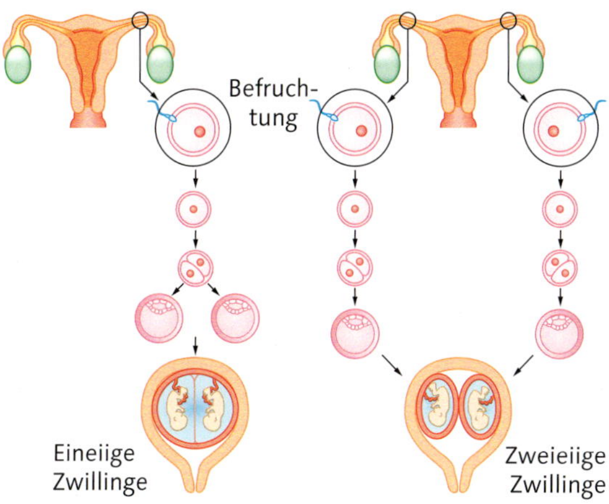

3 Entstehung von Zwillingen

3 **A** Erläutere die in der Tabelle aufgeführten Merkmale der Zwillinge Paul und David ▶ Bild 4.

B Stelle eine begründete Vermutung darüber auf, ob Paul und David eineiige oder zweieiige Zwillinge sind.

4 Merkmale bei Zwillingen

	Paul	David
Größe	1,36 m	1,36 m
Körpergewicht	32,2 kg	32,9 kg
Lieblingsmusik	Hip-Hop	Rockmusik
Haarfarbe	braun	braun
Lieblingsspielzeug	Autos	Legosteine
Lieblingsspeise	Pommes frites	Nudeln
Augenfarbe	blau	blau

Die Geburt

2 Mutter mit Neugeborenem

Nach 9 Monaten ist es so weit Eine normale Schwangerschaft dauert etwa 9 Monate. Dann ist die Entwicklung des Kindes im Mutterleib abgeschlossen und das Kind kommt auf die Welt: Es wird geboren.
Die Schwangere spürt schon einige Zeit vorher ein unregelmäßiges Zusammenziehen der Gebärmuttermuskulatur. Diese *Wehen* sind ein Zeichen, dass die Geburt nun losgeht. Zunächst haben die Wehen einen Abstand von etwa 20 Minuten. Während dieser ersten Phase der Geburt, der Eröffnungsphase (▶ Bild 1 A), platzt die Fruchtblase und das Fruchtwasser läuft aus.
In der anschließenden Austreibungsphase (▶ Bild 1 B) werden die Wehen stärker und haben kürzere Abstände. Die Frau hilft nun mit, indem sie Bauch- und Unterleibsmuskulatur anspannt. Da sich das Kind innerhalb der vorangegangenen Wochen gedreht hat, wird es so mit dem Kopf voran aus dem Körper gepresst.
Wenn eine normale Geburt nicht möglich ist, wird das Kind durch einen Kaiserschnitt auf die Welt geholt. Dafür werden die Bauchdecke und die Gebärmutter der Frau in einer Operation geöffnet.

Was danach passiert Die Frau ist bei der Geburt nicht alleine. Arzt und Hebamme unterstützen den Geburtsvorgang. Wenn das Kind geboren ist, wird die Nabelschnur durchtrennt. Diese *Entbindung* bereitet keine Schmerzen. Da aber die Sauerstoffversorgung durch die Mutter aufhört, muss das Neugeborene nun selbstständig atmen. Arzt, Hebamme und Eltern warten gespannt auf den ersten Schrei des Babys, der das eigenständige Atmen bestätigt. Wird der Säugling dann der Mutter übergeben, sucht er mit seinem Mund die Mutterbrust.
Nach der Geburt produzieren die Brustdrüsen Milch. Die Mutter kann ihr Kind nun mit Muttermilch versorgen, sie kann es stillen.

1 Erkläre den Unterschied zwischen Geburt und Entbindung.

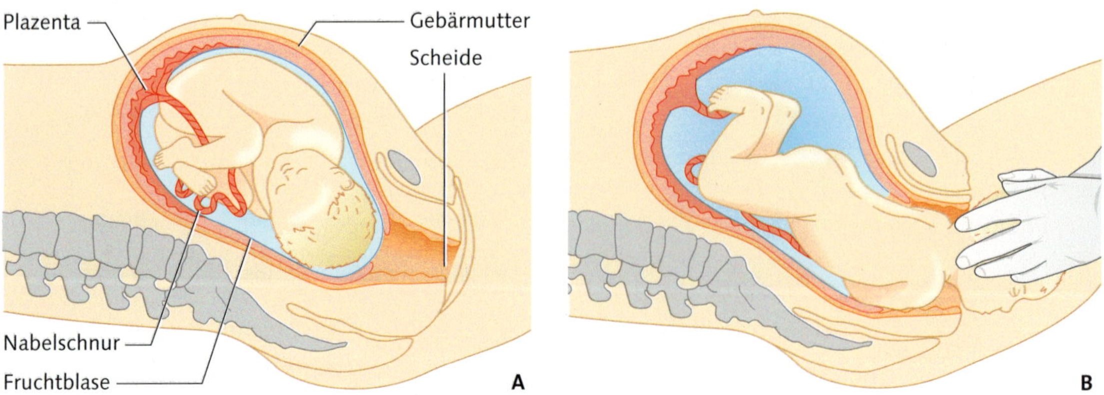

1 Geburt: Eröffnungsphase (A) und Austreibungsphase (B)

Lebensabschnitte

3 Eine Familie – drei Generationen

Vom Säugling zum Erwachsenen Wird ein Kind geboren, ist es noch klein und unselbstständig. Im Laufe seines Lebens wächst dieser Mensch und durchläuft verschiedene Phasen der Entwicklung. Diese Phasen werden beim Menschen als Lebensabschnitte bezeichnet. Es gibt keine genau festgelegten Abschnitte, man unterscheidet aber in der Regel zwischen Kind, Jugendlichem und Erwachsenen.
Nach der Geburt kann ein Kind weder sprechen noch laufen und ist voll und ganz auf die Hilfe und Fürsorge seiner Eltern angewiesen. Dies ändert sich jedoch schnell. Das Kind wächst und lernt immer mehr, sich und seine Bedürfnisse mitzuteilen. In den ersten Lebensmonaten finden besonders viele Entwicklungsschritte statt, da das Kind grundlegende Dinge wie Sprechen und Laufen lernt.
Mit dem Eintritt in die Pubertät beginnt die Jugend. Bei den Jugendlichen finden auch zahlreiche körperliche und psychische Veränderungen statt. Sie entwickeln eigene Meinungen und werden unabhängiger von ihren Eltern. Nach Beendigung der Pubertät, etwa zwischen dem 17. und 20. Lebensjahr, sind aus den Jugendlichen junge Erwachsene geworden. Sie gründen jetzt vielleicht eine eigene Familie und bekommen eigene Kinder.

Die Familie Auch wenn Menschen im Laufe ihrer Entwicklung immer selbstständiger, das heißt unabhängiger werden, ist die Familie für viele doch sehr wichtig.
Es gibt viele Gelegenheiten, an denen eine Familie zusammenkommt. Feiertage Geburtstage und andere Familienfeiern spiegeln oft den starken Zusammenhalt innerhalb von Familien wider.

1 **A** Erstelle einen Zeitstrahl vom Zeitpunkt deiner Geburt bis heute. Zeichne die für dich wichtigen Stationen deines Lebens ein. Ergänze durch Fotos.

B Ordne den Stationen deines Lebens die Personen zu, die für dich jeweils besonders wichtig waren.

Zusammenfassung

Steuerung und Regelung
Mit Beginn der Pubertät produziert der menschliche Körper eine Vielzahl von Hormonen, die sowohl körperliche als auch psychische Veränderungen hervorrufen. Äußerlich sichtbar ist die Bildung der sekundären Geschlechtsmerkmale. Bei der Frau sind dies zum Beispiel die Brüste und Schamhaare, beim Mann unter anderem der Bart und die Schambehaarung. Die Produktion und Ausschüttung der Hormone wird durch das Gehirn reguliert. Man spricht hier vom Basiskonzept *Steuerung und Regelung*.

Kompartimentierung
Unsere Geschlechtsorgane sind in verschiedene Bereiche eingeteilt. Solche Bereiche nennt man Kompartimente. Bei den weiblichen Geschlechtsorganen sind dies zum Beispiel Eierstock, Eileiter und Gebärmutter. Unterschiedliche Kompartimente erfüllen unterschiedliche Aufgaben. Bei der Frau reifen die Eizellen in den Eierstöcken heran und werden dann durch die Eileiter bis in die Gebärmutter transportiert. In der Gebärmutter kann sich ein Embryo einnisten. Diese Einteilung wird unter dem Basiskonzept *Kompartimentierung* zusammengefasst.

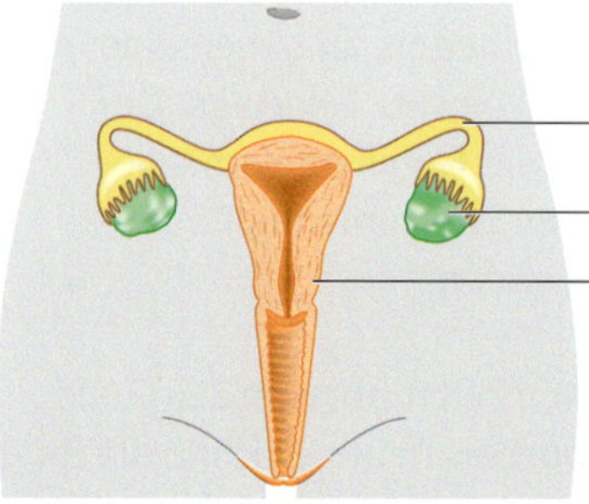

1 Die weiblichen Geschlechtsorgane

Struktur und Funktion
Eine Eizelle kann sich nicht selbstständig fortbewegen. Sie wird im Eileiter durch Flimmerhärchen weitertransportiert. Die Struktur des Eileiters, nämlich die Auskleidung mit Flimmerhärchen, ermöglicht erst diese Funktion des Transports.
Bei einem Spermienerguss werden viele Millionen Spermien in die Scheide der Frau abgegeben. Mithilfe ihres Schwanzes können sich diese eigenständig fortbewegen. Weil die Struktur der Spermien (ihre Form) ihre Funktion (die Fortbewegung) ermöglicht, spricht man auch hier vom Basiskonzept *Struktur und Funktion*.

2 Spermium und Eizelle

Fortpflanzung
Wir Menschen pflanzen uns geschlechtlich fort. Das heißt, eine Spermienzelle des Mannes verschmilzt bei der Befruchtung mit einer Eizelle der Frau zu einer Zygote. Diese teilt sich und nistet sich als Embryo in der Gebärmutterschleimhaut ein. Nach etwa 9 Monaten Schwangerschaft wird dann ein neuer Mensch geboren. Das wird durch das Basiskonzept *Fortpflanzung (Reproduktion)* beschrieben.

Geschichte und Verwandtschaft
Bei einer Befruchtung werden mit den Geschlechtszellen Erbanlagen von der Mutter und dem Vater an das Kind weitergegeben. Kinder können ihren Eltern sehr ähnlich sein, gleichen ihnen aber niemals völlig. Innerhalb von Familien erkennt man solche Ähnlichkeiten, die auf nahe Verwandtschaft hinweisen. Das Basiskonzept *Geschichte und Verwandtschaft* beschreibt diese Beziehungen.

Teste dich!

1 **A** Ordne folgende Begriffe in einer Tabelle den primären und sekundären Geschlechtsmerkmalen zu.
B Ordne sie anschließend Jungen und Mädchen zu:
- Achselbehaarung
- Stimmbruch
- verbreiterte Schultern
- Penis
- Schambehaarung
- Scheide
- Bartwuchs
- verbreiterte Hüften
- kräftige Muskulatur

2 Beschreibe mithilfe von ▸Bild 3 die Veränderungen vom Jungen zum Mann.

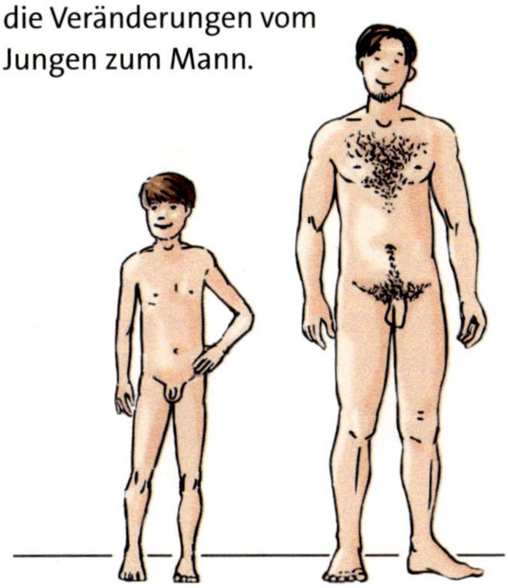

3 Vom Jungen zum Mann

3 Benenne die in ▸Bild 4 nummerierten Organe.

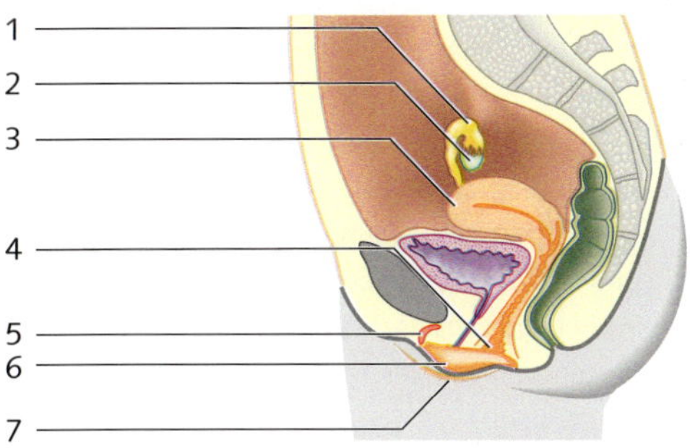

4 Weibliche Geschlechtsorgane in Seitenansicht

4 Beschreibe das Basiskonzept Kompartimentierung am Beispiel der Geschlechtsorgane des Mannes.

5 Bei einer Befragung wurden 118 Mädchen nach dem Beginn ihrer Regelblutung gefragt ▸Bild 5.
A Beschreibe das Diagramm.
B Erkläre, was das Diagramm über die Pubertät aussagt.

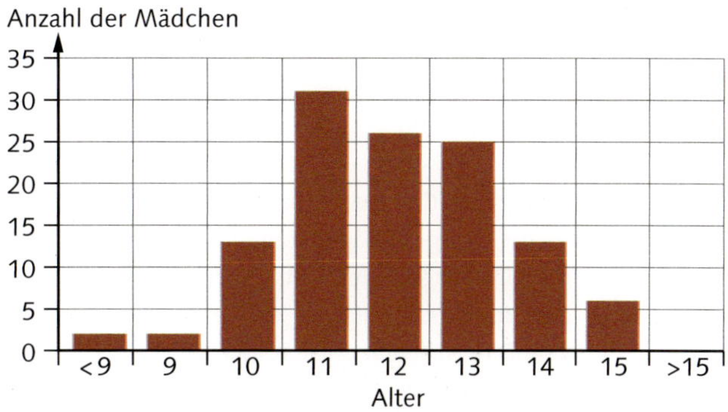

5 Beginn der Regelblutung bei Mädchen

6 In ▸Bild 6 siehst du ein Modell zur Funktion der Fruchtblase.

6 Modell zur Funktion der Fruchtblase

A Ordne den Teilen des Modells die Strukturen in der Wirklichkeit zu.
B Stelle dir vor, das Glas wird geschüttelt. Erkläre daran die Funktion der Fruchtblase.

▸ **Die Lösungen zu den Aufgaben findest du im Anhang.**

Anhang

Lösungen zu „Teste dich!“

Was ist Biologie?

1 Zu den typischen Arbeitsweisen eines Naturwissenschaftlers gehört das Beobachten, Vergleichen und Ordnen. Außerdem machen Naturwissenschaftler Experimente. Das Protokollieren ist eine weitere wichtige Arbeitsweise.

2 Die Mimose zeigt Reizbarkeit: Sie reagiert auf einen Berührungsreiz, indem sie ihre (Fieder-)Blättchen zusammenklappt.

3 Menschen nehmen Nahrung auf. Die Energie in der Nahrung wandeln sie z. B. in Bewegungsenergie um. Abfallstoffe geben sie wieder ab.

4 **A** Tiere locken Geschlechtspartner z. B. über Lautäußerungen (Gesang der Vögel, Röhren bei Hirschen), Gefiederfärbung (Vögel) oder Duftstoffe (Pferde, Hunde) an.
B Der Hund markiert sein Revier durch eine Duftmarke. Das Froschmännchen lockt Weibchen an, indem es mit den Schallblasen Laute erzeugt.

5 Im Bild ist die geschlechtliche Fortpflanzung bei Hunden dargestellt. Spermienzellen und Eizellen verschmelzen zu befruchteten Eizellen. Diese entwickeln sich weiter. Schließlich werden Hundebabys geboren.

Haustiere

1 a) Katze: kleine, meißelförmige Schneidezähne; lange, spitze, dolchartige Fangzähne; scharfe Backenzähne und starke Reißzähne ▸ typisches Raubtiergebiss: Fangzähne zum Packen und Töten der Beute, Reißzähne zum Zerreißen und Zerschneiden von Fleischstücken ▸ Fleischfresser
b) Rind: Schneidezähne schräg nach vorn stehend, nur im Unterkiefer, Eckzähne fehlen, Backenzähne breit, mühlsteinähnlich ▸ typisches Pflanzenfressergebiss: Abrupfen von Grashalmen mit den Schneidezähnen, Zermahlen der Pflanzenteile zwischen den großen Kauflächen der Backenzähne
c) Schwein: Schneidezähne schräg stehend, Eckzähne spitz, vordere Backenzähne mit scharfen Schneiden, hintere Backenzähne breit und stumpfhöckrig ▸ Allesfressergebiss: Aufnahme kleinster Nahrungsteile mit Schneidezähnen, Zerschneiden großer Nahrungsbrocken mit scharfen Eckzähnen, Zerbeißen harter Nahrung mit vorderen Backenzähnen sowie Zerquetschen und Zermahlen der Nahrungsbissen mit hinteren Backenzähnen; Gebiss geeignet zum Zerkleinern tierischer und pflanzlicher Nahrung

2 **A** Rind: 2,5 m Körperlänge · 20 = 50 m Darmlänge
Katze: 0,5 m Körperlänge · 3 = 1,5 m Darmlänge
B Pflanzliche Nahrung ist schwer verdaulich. Erst die Passage durch den sehr langen Darm ermöglicht das Aufschließen der Nahrung. Fleischliche Nahrung ist dagegen leichter verdaulich.
C Die Darmlänge ist der Nahrung angepasst. Der Mensch gehört zu den Allesfressern. Die Darmlänge des Menschen sollte daher zwischen der von Pflanzen- und Fleischfressern liegen.

3 **A** Säugetiermerkmale: Entwicklung der Jungen im Körper der Mutter, Säugen der Jungen, Fell, gleichwarm, (Atmung durch Lungen)
B Basiskonzept Geschichte und Verwandtschaft. Die Verwandtschaft von Haustieren und ihren wilden Vorfahren zeigt sich in Ähnlichkeiten im Körperbau und im Verhalten (Nahrungssuche, Körperpflege).

4 Tiere verständigen sich untereinander durch Signale. Wedelt der Hund mit dem Schwanz, drückt er Freude aus. Bei der Katze deutet Schwanzwedeln dagegen auf Gereiztheit (Flucht oder Angriff) hin. Die Katze sendet also ein Abwehrsignal, das der Hund aber als freundliches Signal (Aufforderung zum Spiel) missverstehen könnte. Die Katze wiederum könnte das Schwanzwedeln des Hundes als Angriffssignal deuten.

5 Der Züchter wählt die beiden deutlich rot gefärbte Katzen aus dem Wurf und verpaart sie miteinander (bzw. mit rot gefärbten Tieren aus einem anderen Wurf). Er wählt bei den Nachkommen wieder jeweils nur die rot gefärbten Tiere aus und lässt sie sich vermehren. So verfährt er über viele Generationen. Es werden also immer nur die Tiere miteinander verpaart, die die gewünschten Eigenschaften zeigen.

Angepasstheit der Wirbeltiere

1 **A** Das Säulendiagramm zeigt die Körpertemperatur eines Murmeltiers an einem Sommertag, dem 31.7., und an einem Wintertag, dem 31.12. Die Körpertemperatur wird in Grad Celsius (°C) gemessen. Am 31.7. liegt die Körpertemperatur des Murmeltiers bei 37 °C, am 31.12. beträgt sie nur 7 °C.

B Murmeltiere gehören als Säugetiere zu den gleichwarmen Tieren. An der Tatsache, dass sie ihre Körpertemperatur im Winter absenken (um 30 °C, von 37 °C auf 7 °C), erkennt man, dass sie Winterschläfer sind.

C Gleichwarme Tiere benötigen viel Energie in Form von Nahrung, um ihre Körpertemperatur konstant zu halten. Murmeltiere finden aber im Winter im Gebirge keine Nahrung, weil diese unter Schnee und Eis verborgen ist. Sie sparen Energie, indem sie ihre Körpertemperatur stark herabsetzen und (in einem frostsicheren Versteck) in Winterschlaf fallen. Sie zehren von einer Fettschicht, die sie sich im Sommer angefressen haben. Eine dichtes Fell und das „Zusammenkuscheln“ im Winterquartier wirken isolierend.

2 Tiere, die Winterruhe halten, halten ihre Körpertemperatur innerhalb enger Grenzen konstant. Die Energie, die benötigt wird, um die Körpertemperatur trotz niedriger Außentemperaturen konstant zu halten, stammt aus der Nahrung. Diese steht den Winterruhern zur Verfügung, weil sie Nahrungsvorräte angelegt haben. Winterschläfer sparen dadurch Energie, dass sie die Körpertemperatur deutlich absenken. So sind der Temperaturunterschied zwischen dem Körperinneren und der Umgebung und damit die Wärmeverluste gering. Winterschläfer nehmen während des Winterschlafs keine Nahrung zu sich.

3 Meisen nehmen einen Nahrungswechsel vor: Während sie im Sommer Insekten fressen, stellen sie ihre Nahrung im Winter um auf fetthaltige Samen. Schwalben ernähren sich nur von Insekten. Sie begegnen dem Nahrungsmangel im Brutgebiet dadurch, dass sie im Spätsommer in ihr Winterquartier aufbrechen. Dort ist es warm und es gibt Nahrung im Überfluss.

4 *Gemeinsamkeiten:* Vögel und Säugetiere sind gleichwarme Wirbeltiere. Beide Gruppen haben eine innere Befruchtung (und einen doppelten Blutkreislauf). Beide Gruppen treiben intensive Brutpflege.
Unterschiede: Während der Vogelkörper durch ein Federkleid geschützt ist, tragen Säugetiere ein Fell aus Haaren. Vögel legen Eier, die sie ausbrüten. Säugetiere gebären lebende Junge, die mit Muttermilch versorgt werden. Bei Vögeln sind die Arme zu Flügeln umgebildet, während die landlebenden Säugetiere sich vierfüßig fortbewegen. Wasserlebende Säugetiere tragen kein Fell. Sie haben zu Flossen umgebildete Gliedmaßen.

5 A **Körpertemperatur in Abhängigkeit von der Umgebungstemperatur**

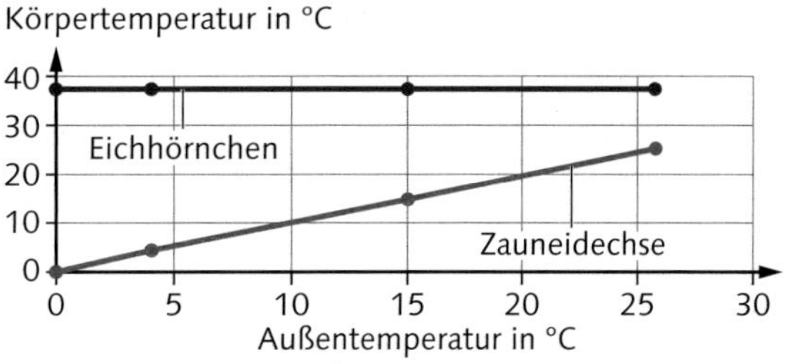

B Das Eichhörnchen gehört zu den gleichwarmen Tieren. Seine Körpertemperatur bleibt unabhängig von der Außentemperatur gleich hoch (bei 37 °C). Die Eidechse ist ein wechselwarmes Tier. Ihre Körpertemperatur entspricht jeweils der Außentemperatur.

6 Das Winterfell unterscheidet sich in seiner Struktur vom Sommerfell. Im Winterfell befinden sich zwischen den längeren Grannenhaaren zahlreiche kürzere, gekräuselte Wollhaare. Die Struktur des Fells ist wichtig für seine Funktion. Zwischen den gekräuselten Wollhaaren wird Luft festgehalten. Weil gleichwarme Tiere ständig über die Haut Wärme abgeben, erwärmt sich die Luft zwischen den Wollhaaren. Luft leitet Wärme schlecht und deshalb wirkt die warme Luftschicht isolierend.

7 Die Eier der Fische und Amphibien besitzen keine feste äußere Hülle. Die Eier von Reptilien sind von einer pergamentartigen Schale geschützt, während Vogeleier von einer festen Kalkschale umgeben sind. So sind die sich entwickelnden Reptilien und Vogelküken in den Eiern auch an Land vor Verdunstung und Verletzungen geschützt.

Verwandtschaft der Wirbeltiere

1 A Die fünf Wirbeltiergruppen sind die Fische, die Amphibien, die Reptilien, die Säugetiere und die Vögel.

B Die Hufeisennasenfledermaus ist ein Säugetier. Der Kammmolch ist ein Amphibium. Der Katzenhai ist ein Fisch. Der Kiwi ist ein Vogel. Der Kommodowaran ist ein Reptil.

C Die Hufeisennasenfledermaus hat einen mit Fell bedeckten Körper. Dies ist nur bei Säugetieren der Fall. Der Kammmolch hat eine glatte Haut, keine erkennbaren Kiemen und befindet sich auf dem Bild im Wasser. Dies weist darauf hin, dass er ein Amphibium ist. Der Katzenhai hat einen stromlinienförmigen Körperbau und Flossen. Es sind Kiemenschlitze erkennbar. Dies zeigt, dass es sich bei dem Katzenhai um einen Fisch handelt. Der Kiwi hat eine mit Federn bedeckte Körperoberfläche, dies ist bei Vögeln der Fall. Der Kommodowaran hat eine mit Hornschuppen bedeckte

Körperoberfläche, vier Gliedmaßen und er befindet sich auf dem Bild in einer trockenen Umgebung. Diese Merkmale treffen nur bei Reptilien zu.

2 A Die Körperbedeckung unterscheidet sich bei allen Wirbeltiergruppen. Die Körperoberfläche der Fische ist mit Schleim überzogenen. Darunter liegen die Schuppen, die dachziegelartig überlappen. Bei den Amphibien ist die Haut glatt und wird durch zahlreiche Drüsen ständig feucht gehalten. Die Körperoberfläche der Reptilien ist mit trockenen Hornschuppen bedeckt. Vögel verfügen über Federn als Körperbedeckung. Der Körper fast aller Säugetiere ist mit Fell bedeckt.

B Die Körperoberfläche der Säugetiere ist von Fell bedeckt. Säugetiere sind gleichwarm. Wärmeverluste erschweren das Aufrechterhalten einer gleichmäßigen Körpertemperatur. Das Fell vermindert solche Wärmeverluste, es ist also eine Angepasstheit an die gleichwarme Lebensweise der Säugetiere.

3 A Das Amphibienherz ist in zwei Vorkammern und eine Hauptkammer unterteilt. Aus der Lunge gelangt sauerstoffreiches Blut erst in die linke Herzvorkammer und von dort aus in die Herzkammer, das sauerstoffarme Blut aus dem Körper gelangt in die rechte Herzvorkammer und von dort in die Herzkammer.

Von der Herzkammer zweigen zwei Arterien ab, eine führt zur Lunge, die andere in den Körper.

B Beide Herzen haben eine linke und eine rechte Vorkammer. In die linke Vorkammer gelangt sowohl beim Säugetierherzen als auch beim Herzen des erwachsenen Amphibiums das sauerstoffreiche Blut aus der Lunge. In die rechte Vorkammer gelangt bei beiden Herzen das sauerstoffarme Blut aus dem Körper.

Beim Amphibium existiert nur eine Herzkammer, in der das Blut vermischt und dann sowohl durch den Körper als auch durch die Lunge transportiert wird. Das Säugetierherz hat zwei Herzkammern. Linke und rechte Herzhälfte sind voneinander getrennt. Aus der rechten Herzvorkammer gelangt das sauerstoffarme Blut beim Säugetier in die rechte Herzkammer und von dort aus in die Lunge. Aus der Lunge gelangt das nun sauerstoffreiche Blut in die linke Herzvorkammer und von dort aus in den Körper.

4 A Skelettknochen, Zähne, Haut (Hornschuppen), Darminhalt, Gelege (Eier), Kot, Abdrücke

B Die Teile des Lebewesens, aus denen Fossilien entstehen können, verrotten alle nur recht langsam. Unter Umständen kann es also geschehen, dass diese Teile von Erdreich, Schlamm oder Ähnlichem bedeckt und luftdicht abgeschlossen werden. Dies ist Voraussetzung für die Entstehung der Fossilien.

Der Mensch in Bewegung

1 A Das Skelett ist gegliedert in Kopfskelett, Rumpfskelett und Gliedmaßenskelett.

B Kopfskelett: Der Schädel schützt das Gehirn sowie die größten Teile der Sinnesorgane.

Rumpfskelett: Die Wirbelsäule sorgt für Stabilität und Halt und sie trägt den Kopf. Der Brustkorb schützt die inneren Organe, der Schultergürtel ermöglicht viele Bewegungen der Arme. Der Beckengürtel trägt schließlich die Organe des Bauchraums.

Gliedmaßenskelett: Die nicht miteinander verwachsenen Einzelknochen des Skeletts der Arme und Beine sorgen für die Beweglichkeit.

2 A Die Bauteile des Modells sind folgenden Strukturen der Wirbelsäule zuzuordnen:

1 Wirbel; 2 Bandscheibe; 3 Wirbelfortsatz.

B Die Gummibänder stellen die Muskeln dar, die in Längsrichtung und z.T. auch diagonal verlaufen. Sie geben der Wirbelsäule Halt und zugleich ermöglichen sie eine große Beweglichkeit.

3 A Es handelt sich um ein Scharniergelenk (abgebildet ist ein Modell des Kniegelenks).

B Der vom oberen Knochen gebildete Gelenkkopf (Oberschenkelknochen) und die vom unteren Knochen gebildete Gelenkpfanne (Schienbein) sind von Knorpel (blau dargestellt) umgeben. (Man erkennt zwei weitere Knorpelscheiben, die Menisken, die beim Kniegelenk als zusätzlicher Puffer dienen.) Gelenkkopf und Gelenkpfanne sind durch den Gelenkspalt getrennt, der beim echten Gelenk mit Gelenkflüssigkeit gefüllt ist. Die Gelenkkapsel umhüllt die Strukturen des Gelenks wie eine Art Strumpf. Die Bänder verstärken sie und verhindern, dass die Knochen sich zu stark gegeneinander verschieben.

4 A Niclas hat nicht recht. Durch körperliche Aktivität werden zum Beispiel Muskeln gestärkt, die Haltung verbessert und die Durchblutung sowie die Versorgung des Körpers mit Sauerstoff gefördert. Die beiden letzten Punkte tragen wesentlich dazu bei, den Körper gesund zu erhalten. Insofern hat Ayob, der ein altes Sprichwort aufgreift, recht. Segen ist hier im Sinne von Gesundheit zu verstehen und das Verb „sich regen“ meint in diesem Zusammenhang körperliche Aktivität, die für die Gesundheit förderlich ist.

B Da bei verschiedenen Sportarten sehr unterschiedliche Muskelgruppen beansprucht werden, z.B. beim Fußballspiel in besonderem Maße die Bein- und Rumpfmuskulatur, beim Turnen oder Schwimmen hingegen auch sehr stark die Armmuskulatur, kann man durch das Betreiben unterschiedlicher Sportarten für vielseitigen Muskelaufbau sorgen. Darüber hinaus wird man auch beweglicher und wendiger, da unterschiedliche Sportarten verschiedene Bewegungen erfordern. Beim Turnen führt man beispielsweise viele Drehbewegungen aus, beim Fußball muss man sprinten, den Ball mit dem Fuß auf kleinem Raum geschickt hin- und herrollen können usw. Bewegt man sich vielfältig, wird die Gefahr der Überbeanspruchung einzelner Strukturen des Körpers gemindert.

5 **A** Das Fußskelett besteht aus Fußwurzelknochen, Mittelfußknochen und Zehenknochen. Alle sind durch Muskeln und Bänder miteinander verknüpft.

B Beim Barfußlaufen werden die Muskeln des Fußes deutlich stärker in Anspruch genommen als beim Laufen in Schuhen. Schuhe hingegen sorgen für eine gewisse Dämpfung, sodass die Muskeln weniger Arbeit haben und somit weniger gestärkt werden. Außerdem lässt das Laufen in Schuhen weit weniger (kleine) Bewegungen des Fußes zu als das Barfußlaufen.

C Folgende Übungen sind zur Stärkung der Fußmuskulatur zu empfehlen. Sie sollten barfuß ausgeführt werden: einen (Igel-)Ball im Sitzen mit den Füßen hin- und herrollen; mit den Zehen Tücher aufnehmen und an einem anderen Ort ablegen; die Füße über liegende Holzstäbe oder Murmeln gleiten lassen; über Rindenmulch schreiten; im Sitz die Füße hinter die unterste Sprosse der Sprossenwand klemmen und die Fußspitzen gegen den Widerstand der Sprosse nach vorne ziehen; barfuß im Zehengang im Raum umherlaufen usw.

Blütenpflanzen

1 **A** Die Grundorgane sind die Wurzel, die Sprossachse und das Blatt. Blätter unterteilt man in Laub- und Blütenblätter. Die Wurzel verankert die Pflanze im Boden und gibt ihr Halt. Die feinen Wurzelhaare bilden oftmals ein weitverzweigtes Netz. Sie nehmen das im Boden gespeicherte Wasser sowie darin gelöste Mineralstoffe auf. In speziellen Fällen dient die Wurzel auch als Speicher für Nährstoffe. Die Aufgabe der Sprossachse besteht neben der Stabilisierung der Pflanze in der Weiterleitung einerseits von Wasser und andererseits von Nährstoffen (Traubenzucker). In den Laubblättern und anderen grünen Pflanzenteilen wird mithilfe von Sonnenlicht energiereicher Traubenzucker hergestellt. Die Blütenblätter dienen der Fortpflanzung, da sie Insekten, die die Blüte bestäuben sollen, anlocken.

B Bei der Wasserlinse fehlt die typische Dreigliederung in Wurzel, Sprossachse und Blatt. Es gibt Blättchen und eine verzweigte Wurzel. Eine Blüte ist nicht zu erkennen.

C Die Blättchen liegen auf dem Wasser auf (Schwimmblätter). Die Wurzel verankert die Pflanze nicht im Boden, sondern sie ragt frei ins Wasser. Die Wasserlinse ist an ein Leben an der Wasseroberfläche angepasst (Schwimmpflanze).

2 **A** Zunächst muss die Apfelblüte bestäubt werden. Dabei wird Pollen von einer Blüte auf die Narbe einer anderen Blüte übertragen. Als Bestäuber dienen z.B. Honigbienen. Im Anschluss folgt die Befruchtung, bei der der Pollenschlauch bis zum Fruchtknoten wächst. Dort verschmilzt die männliche Geschlechtszelle aus dem Pollenschlauch mit der Eizelle. Aus der befruchteten Eizelle bildet sich ein Pflanzenembryo, der alle Anlagen der Grundorgane hat. Er verbleibt im Ruhezustand in der Samenanlage, während der Fruchtknoten nach der Befruchtung allmählich wächst und die eigentliche Frucht ausbildet. Sie enthält die Samen. Ist der Apfel schließlich groß genug und rotbackig, kann er geerntet werden.

B Eventuell sind zu wenige Bestäuber vorhanden gewesen. Es fehlen vielleicht Bienenstöcke in der Umgebung. Der Standort des Apfelbaums könnte ungünstig liegen, z.B. ohne umgebende Wiesen, Hecken und Sträucher, die Insekten anlocken. Andererseits könnten die Apfelbäume auch zu ungeschützt stehen, sodass Kälte ein vorzeitiges Abfallen der Blüten verursacht hat, bevor sie bestäubt werden konnten.

C Der Landwirt könnte einen Imker bitten, Bienenstöcke in der Nähe aufzustellen. Er könnte eine Hecke in unmittelbarer Nähe seiner Bäume pflanzen. Sie sorgt für Bestäuber (sowie Wind- und Kälteschutz). Er könnte aber auch Wildblumensamen ausstreuen, sodass die Artenvielfalt der Blütenpflanzen in unmittelbarer Nähe seiner Obstbäume zunimmt. So werden zukünftig mehr Bestäuber angelockt.

3 **A** Sowohl die Schlüsselblume als auch die Narzisse haben gelbe Blütenblätter. Die Narzisse hat 6 und die Schlüsselblume 5 (miteinander verwachsene) Kronblätter. Bei der Narzisse sieht man im Gegensatz zur Schlüsselblume scheinbar zwei Blütenkränze der Kronblätter, einen Innen- und einen Außenkranz. Dafür hat die Schlüsselblume einen doldenartigen Blütenstand. Die Schlüsselblume hat eiförmige, runzelige Blätter, die Narzisse hingegen lange, glatte Blätter. Die Schlüsselblume besitzt als Speicherorgan einen Erdspross, die Narzisse eine Zwiebel.

B Die beiden Pflanzen können nicht zur gleichen Pflanzenfamilie gehören, da sich, wie in A beschrieben, mehrere Blütenmerkmale (bis auf die Farbe) deutlich voneinander unterscheiden, z.B. die Anzahl der Kronblätter. Auch die Laubblätter haben ein vollkommen anderes Erscheinungsbild und die Speicherorgane sind andere. Gehörten sie zur gleichen Pflanzenfamilie, müssten hier deutliche Übereinstimmungen zu erkennen sein.

C Es sind Speicherorgane, die den Winter überdauern. Das zeitige Wachsen im Frühjahr wird durch die in den unterirdischen Organen gespeicherten Nährstoffe ermöglicht, die der Pflanze die nötige Energie liefern.

4 A Siehe S. 175, Bild 3.

B Im Samen befindet sich der Embryo, der über alle Anlagen der Grundorgane einer Pflanze verfügt. Es steckt im Samen also noch keine fertige Pflanze, aber die Anlage für eine fertige Pflanze. Insofern hat Luca auch nicht ganz unrecht.

Entwicklung des Menschen

1 A, B (Jungen = J, Mädchen = M)

Primäre Geschlechtsmerkmale	**Sekundäre Geschlechtsmerkmale**
Penis (J)	Achselbehaarung (J, M)
Scheide (M)	Stimmbruch (J)
	verbreiterte Schultern (J)
	Schambehaarung (J, M)
	Bartwuchs (J)
	verbreiterte Hüften (M)
	kräftige Muskulatur (J)

2 Der Junge wächst (Wachstumsschub in der Pubertät). Penis und Hoden wachsen und die Scham- und Brustbehaarung bildet sich. Die Schultern werden breiter, die Muskulatur wird kräftiger.

3 1 Eileiter; 2 Eierstock; 3 Gebärmutter; 4 Scheide; 5 Kitzler; 6 kleine Schamlippe; 7 große Schamlippe

4 Das Basiskonzept Kompartimentierung beschreibt die Unterteilung in verschiedene (Reaktions-)Räume, die jeweils unterschiedliche Aufgaben übernehmen. Bei den Geschlechtsorganen des Mannes sind das z. B. Penis, Hoden und Nebenhoden. In den Hoden werden die Spermienzellen produziert und in den Nebenhoden gespeichert. Bei einem Spermienerguss werden diese durch den Harnspermienleiter im erigierten Penis abgegeben.

5 A In dem Diagramm ist dargestellt, wie viele Mädchen in welchem Alter ihre erste Regelblutung bekommen haben. Befragt wurden 118 Mädchen. 2 der Befragten waren jünger als 9 Jahre, 2 Mädchen bekamen ihre erste Periode im Alter von 9 Jahren, 13 Mädchen waren 10 Jahre alt. Ein Großteil der Befragten (31) war 11 Jahre alt, als die erste Regelblutung einsetzte. Jeweils 25 bzw. 26 Mädchen waren 12 bzw. 13. Noch 13 bzw. 6 Mädchen gaben an, ihre erste Regelblutung mit 14 bzw. 15 Jahren bekommen zu haben.

B Anhand des Diagramms ist zu erkennen, dass Beginn und Verlauf der Pubertät sehr unterschiedlich sein können. Die erste Regelblutung setzt beim Mädchen relativ zu Beginn der Pubertät ein. Dies kann (laut Diagramm) bereits vor dem 9. Lebensjahr oder auch erst mit 15 Jahren der Fall sein.

6 A Ei = Embryo bzw. Fetus; Plastiktüte = Fruchtblase; Wasser in der Tüte = Fruchtwasser; Glas = Gebärmutter

B Wenn das Glas geschüttelt wird, dann geht das Ei nicht kaputt, da es sich im Wasser befindet und somit geschützt ist. Die Fruchtblase schützt den Embryo ebenfalls bei Bewegungen und Erschütterungen.

Glossar

Allesfresser: Tiere, die sowohl pflanzliche als auch tierische Nahrung zu sich nehmen. Das Allesfressergebiss ist an diese Art der Nahrung angepasst. Beispiele: Mensch, Schwein.

Amphibien: ▶ Lurche; Wirbeltiergruppe; der Name leitet sich von den griechischen Wörtern *amphi* und *bios* ab und bedeutet beidseitig lebend. Amphibien leben sowohl im Wasser als auch an Land. Sie sind Feuchtlufttiere.

Art: Alle Lebewesen, die in allen wesentlichen Merkmalen übereinstimmen und unter natürlichen Bedingungen gemeinsam fruchtbare Nachkommen hervorbringen können, gehören zu einer Art.

Atemfrequenz: Anzahl der Atemzüge pro Minute.

äußere Befruchtung: ▶ Eizelle und ▶ Spermienzelle verschmelzen außerhalb des weiblichen Körpers (z. B. bei Fischen, Amphibien).

Balz: Verhalten, bei dem die männlichen Tiere um einen weiblichen Partner werben.

Barten: herabhängende Hornplatten im Oberkiefer der Bartenwale, die der Nahrungsaufnahme dienen.

Befruchtung: Verschmelzung von männlicher und weiblicher Geschlechtszelle; bei Menschen und Tieren entsteht bei der Verschmelzung der ▶ Eizelle mit dem ▶ Spermium die ▶ Zygote.

Bestäubung: bei Blütenpflanzen die Übertragung von ▶ Pollen auf die Narbe.

Blatt: Organ der Blütenpflanzen; man unterscheidet Laubblätter (die der ▶ Fotosynthese dienen) und Blütenblätter.

Blutkreislauf: Transportsystem des Körpers, in dem ein Blutstrom aufrechterhalten wird. Es dient unter anderem der Versorgung des Körpers mit Sauerstoff und ▶ Nährstoffen. Der Blutkreislauf der Säugetiere besteht aus Körper- und Lungenkreislauf.

Brutpflege: Verhalten von Elterntieren, die sich nach der Eiablage oder Geburt um ihre Nachkommen kümmern.

Domestikation: Bei der Domestikation wird ein Wildtier über viele Generationen zum Haustier; so wurde z. B. der Wolf zum Hund.

Eizelle: weibliche Geschlechtszelle bei Menschen, Tieren und Pflanzen.

Embryo: Lebewesen in einem frühen Entwicklungszustand; beim Menschen ab der 1. Teilung der Zygote bis zum Ende des 3. Schwangerschaftsmonats.

Energie: „Antrieb" für alle Vorgänge in der Technik und in Lebewesen. Pflanzen können Lichtenergie umwandeln und in ▶ Nährstoffen speichern. Tiere und Menschen nehmen Energie mit der Nahrung aus Nährstoffen auf.

Experimentieren: wichtige naturwissenschaftliche ▶ Methode, um Fragen zu beantworten, die sich aus Beobachtungen ergeben. Dazu werden Versuche, die Experimente, geplant und durchgeführt.

Fetus: So nennt man den ▶ Embryo ab dem Ende des 3. Schwangerschaftsmonats.

Fleischfresser: Tiere, die hauptsächlich tierische Nahrung zu sich nehmen. Das Fleischfressergebiss ist an diese Form der Nahrung angepasst. Beispiele: Hund, Katze.

Flossen: Körperanhänge der Fische und einiger wasserlebender Säugetiere. Sie dienen der Fortbewegung im Wasser.

Fotosynthese: Pflanzen bilden mithilfe der ▶ Energie des Sonnenlichts aus Kohlenstoffdioxid und Wasser energiereichen Traubenzucker. Dabei entsteht Sauerstoff.

Frucht: Die Frucht geht aus dem ▶ Fruchtknoten der Pflanze hervor und umschließt den ▶ Samen. Früchte sorgen für die Ausbreitung der Samen.

Fruchtknoten: Teil der Blüte; bildet eine zusätzliche Hülle um die ▶ Samenanlage; nimmt bei der ▶ Bestäubung über die Narbe die ▶ Pollen auf.

Gegenspielerprinzip: Skelettmuskeln ziehen sich zusammen und bewirken so Bewegungen. Um sich wieder zu dehnen, brauchen sie einen Gegenspieler, das ist oft ein anderer Muskel. Alle Skelettmuskeln arbeiten nach dem Gegenspielerprinzip. Beispiel: Beuger und Strecker im Oberarm.

Gelenk: Die Verbindungen der Einzelknochen des Skeletts werden als Gelenke bezeichnet. Sie ermöglichen die Bewegungen.

geschlechtliche Fortpflanzung: Bei der Befruchtung entsteht ein neues Lebewesen mit Eigenschaften von beiden Eltern. Pflanzen können sich ebenso wie Tiere geschlechtlich fortpflanzen.

Geschlechtsorgane: alle Organe, die der Fortpflanzung dienen. Beispiele: Penis und Hodensack mit Hoden beim Mann; Scheide, Gebärmutter, Eierstöcke bei der Frau.

getrenntgeschlechtig: Befinden sich bei Blütenpflanzen die weiblichen und männlichen Fortpflanzungsorgane auf unterschiedlichen Blüten, spricht man von getrenntgeschlechtigen Blüten.

gleichwarm: Die Körpertemperatur gleichwarmer Tiere wird gleich hoch (konstant) gehalten und ermöglicht so eine Aktivität unabhängig von den Außentemperaturen. Beispiele: Säugetiere, Vögel.

Hautatmung: Aufnahme von Sauerstoff aus der Umgebung durch dünne, gut durchblutete Hautbereiche, z. B. bei ▸ Amphibien.

Herzfrequenz: Anzahl der Herzschläge pro Minute.

Herz-Kreislauf-System: ▸ Blutkreislauf.

Hormone: Botenstoffe, die in den Hormondrüsen gebildet und über das Blut im ganzen Körper verteilt werden. Dort steuern sie viele Vorgänge, z. B. das Wachstum.

Innere Befruchtung: ▸ Eizelle und ▸ Spermienzelle verschmelzen im Körper des Weibchens.

Insektenfresser: Gruppe der Säugetiere, die von tierischer Nahrung wie Insekten und deren Larven leben. Das Insektenfressergebiss besteht aus vielen spitzen, scharfen Zähnen.

Kältestarre: Zustand des Körpers, in den wechselwarme Tiere bei Außentemperaturen unter einem bestimmten Wert fallen. Wird auch als Winterstarre bezeichnet.

Kaulquappe: ▸ Larve der Froschlurche.

Keimung: Entwicklung des im ▸ Samen enthaltenen ▸ Pflanzenembryos zu einer jungen Pflanze.

Kiemen: dünnhäutige, stark durchblutete Organe mit großer Oberfläche, die der Aufnahme von Sauerstoff aus dem Wasser dienen.

Kloake: Körperöffnung, in die gemeinsam Darm, Harnleiter und Geschlechtsorgane münden, z. B. bei Vögeln.

Kobel: Nest des Eichhörnchens, in dem es Winterruhe hält und seine Jungen aufzieht.

Kommunikation: Bei der Kommunikation werden Informationen ausgetauscht, die vom jeweils anderen Tier verstanden werden.

Laich: die schalenlosen, gallertartigen Eier der Fische und Amphibien.

Larve: selbstständig lebende Jugendform, die sich im Aussehen und oft auch in der Lebensweise stark von den erwachsenen Tieren unterscheidet. Beispiel: ▸ Kaulquappe.

lebend gebärend: Bei lebend gebärenden Tieren entwickeln sich die Jungtiere im Leib der Mutter und werden lebend zur Welt gebracht.

Leitbündel: in Bündeln angeordnete Leitungsbahnen bei Pflanzen. Sie durchziehen Wurzel, Stängel und Laubblätter. In ihnen werden Wasser und Mineralstoffe sowie Nährstoffe zu den Orten ihres Verbrauchs transportiert.

Lurche: ▸ Amphibien; man unterscheidet Froschlurche (z. B. Frösche, Kröten und Unken) und Schwanzlurche (z. B. Salamander und Molche).

Mauser: Erneuerung des Federkleids bei Vögeln.

Menstruation: Regelblutung der Frau; wird die Eizelle nicht befruchtet, stirbt die Gebärmutterschleimhaut ab und wird zusammen mit etwas Blut durch die Scheide ausgeschieden.

Metamorphose: Umwandlung der Larve zum erwachsenen, geschlechtsreifen Tier (z. B. bei Froschlurchen).

Methoden: festgelegte Arbeitsweisen, nach denen Naturwissenschaftler vorgehen.

Mineralstoffe: Stoffe, die Lebewesen in kleinen Mengen zum Aufbau körpereigener Stoffe benötigen. Blütenpflanzen nehmen Mineralstoffe zusammen mit Wasser über die Wurzel auf.

Muskeln: Organe, die sich zusammenziehen können und Bewegungen bewirken. Um sich wieder zu dehnen, brauchen sie einen Gegenspieler, das ist oft ein anderer Muskel.

Nagetiere: Gruppe der Säugetiere. Das auffälligste Merkmal des Nagetiergebisses sind die großen Schneidezähne, die ständig nachwachsen.

Nährstoffe: energiereiche Stoffe (Fette, Eiweiße und Kohlenhydrate); Pflanzen können sie in Form von Traubenzucker oder Stärke selbst herstellen.

Nektar: energiereiche, stark zuckerhaltige Flüssigkeit, die Pflanzen für die Blütenbesucher herstellen. Bienen können diesen zu Honig verarbeiten.

Nervensystem: Organsystem, das beim Menschen und allen ▸ Wirbeltieren aus Gehirn, Rückenmark und Nerven besteht. Es ist für die Wahrnehmung, Übertragung und Speicherung von Informationen zuständig. Es steuert alle Organe des Körpers.

Nestflüchter: Jungtiere mancher Tierarten, die weit entwickelt zur Welt kommen und schon wenige Minuten nach der Geburt ihren Eltern folgen können. Beispiele: Pferd, Rind, Haushuhn.

Nesthocker: Jungtiere mancher Tierarten, die wenig entwickelt zur Welt kommen, in den ersten Lebenswochen unselbstständig sind und von den Eltern versorgt werden. Beispiele: Hund, Katze, Maulwurf.

Pflanzenembryo: entwickelt sich aus der befruchteten ▸ Eizelle; enthält die Anlagen für ▸ Wurzel, ▸ Sprossachse und ▸ Blätter.

Pflanzenfresser: Tiere, die überwiegend pflanzliche Nahrung zu sich nehmen. Ihr Gebiss und Verdauungssystem ist daran angepasst. Beispiele: Rinder, Pferde.

Pollen: bei Blütenpflanzen in den Staubbeuteln der Staubblätter gebildete, winzige Behälter. In ihnen entwickeln sich die männlichen ▸ Geschlechtszellen.

primäre Geschlechtsmerkmale: Geschlechtsorgane, die bereits von Geburt an vorhanden sind; bei Mädchen z. B. Scheide und Eierstöcke, beim Jungen Hoden und Penis.

Pubertät: Zeitraum, in dem sich Kinder körperlich und geistig zu Jugendlichen entwickeln und geschlechtsreif werden. Das Einsetzen der Pubertät wird durch ▸ Hormone ausgelöst.

Revier: Bereich, den ein Tier für bestimmte Zwecke (z. B. Nahrungssuche, Jungenaufzucht) nutzt und den es gegen Artgenossen verteidigt.

Rote Liste: Liste aller gefährdeten Tier- und Pflanzenarten Deutschlands.

Samen: besteht aus dem ▸ Pflanzenembryo, dem Nährstoffspeicher und der Samenschale; ermöglicht die Ausbreitung von Blütenpflanzen.

Samenanlage: in der Blüte Bestandteil des Fruchtknotens, in dem sich die ▸ Eizelle befindet.

Säugetiere: gleichwarme, meist landlebende ▸ Wirbeltiere. Sie besitzen in der Regel ein Fell und ihre Jungen werden mit Milch versorgt.

Schwimmblase: gasgefülltes Organ vieler ▸ Fische, das ihnen das Schweben im Wasser ermöglicht.

Sehnen: verbinden ▸ Muskeln und Knochen miteinander; da sie nicht oder kaum dehnbar sind, übertragen sie Muskelbewegungen direkt auf die Knochen.

Seitenlinienorgan: Organ, mit dem Fische Druckschwankungen im Wasser wahrnehmen, die durch Beutetiere oder ein Hindernis erzeugt werden.

sekundäre Geschlechtsmerkmale: Geschlechtsmerkmale, die sich mit dem Beginn der Pubertät entwickeln, z. B. Schambehaarung, Bartwuchs.

Skelett: Gesamtheit aller Knochen; es stützt den gesamten Körper, bildet zusammen mit den ▸ Muskeln die Grundlage für Bewegung und schützt die inneren Organe.

Speicherorgan: Pflanzenorgan, das den Winter überdauert und in dem Nährstoffe gespeichert sind (z. B. Zwiebel, Erdspross, Wurzel- und Sprossknolle). Pflanzen, die an sehr trockene Lebensräume angepasst sind, besitzen Speicherorgane, in denen Wasser eingelagert werden kann (z. B. Kakteen).

Spermium (Spermienzelle): männliche Geschlechtszelle; wird beim Menschen in den Hoden gebildet.

Sprossachse: Organ der Blütenpflanzen, das die Blätter trägt und in dem Stoffe transportiert werden.

Staubblatt: Bestandteil der Blüte; besteht aus einem Staubfaden und einem Staubbeutel, in dem die ▸ Pollen gebildet werden.

Stoffwechsel: Aufbau, Abbau und Umbau von Stoffen durch Lebewesen.

Stromlinienform: Körperform, die das Wasser oder die Luft besonders gut vorbeiströmen lassen und der Fortbewegung nur geringen Widerstand entgegensetzt. Beispiele: Körperform der Fische, Vögel.

Ungeschlechtliche Fortpflanzung: Fortpflanzung, bei der keine Befruchtung der Eizelle durch die männliche Geschlechtszelle stattfindet.

Variabilität: Vielfalt in den Merkmalen, z. B. das unterschiedliche Aussehen der Nachkommen eines Tiers oder einer Pflanze.

Wechselwarm: Die Körpertemperatur wechselwarmer Tiere wird nicht konstant gehalten, sondern schwankt mit der Außentemperatur. Beispiele: Fische, ▸ Amphibien, Reptilien.

Wiederkäuer: Gruppe der Säugetiere, die von Pflanzennahrung leben; sie besitzen einen mehrteiligen Magen, mit dem sie auch harte Pflanzenfasern verdauen können.

Wirbeltiere: Tiere mit einer Wirbelsäule. Dazu gehören ▸ Säugetiere, Vögel, Reptilien, ▸ Amphibien und Fische.

Wurzel: Organ der Blütenpflanzen, das die ▸ Sprossachse im Boden verankert sowie Wasser und ▸ Mineralstoffe aufnimmt. Bei manchen Pflanzen dient die Wurzel auch als ▸ Speicherorgan.

Zehengänger: ▸ Wirbeltiere, die auf den Zehen laufen. Beispiele: Hunde, Katzen.

Zehenspitzengänger: ▸ Wirbeltiere, die nur auf den Zehenspitzen laufen. Beispiele: Pferd, Rind, Schwein.

Züchtung: vom Menschen vorgenommene gezielte Verpaarung und Vermehrung von Tieren mit bestimmten Merkmalen.

Zygote: entsteht bei der Verschmelzung von ▸ Eizelle und ▸ Spermienzelle.

Register

Der Stern * verweist auf eine Abbildung, f. nach der Seitenzahl bedeutet „folgende Seite“ und ff. „folgende Seiten“.

Ableger 172, 173*
Allesfressergebiss 51
Alpha-Tier 26
Amphibien 94 ff., 100, 110, 114, 209
–, Atmung 96
–, Beutefang 95
–, Haut 97*
–, Merkmale 114
Amphibienschutz 100
Amsel 78*, 87*
Angepasstheit 58, 61 ff., 69, 92, 110, 122, 138, 182
–, Blüte und Bestäuber 168
–, Land 94 f.
–, Licht 34, 68 ff.
–, Luft 78, 82
–, Stoffwechsel 63, 79, 94
–, Temperatur 62, 88 f.
–, Wasser 72, 74, 78, 95, 98, 102 f.
Arbeiterbiene 162 f.
Armbeuger/-strecker 135*
Art 78, 209
Artenschutz 108 f.
Atmungsorgane 104, 114 f., 127
Ausläufer 172
äußere Befruchtung 98, 114, 209

Bache 51*
Bachforelle 107
Balz 53, 209
Bandscheiben 131
Bartenwale 74, 75*
Basiskonzepte 20, 58, 110, 122, 138, 182, 202
Bauchmuskulatur 136
Bäume 154, 158, 178
Beckengürtel 128
Befruchtung 160, 161*, 197 f., 209
–, äußere 98, 107
–, innere 30, 53, 93, 98, 210
Beobachten 15
Beringung 85
Bestäubung 160, 161*, 162, 168, 209
Bestimmungsschlüssel (Methode) 156*
Bewegung 16, 124, 127 f., 134 ff.
Bewerten (Methode) 36 f.
Biber 72 f.*
Biberburg 72*, 73
Bienenstaat 163
Bienenstock 162 f.
Biologie 14 ff.
biologische Arbeitsweisen 14 f.
Bionik 180 f.
Blätter 142, 159, 209
Blätterabwandlung 147
Blättermagen 48 f.
Blaumeise 84*, 87*
Blauwal 75*
Blindenhund 24
Blumenwiese 166
Blüten 143, 148 ff., 160
–, getrenntgeschlechtige 154
–, Grundbauplan 148*
Blütendiagramm 148*
Blütenpflanzen 141 ff.
–, Grundbauplan 142*
Blütenstand 152*
Blutkreislauf 116*, 209
Bodenhaltung 56
Bohnensamen 18*, 175*, 177
Botenstoffe 187
Brachsen 102*
Brustkorb 128
Brutblatt 173*
Brutpflege 30, 209
Buche 154, 174
Buchfink 84*, 87*
Buckelwal 74*
Bulle 45

Darwin, Charles 14
Daunenfeder 80
Deckfeder 80*
Diagramme (Methode) 66 f.
Dinosaurier 120 f.
Doldenblütler 153*
Domestikation 25, 38, 209
Dornen 146
Dotter 54 f.
Drohn 163*

Eberesche 158*
Echoortung 74
Efeu 146 f.
Eiablage 93, 98
Eiche 154
Eichel 190
Eichhörnchen 63*, 66 f.
Eierstock 191 f.
Eiklar 54 f.
einjährige Pflanzen 178
Einzelgänger 32, 51, 68
Eisprung 54, 191 f.
Eisvogel 83*
Eizahn 55
Eizelle 191*, 192, 209
Eizellreifung 192
Embryo 198*, 199, 209
Empfängnisverhütung 197
Energie 79, 209
Energieumwandlung 20, 62
Entbindung 200
Entenvögel 78
Entwicklung 185, 188, 197 ff.
Erbanlage 197
Erbse 152*
Erdbeere 172*
Erdkröte 96*, 100
Erdmittelalter 120
Erdspross 178, 179*
Erektion 190
Erschütterungssinn 69
Experimentieren 15, 20, 71
–, (Methode) 64, 176

Falbkatze 32*
Familie 150 ff., 201
Familienverband 51, 73
Farne 120
Feder 80 f.
Federkleid 79 f.
Feldahorn 158*
Fellwechsel 62
Fenchel 153*
Fettschicht 71
Fetus 198*, 199, 209
Feuchtlufttiere 94
Feuerbohne 177*
Feuersalamander 94*, 95 f.
Fichte 155*
Fische 102 ff., 114
–, Atmung 104
–, Blutkreislauf 116*
–, Fortpflanzung 107
–, Merkmale 114
–, Sinnesorgane 105
–, Skelett 102
Fischlarve 107
Fischotter 109*
Fischsaurier 120
Fledermaus 70 f.*, 181
Fleischfresser 28 f., 209
Fleischfressergebiss 29*, 33
Fliegen 79 f., 82 ff.
Flossen 76, 102 f., 209
Flossenstrahlen 102
Fluchttiere 39
Flügel 70, 79

Flugformen 82 f.
Flughaut 76
Flugsaurier 118*, 120
Fohlen 39, 42
Forelle 102*, 104, 106 f.
Fortpflanzung 17, 20 f., 58, 110, 182
–, Amphibien 202
–, geschlechtliche 20, 58, 160, 202, 209
–, Pflanzen 18, 160 f., 172
–, Reptilien 93
–, Säugetiere 30
–, ungeschlechtliche 20, 172, 211
–, Wirbeltiere 110
Fossilien 117 ff.
Fotosynthese 182, 209
Freilandhaltung 56*
Frischling 51*
Froschlarve 98
Froschlurch 94 ff.
Fruchtblase 198, 200
Fruchtblatt 148, 160, 169
Früchte 159, 170*, 209
Fruchtentwicklung 161*
Fruchtknoten 152*, 160, 209
Frühblüher 178
Fünf-Schritt-Lesetechnik (Methode) 50
Fußskelett 137*

Gartenhummel 167*
Gebärmutter 191 ff., 197
Gebärmutterschleimhaut 191 f., 198
Geburt 200
Geburtshelferkröte 99*
Gecko 10, 88 ff., 181
Gegenspielerprinzip 135, 209
Gehör 31, 34, 42, 69 f., 74, 105
Gelbbauchunke 97*
Gelege 53
Gelenktypen 134*, 209
Geruchssinn 31, 91, 105
Gesang 78
Geschichte und Verwandtschaft 122
Geschlechtsmerkmale 188
Geschlechtsorgane 190 f., 209, 211
Geschlechtsverkehr 196 f.
Geschlechtszellen 148, 190 f.
Gesundheit 136
getrenntgeschlechtig 154 f., 209
Gleichgewichtssinn 34
gleichwarme Tiere 62, 76, 79, 84, 89, 210
Gleitflug 83
Gliedmaßenskelett 128, 129*
Grasfrosch 98*, 99
Greifvögel 78, 83 f.
Griffel 152*
Grubenorgan 91

Hackordnung 53
Hagebutte 159*
Hagelschnur 54 f.
Hahn 52*, 53
Hartriegel 158*
Haselnuss 159*, 161
Haushuhn 52 f.
Hauskatze 32 ff.*, 37*
Hausrotschwanz 87*
Hausschwein 51
–, Gebiss 47*
Haustiere 23 ff., 32, 37
Hautatmung 96, 210
Häutung 88
Hecheln 28
Hecht 102*
Heckenpflanzen 158 f.
Heckenrose 159*
Heimtiere 23 f.
Hengst 42
Henne 52 ff.*
Herbaranlage (Methode) 157*
Herdentiere 42
Hermelin 62*
Herz-Kreislauf-System 127, 210
Hetzjäger 28
Hirtentäschel 153*
Hoden 194
Holunder 159*
Honigbiene 162 ff.*
Hopfen 146*
Hormone 187, 210
Hornschuppen 88 f.
Huftiere 40 f.
Huhn 52 ff.
Hühnerei 54 f.*
Hühnerhaltung 56 f.
Hülsenfrüchte 152
Hund 24 ff.
–, Fortpflanzung 30
–, Körperbau 28 f.
–, Körpersprache 35*
–, Sinne 31
–, Skelett 28*
–, Verhalten 26 f., 35
Hunderassen 24 f., 36
Hypothese 64, 71, 176

Igel 63*, 66 f., 73*
Information 20, 58, 164
innere Befruchtung 30, 53, 93, 98, 114 f., 210
Insekten 162 f.
–, Nisthilfe 167*
Insektenfressergebiss 69 f., 210

Jugend 201
Jungfernhäutchen 191

Kaiserschnitt 200
Kakteen 146
Kalb 45
Kalkschale 54
Kältestarre 88, 94, 210
Katze 32 ff.*, 37
–, Gebiss 47*
–, Gesichtsfeld 43*
Kaulquappe 98, 210
Keiler 51
Keimblatt 174
Keimscheibe 54 f.
Keimung 174*, 175, 210
Keimwurzel 174
Kelchblatt 148
Kennzeichen des Lebens 16 ff.
Kiemen 104*, 210
Kiemenatmung 98, 104 f., 116
Kind 201
kindliche Entwicklung 198
Kirschblüte 149*, 160 f.*
Kleiber 87*
Kleingruppenhaltung 57*
Klettfrüchte 170
Kloake 53, 210
Knochen 128, 130*, 138*
Knochenschuppen 102
Knolle 172, 178
Knorpel 128
Knospe 178 f.
Kobel 63, 210
Kohlmeise 84*, 87*
Kommunikation 20, 26, 58, 127, 164, 210
Kompartimentierung 202
Kondom 197*
Königin 163*
Kontrollversuch (Methode) 176
Kopfskelett 128 f.
Korbblütler 150, 152
Koriander 153*
Kornblume 152*
Körpersprache 26*, 33*, 35*, 42
Körpertemperatur 63, 89
Kreidezeit 120
Kreisdiagramm (Methode) 166
Kreuzblütler 151
Kreuzotter 101*
Kriechtiere 90, 101
Krokodil 91
Krokusblüte 149*
Kronblatt 148
Krötenwanderung 100
Kuh 45
Küken 53 ff.*

Labmagen 48 f.
Laich 98*, 107, 210
Landschaftswandel 108
Laubbäume 120, 142, 154
Laubblatt 143, 156
Lauftiere 28, 39 f.
lebend gebärend 98, 210
Lebensabschnitte 201
Lebensraum 78, 108, 158
Lederschildkröte 92*
Legebild 149*
Lehmwespe 167*
Leitbündel 143, 210
Leittier 26, 42
Lesetechnik (Methode) 50
Liebe 196
Liniendiagramm 67
Linné, Carl von 150
Lippenblütler 151
Lockfrüchte 170
Löwenzahn 150*, 166*, 169*, 171*
Lungenatmung 74, 76, 96, 99, 116
Lungenfisch 115*
Lupenuntersuchung (Methode) 81
Lurche 94, 210

Männliche Geschlechtsorgane 190*
Mast 45
Mauerbiene 167*
Maulwurf 68 f.*, 73*
Mauser 80, 210
Menschenskelett 129*
Menstruation 192 f., 210
Menstruationskalender 193*
Menstruationszyklus 192*
Metamorphose 98*, 99*, 210
Methoden 14, 15*
Mimik 127
Mindmap 17*, 44
Mineralstoffe 142 f., 210
Missbrauch, sexueller 194
Modelle (Methode) 132 f.
Modellversuch 102 f., 119, 137
Moorfrosch 97*
Murmeltier 111*
Muskel 124, 135, 210

Nabelschnur 198, 200
nachtaktive Tiere 72
Nachtzieher 85
Nadelbäume 120, 155
Nagetiere 72, 210
Nagetiergebiss 72
Nährstoffspeicher 174
Nährstofftransport 143
Narbe 152*, 160
Nationalpark 109
Naturschutz 109
Naturwissenschaft 14, 20
Nektar 160, 210
Nervensystem 127, 210
Nestflüchter 39, 53, 210
Nesthocker 30, 68, 210
Netzmagen 48 f.
Nutztiere 23, 45, 51 f.

Oberflächenvergrößerung 49 (Modell), 105, 181
Ochse 45
Ordnen 77, 150

Paarung 53*, 93, 97, 99
Pansen 48
Penis 190, 194
Periode 192 f.
Pfaffenhütchen 158*
Pferd 38 ff.*
–, Gangarten 39
–, Gesichtsfeld 43*
–, Körpersprache 42
–, Sinne 42
–, Skelett 40*
Pferderassen 38
Pflanzen 18 ff., 142 ff.
–, Ausbreitung 169 ff.
–, Befruchtung 162
–, Organe 146
–, Wachstum 174
Pflanzenart 150
Pflanzenembryo 160, 211
Pflanzenfamilie 150 ff.
Pflanzenfresser 46, 72, 211
Pflanzenfressergebiss 46 f.
Pflanzengattung 150
Pickel 188
Pille 197*
Platterbse 152*
Plazenta 198
Pollen 148, 162, 211
Pony 38
Pottwal 75*
Prägung 53
Präparieren (Methode) 149
Präsentieren 15
primäre Geschlechtsmerkmale 188, 211
Protokollieren (Methode) 64
Pubertät 186 ff., 192, 211

Quellung 174 f.

Rangordnung 26, 42, 53
Rasen 166
Ratte 73*
Rauchschwalbe 84*, 87*
Regelblutung 192 f., 199
Reh 62*, 89
Reizbarkeit 16, 20
Rekonstruktion 121
Reproduktion 20, 58, 110, 182, 202
Reptilien 88 ff., 93, 114 f.
–, Merkmale 114 f.
–, Skelett 90 f.*
Reptilienschutz 101
Rettungshund 24 f.
Revier 24, 26, 52 f.
Riechsinneszellen 31
Riesenschildkröte 92*
Rind 44 ff.
–, Gebiss 46*, 47
–, Verdauungssystem 48 f.
Rinderrassen 45
Röhrenblüte 152*
Rotbuche 154*
Rote Liste 101
Rotkehlchen 87*
Rotte 51
Rottweiler 36*
Rübe 146
Rückenmark 131
Rückenmuskulatur 136
Rüde 30
Ruderflug 82 f.
Rumpfskelett 128 f.
Rundtanz 164*
Rüssel 51
Rüttelflug 83

Samen 160 ff., 170*, 174, 211
Samenanlage 160, 211
Samenausbreitung 169 ff.
Samenleiter 190
Sammlung 14 f.
Satelliten-Telemetrie 85
Säugetiere 30, 42, 52, 62 f., 70 ff., 80, 110, 115, 211
–, Blutkreislauf 116*
–, Merkmale 76, 115
Säugling 200
Säulendiagramm 66
Saurier 120
Schalenhaut 54 f.
Scheide 191 f., 194
Schildkröten 92, 101
–, Skelett 91*
Schlangen 90 f., 93
Schlehe 159*
Schleichjäger 32

Schmetterlingsblütler 152
Schnabeltier 76*
Schneeball 159*
Schneeglöckchen 178*
Schote 151*
Schultergürtel 128
Schuppen 102
Schwangerschaft 198 ff.
Schwänzeltanz 164*, 165
Schwanzlurch 94
Schweinswal 75*
Schwimmblase 103, 211
Schwungfeder 80 ff.
Segelflug 83, 86
Sehnen 135, 211
Sehsinn 31, 34, 105
Seitenlinienorgan 104*, 105, 211
sekundäre Geschlechtsmerkmale 188, 211
Sexualhormone 187
Sexualität 196
sexueller Missbrauch 194
Sezieren (Methode) 106
Signal 20 f., 26
Singvögel 78
Skelettmuskulatur 135*
Skizzieren/Zeichnen (Methode) 145
Sommerfell 62*
Spaltenschildkröte 92*
Speicherorgane 146, 178 f., 211
Sperma 190
Spermienerguss 190, 196
Spermienzelle 30, 211
Spermium 190*, 191, 211
Spitzmaus 73*
Sportarten 136
Springkraut 170, 171*
Sprossachse 142 f., 146, 211
Sprossknolle 146, 178, 179*
Sprossranke 146
Stammbaum Wirbeltiere 117
Stammform Bankivahuhn 52
Stammform Wolf 25
Standvögel 84
Staubblatt 148, 211
Steckling 172, 173*
Steuerung und Regelung 110, 202
Stieleiche 154*
Stier 45
Stillen 200
Stoff- und Energieumwandlung 20, 110, 182
Stoffwechsel 16 ff., 211
Sträucher 142, 158, 178
Strichvögel 84
Stromlinienform 102, 211
Struktur und Funktion 58, 110, 122, 138, 182, 202
Sturzflug 83
Stute 42
Suchhund 24
Suhle 51
Sumpfschildkröte 101*

Tagzieher 85
Tanzsprache 164 f.
Tastsinn 34, 69
Taubnessel 151*
Teilzieher 84
Traubenzucker 143
Tulpe 18*

Überlebensstrategie 87, 99
Überwinterung 178
Ultraschall 70, 199*
ungeschlechtliche Fortpflanzung 172, 211
Untersuchen (Methode) 149
unwillkürliche Muskulatur 135
Urpferd 40

Variabilität 30, 58, 110, 122, 138, 182, 211
Venusfliegenfalle 18*
Veredlung 172*
Vergleichen (Methode) 35
Verhütungsmittel 197
Vermehrung, ungeschlechtliche 172 f.
Versuchskontrolle (Methode) 176
Versuchsprotokoll 64 f.
Verwandtschaft 26, 58, 122, 150
Vögel 52 f., 78 ff., 115
–, Beringung 85
–, Federn 81
–, Merkmale 115
–, Orientierung 85
–, Skelett 79*
Vogelbeere 158*
Vogelzugforschung 85
Voltigieren 38*
Vorsorgeuntersuchung 199

Wachhund 24
Wale 74 f.
Waldkiefer 155*
Waldmaus 170*
Wasserleitung 144
Wasserpest 18*
Wassertransport 143
Wechseljahre 192
Wechselkröte 97*
wechselwarme Tiere 88 f., 94, 114, 211
Wehen 200
weibliche Geschlechtsorgane 191*
weiblicher Zyklus 192
Weißdorn 159*
Weißstorch 83, 86*
Welpe 29, 30*
Wiederkäuer 46 ff., 211
Wiesensalbei 151*, 168*
Wiesenschaumkraut 148*, 151
Wildpferde 39*
Wildschwein 51*
Wildtiere 23, 25, 32, 38
Windbestäubung 161
winteraktive Tiere 62
Winterfell 62*, 63, 65
Winterruhe 63, 72
Winterschlaf 63, 71
Wirbel 131
Wirbelsäule des Menschen 128 f., 131*
Wirbelsäulenmodelle 133
Wirbeltiere 28, 40, 52, 76 ff., 90, 110, 113 ff., 211
–, Geschichte 117
–, Merkmale 114
Wirbeltierstammbaum 117*
Wirsing 151*
Wohnkammer 68
Wolf 25 f.*
Wolfsrudel 26
Wurzel 142 ff., 211
Wurzelhaare 142
Wurzelknolle 178, 179*

Zahnwale 75
Zanonia 169*
Zapfen 155
Zauneidechse 93*
Zehengänger 28, 33, 211
Zehenspitzengänger 40, 211
Zeichnen (Methode) 145
Züchtung 25, 38, 45, 211
Zuckerrübe 146
Zugvögel 84 ff.
Zungenblüte 152*
Zwergglattwal 75*
Zwiebel 147, 172, 178, 179*
Zwillinge 199
Zygote 196 ff., 211
Zyklus 192

Bildnachweis

Titelfoto: Giel, Oliver – Tierfoto
© 2012 3B Scientific, Hamburg: 139.5, © 2011 3B Scientific, Hamburg: 133.3a; Agentur Focus/Photo Researchers/Kinsman: 91.6b; Angermayer/Pfletschinger: 93.3, 98.3a; Arco Images/NPL: 92.3, /O. Diez: 5.1, 22.1; Barthlott, A.: 143.3 re.; Bildagentur Waldhäusl/imagebroker/John Eveson/FLPA: 56.2; Bildagentur-online/TIPS-Images: 61 re. o.; blickwinkel/Delpho: 62.2a, /W.Layer: 98.3d; Bohdal, Jiri, Naturfoto.cz: 86.1; Budde, Julia, Meerbusch: 42.2-4, 53.3; Buhtz, A.: 143.3 li. u.; Burg von, Peter: 44.1; Corbis / Niall Benvie: 147.7, /RF: 59.6, /Westend61/Fotofeeling: 32.2; Cornelsen Schulverlage: 19.2d re., 197 re. u.; Digitalstock: 37.3a-b, 154.3, Digitalstock/Bruchelt: 8.1, 140.1, /M. Berg: 153.8, 174.1b, /M. Steden: 152.3, /Stölzner: 141 re. u., /vobelima: hint. Vorsatz 1 (Gänseblümchenwiese), /Vock: 151.5, hint. Vorsatz 1 (Salbei), /Wajopi: hint. Vorsatz 1 (Gänseblümchen); Döring, Volker, Hohen Neuendorf: 4.1, 13.4, 15.2a-e, 18.4, 33.5a-b, 149.4, 172.2, 173.4, 173.5a-b, 174.2, 175.4, 176.1, 183.6, 187.2b, 193.2, 203.6; Fotolia/albert schleich: 185. re. o., /Andreas Wolf: 187.2d, /Antje Lindert-Rottke: 62.3, /Aquiya: 169.5, /aris: 92.4b, /Bianka Hagge: 141 re. o., /ChristArt: 37.3c, /cynoclub: 36.1, /DLeonis: hint. Vorsatz 2 (Erbsen), /E. Adler: 18.1c, hint. Vorsatz 2 (Tulpe offen), /Eric Isselée: 25.4, /Friedrich Hartl: 109.4, /goodluz: 185 re. Mi., /Hartmut Wolf: 93.1, /Ingo Bartussek: 36.2, /Jens Klingebiel: hint. Vorsatz 1 (Wolf), /Jens Scheider: hint. Vorsatz 1 (Hund), /LianeM: 170.2, /Malena und Philipp K: 171.4, /Martina Berg: 151.6, hint. Vorsatz 1 (Weiße Taubnessel), /Nicolette Wollentin: 23.2, /Nikolai Sorokin : 81.3, /Paul Moore: 146.1, 182.2, /Pavlo Vakhrushev: 178.1, hint. Vorsatz 1 (Schneeglöckchen), /Peter Maszlen: 19.2d li., /pics: 19.1a, 141 re. Mi., /Picture Partners: 153.6, /razorconcept: hint. Vorsatz 2 (Vogel), /Richard Griffin: hint. Vorsatz 2 (Primel), /Sehenswerk: 160.2, /Teamarbeit: 80.1, /Thaut Images: 19.2e, /virgonira: hint. Vorsatz 1 (Pferde), /WoGi: 109.3, /yamix: 151.3; Gemeinschaft deutscher Hundehalter: 25.5; Giel, Oliver – Tierfoto: Titelfoto; Gierga, Bodo: 24.4; Gottlieb Binder GmbH & Co.KG, Holzgerlingen: 181.5; Hecker, Frank Naturfotografie: 96.2, 97.6a, 123.6; Thomas Hörenberg, Stuttgart: 89.2; IFIAT, Institut für interdisziplinäre, alternative Technologie, www.ifiat.org/Erfinder der Säge: Christoph Rossmann: 180.2b; imago/Anka Agency International: 103.4c, /Arco Images: 6.1, 12.1, 60.1, 61 re. Mi., 101.3, 111.1, 158.2a, 181.3b, hint. Vorsatz 1 (Katze), /blickwinkel: 7.1, 103.4a, 112.1, 154.1, 183.3, /imagebroker: 103.4d, 159.4, /imagebroker/hohenacker: 100.1, /ITAR-TASS: 113 re. o., /Margit Wild: 159.5, /Martin Werner: 159.1, /McPHOTO: 85.4, /McPHOTO/Lukas: 84.2, /McPHOTO/Rolf Mueller: 159.3, /Peter Widmann: 187.3, /Photoshot/Evolve: 61 re. u., /Sabine Gudath: 200.2; iStockphoto/Alex Potemkin: 31.5, /Alexander Dunkel: 180.1b /Craig Dingle: 92.1, /Damir Cudic: 18.1a, hint. Vorsatz 2 (Tulpenknospe), /Daniel Bobrowsky: 34.2c, /Fuat Kose: 152.2, /Jan Rihak: 181.3a, /Jason Wickens: 153.5, /Joe Michl: 127.3b, /Josef Philipp: 125 re. o., /kristian sekulic: 7.2, 124.1, /Konstantin Yolshin: 16.3, /Mark Goddard: 13.3, /Matauw: 21.4, /Maxim Kulko: 25.3, /Maxim Kulko: 53.1, /Michael Bodmann: 34.2b, /Michael Zysman: 92.4a, /Nikada: 180.1a, /Rena Schild: 18.1d, /Roger Whiteway: 152.1, /Rudmer Zwerver: 16.2, / Rudmer Zwerver: 20.1, /Sergey Galushko: 186.1, /Sharon Day: 91.5, /Sieto Verver: 197 li. u. /Soubrette: 127.3a, /Taigi: 18.1b, /ueuaphot: hint. Vorsatz 1 (Rankpflanze), /Valentin Casarsa: 196.1; Jeuck, Judith, Rödermark: 139.4, 149.6; Jiri Bohdal/Naturfoto.cz: 72.1; Juniors Bildarchiv: 23.4, 27.3, 27.5, 29.3, 36.3, 41.3, 42.1, 53.2, 76.1a, 92.2, 98.3b; Kremer, Birgit, Marbella: 95.5b; Lichtbildarchiv Keil: 54.2a-c; Lothar Lenz, Dohr: 38.2-3, 40.2; Marine Stewardship Council, Germany/www.msc.org: 75.5; mauritius images: 142.1, mauritius images/age: 24.1, 185 re. u., /age fotostock: 31.4, 135.5a, /Alamy: 21.1a-b, 27.4, 30.2, 99.4, 151.2, 158.1b, 158.3b, 158.4a, 158.4b, 164.1, 182.1, /Blume Bild: 83.5, /CuboImages: 125 re. Mi., /Cusp: 9.1, 184.1, /Garden World Images: 19.2, /ib/Dieter Hopf: 11.2, /ib/Dr. W. Bahnmüller: 187.2c, /ib/jspix: 103.4b, /ib/Klaus-Peter Wolf: 125 re. u., /ib/m3: 127.3c, /imagebroker: 132.1, hint. Vorsatz 2 (Torso), /imagebroker /FLPA/Tidman: 161.4, /Kurt Madersbache: 180.2a, /Minden Pictures: 181.4a, hint. Vorsatz 1 (Geckofuß), /Oredia: 187.2a, /Oxford Scientific: 198.1b, /pepperprint: 113 re. u., /Photo Researchers: 118.1, 181.4b, 198.1a, /Phototake : 191.3, 202.2, /Pixtal: 113 re. Mi., /Prisma: 23.3, /Rauschenbach: 95.5a, /Rudolf Schmidt: 158.1a, /Steimer: 24.2; Münstermann-Budnik, Stefanie, Von-der-Arns-Weide.de: 30.1, 53.3; OKAPIA/Andreas Hartl: 98.3c, /BIOS/Cyril Ruoso: 84.3, 110.2, /BIOS/Deschandol & Philippe: 123.4, /BIOS/Jean-Michel Labat: 59.4a, 59.4c, /BIOS/X. Eichaker: 85.5, /Dragesco: 62.1, /Hans Reinhard: 17.5, 158.3a, 159.2, /imagebroker/FLPA/Mark Sisson: 101.4, /imagebroker/FLPA/Mike Lane: 123.8, /imagebroker / Herbert Kehrer: 155.5, imagebroker/Jochen Tack: 123.5, /imagebroker/Norbert Probst: 105.2, /Jef Meul: 162.1, /Ludwig Werle: 97.7b, /NAS/Biophoto Associates: 59.4b, /NAS/Tom McHugh: 17.4, /Naturbild/Erich Geduldig: 158.2b, /OSF/Colin Milkins: 18.2, hint. Vorsatz 2 (Wasserpest), /OSF/Max Gibbs: 102.2, /Penner: 63.5, /SAVE/Fritz Rauschenbach: 16.1, /SAVE/Wothe: 64.1, /SeaTops/David Fleetham: 74.1; panthermedia/Christian Lehner: 86.2, /Cornelia Pithart: 52.1, /G. Temmen: 181.6, /globalphoto: 84.1, /Konrad Steininger: 148.3, /Kurt Bauer: 51.1, hint. Vorsatz 2 (Wildschweine), /M. Perez Leal: 171.5; photothek.net/Liesa Johannssen: 56.1; Picture Press/Dietmar Nill: 70.1; picture-alliance/dpa: 19.2c, 24.3, 38.1, 55.3, 57.3, 169.3, 169.4, 199.2, /landov: 27.2, /Okapia: 32.1, 68.1, 110.1, 147.6, /Okapia/Root: 76.2; Pitopia/Herbert Esser: 159.6, Pitopia/Thomas Sczigiol: hint. Vorsatz 2 (Kuh); Pondorf, Peter: 28.2; Reinhard, H., Tierfoto: 147.4, 174.1a; Röhl, Stephan: 21.3, 27.1; Sammt, Andrea: 46.1; Schaal, Heike, Oldenburg: 167.5-6; Schlüter Biologie/www.schlueter-biologie.de: 132.2, 133.3b-c; Schütte, N., Berlin: 172.1; Shutterstock/P. Uzunova: 34.1, 34.2a; Solvin Zankl/www.solvinzankl.com: 94.1; Theuerkauf, H., Gotha: 149.5, 155.7; TopicMedia/PM: 160.1; Wikipedia: 45.3, Wikipedia/Nova: 69.4, /Rolf Gebhardt: 93.2; Wildlife/B. Cole: 107.3, /D. Harms: 98.1, 146.3, 173.3, /de Francisco: 98.2, /F. Graner: 123.7, /G. Synatzschke: 97.8, /J. Guenther Schulze: 45.2, /J. Mallwitz: 97.7a, /Juniors Bildarchiv/Biosphoto: 13.2, /K. Bogon: 76.1c, /S. Muller: 19.2b, 76.1b, 97.6b, /Usher: 63.4, /Visage: 62.2c; Wirtz, Peter, Dormagen: 126.1a-c, 138.2, 186.2, 187.4 o., 187.4 u. ,195.3, 195.4, 201.3; Your Photo Today/A1PIX/Schmidbauer: 18.3

ONLINEANGEBOT ZU DIESEM BUCH

www.cornelsen.de/fokus-biologie-neu
Unter dieser Adresse befindet sich das multimediale Zusatzangebot zum Schülerbuch.

So kommt man zur gewünschten Seite:
1. Webseite www.cornelsen.de/fokus-biologie-neu aufrufen.
2. Buchkennung BFK013623 eingeben und bestätigen.
3. Zugangscode gecko eingeben und bestätigen.

Das Buch enthält Verweise auf das Onlineangebot. Auf vielen Seiten findet man neben dem ↻ Symbol einen Code. Diesen Code gibt man in das Eingabefeld auf der Internetseite ein.

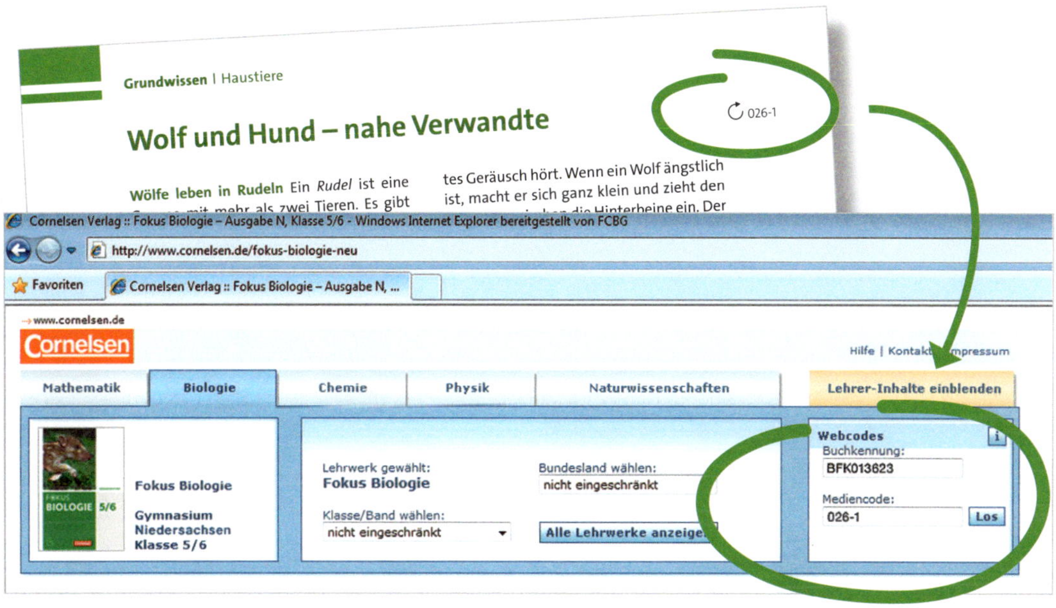

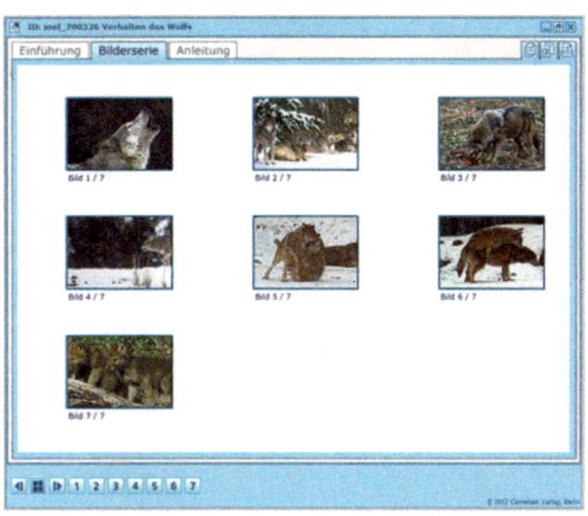

Es erscheint eine Übersicht über das jeweils passende Angebot: Animationen, Videos, interaktive Übungen und weiteres Material sind aufrufbar.

Bei technischen Problemen hilft unser Support gern weiter.
Schreiben Sie bitte eine E-Mail an cornelsen-online@cornelsen.de und beschreiben Sie Ihr Problem möglichst genau.

Basiskonzepte in der Biologie

VARIABILITÄT UND ANGEPASSTHEIT

Nachkommen derselben Eltern zeigen eine Vielfalt von Merkmalen (Variabilität). Lebewesen sind in ihren Merkmalen an ihre Umwelt angepasst.

STRUKTUR UND FUNKTION

Die Baustruktur der Organe eines Lebewesens hängt eng mit den Aufgaben (Funktionen) zusammen, die diese Organe erfüllen.

GESCHICHTE UND VERWANDTSCHAFT

Die heute lebenden Tiere und Pflanzen haben sich in langen Zeiträumen aus Vorfahren (Stammformen) entwickelt. Verwandte Lebewesen zeigen ähnliche Merkmale.

INFORMATION UND KOMMUNIKATION

Lebewesen nehmen Informationen aus der Umwelt auf. Sie tauschen über Signale Informationen untereinander aus. Jede Form der Verständigung ist Kommunikation.